首饰设计与工艺系列丛书

Rhino 首饰效果图表现

刘 洋 著
滕 菲 主审
刘 骁 主编

人民邮电出版社
北 京

图书在版编目（CIP）数据

Rhino首饰效果图表现 / 刘洋著；刘骁主编. -- 北京 : 人民邮电出版社，2023.1
（首饰设计与工艺系列丛书）
ISBN 978-7-115-60094-3

Ⅰ. ①R… Ⅱ. ①刘… ②刘… Ⅲ. ①首饰－计算机辅助设计－应用软件 Ⅳ. ①TS934.3-39

中国版本图书馆CIP数据核字(2022)第179432号

内 容 提 要

国民经济的快速发展和人民生活水平的提高不断激发国民对珠宝首饰消费的热情，人们对饰品的审美、情感与精神需求也在日益提升。近些年，新的商业与营销模式不断涌现，在这样的趋势下，对首饰设计师能力与素质的要求越来越全面，不仅要具备设计和制作某件具体产品的能力，同时也要求具有创新性、整体性的思维与系统性的工作方法，以满足不同商业的消费及情境体验的受众需求，为此我们策划了这套《首饰设计与工艺系列丛书》。

本书以Rhino为基础，辅以Matrix、Clayoo和KeyShot讲解首饰效果图表现的相关知识。本书共8章，每章都紧紧围绕着教学中的知识点进行深入讲解，把软件应用的概念、难点、操作技巧全部清晰地呈现在读者面前。

本书结构安排合理，内容翔实丰富，具有较强的针对性与实践性，不仅适合珠宝设计初学者、各大珠宝类院校学生及具有一定经验的珠宝设计师阅读，也可帮助他们巩固与提升自身的设计创新能力。

◆ 著　　　　　刘　洋

主　审　　滕　菲

主　编　　刘　骁

责任编辑　王　铁

责任印制　周昇亮

◆ 人民邮电出版社出版发行　　北京市丰台区成寿寺路 11 号

邮编　100164　电子邮件　315@ptpress.com.cn

网址　https://www.ptpress.com.cn

涿州市般润文化传播有限公司印刷

◆ 开本：787×1092　1/16

印张：15.5　　　　　　　　2023 年 1 月第 1 版

字数：397 千字　　　　　　2024 年 9 月河北第 2 次印刷

定价：119.00 元

读者服务热线：(010)81055296　印装质量热线：(010)81055316
反盗版热线：(010)81055315
广告经营许可证：京东市监广登字 20170147 号

丛书编委会

主　审：滕　菲

主　编：刘　骁

副主编：高　思

编　委：宫　婷　韩儒派　韩欣然　刘　洋

　　　　卢言秀　卢　艺　郜靖文　王浩铮

　　　　魏子欣　吴　冕　岳建光

丛书专家委员会

推荐序 I

开枝散叶又一春

辛丑年的冬天，我收到《首饰设计与工艺系列丛书》主编刘骁老师的邀约，为丛书做主审并作序。抱着学习的态度，我欣然答应了。拿到第一批即将出版的 4 本书稿和其他后续将要出版的相关资料，发现从主编到每本书的著者大多是自己这些年教过的已毕业的学生，这令我倍感欣喜和欣慰。面对眼前的这一切，我任思绪游弋，回望二十几年来中央美术学院首饰设计专业的创建和教学不断深化发展的情境。

我们从观察自然，到关照内里，觉知初心；从视觉、触觉、身体对材料材质的深入体悟，去提升对材质的敏感性与审美能力；在中外首饰发展演绎的历史长河里，去传承精髓，吸纳养分，体味时空转换的不确定性；我们到不同民族地域文化中去探究首饰文化与艺术创造的多元可能性；鼓励学生学会质疑，具有独立的思辨能力和批判精神；输出关注社会、关切人文与科技并举的理念，立足可持续发展之道，与万物和谐相依，让首饰不仅具备装点的功效，更要带给人心灵的体验，成为每个个体精神生活的一部分，以提升人类生活的品质。我一直以为，无论是一枚小小的胸针还是一座庞大博物馆的设计与构建，都会因做事的人不同，而导致事物的过程与结果的不同，万事的得失成败都取决于做事之人。所以在我的教学理念中，培养人与教授技能需两者并重，不失偏颇，而其中对人整体素养的培养是重中之重，这其中包含了人的德行，热爱专业的精神，有独特而强悍的思辨及技艺作支撑，但凡具备这些基本要点，就能打好一个专业人的根基。

好书出自好作者。刘骁作为《首饰设计与工艺系列丛书》的主编，很好地构建了珠宝首饰所关联的自然科学、社会科学与人文科学，汇集彼此迥异而又丰富的知识理论、研究方法和学科基础，形成以首饰相关工艺为基础、艺术与设计思维为导向，在商业和艺术语境下的首饰设计与创作方法为路径的教学框架。

该丛书是一套从入门到专业的实训类图书。每本图书的著者都具有首饰艺术与设计的亲身实践经历，能够引领读者进入他们的专业世界。一枚小首饰，展开后却可以是个大世界，创想、绘图、雕蜡、金工、镶嵌……都可以引入令人神往的境地，以激发读者满怀激情地去阅读与学习。在这个过程中，我们会与"硬数据"——可看可摸到的材料技艺和"软价值"——无从触及的思辨层面相遇，其中创意方法的传授应归结于思辨层面的引导与开启，借恰当的转译方式或优秀的案例助力启迪，这对创意能力的培养是行之有效的方法。用心细读可以看到，丛书中许多案例都是获得国内外专业大奖的优秀作品，他们不只是给出一个作品结果，更重要和有价值的，还在于把创作者的思辨与实践过程完美地呈现给了读者。读者从中可以了解到一件作品落地之前，每个节点变化由来的逻辑，这通常是一件好作品生成不可或缺的治学态度和实践过程，也是成就佳作的必由之路。本套丛书的主编刘骁老师和各位专著作者，是一批集教学与个人实践于一体的优秀青年专业人才，具有开放的胸襟与扎实的根基。他们在专业上，无论是为国内外各类知名品牌做项目设计总监，还是在探究颇具前瞻性的实验课题，抑或是专注社会的公益事业上，都充分展示出很强的文化传承性，融汇中西且转化自如。本套丛书对首饰设计与制作的常用或主要技能和工艺做了独立的编排，之于读者来讲是很难得的，能够完整深入地了解相关专业；之于我而言则还有另一个收获，那就是看到一批年轻优秀的专业人成长了起来，他们在我们的《十年·有声》之后的又一个十年里开枝散叶，各显神采。

党的二十大以来，提出了"实施科教兴国战略，强化现代化建设人才支撑"，我们要坚持为党育人，为国育才，"教育就像培植树苗，要不断修枝剪叶，即便有阳光、水分、良好的氛围，面对盘根错节、貌似昌盛的假象，要舍得修正，才能根深叶茂长成参天大树，修得正果。"[注] 由衷期待每一位热爱首饰艺术的读者能从书中获得滋养，感受生动鲜活的人生，一同开枝散叶，喜迎又一春。

辛丑年冬月初八

注：滕菲：《十年·有声——中央美术学院与国际当代首饰》，中国纺织出版社，2012，第 14 页

推荐序 II

随着国民经济的快速发展,人民物质生活水平日益提高,大众对珠宝首饰的消费热情不断提升,人们不仅仅是为了保值与收藏,同时也对相关的艺术与文化更加感兴趣。越来越多的人希望通过亲身的设计和制作来抒发情感,创造具有个人风格的首饰艺术作品,或是以此为出发点形成商业化的产品与品牌,投身万众创业的新浪潮之中。

《首饰设计与工艺系列丛书》希望通过传播和普及首饰艺术设计与工艺相关的知识理论与实践经验,产生一定的社会效益:一是读者通过该系列丛书对首饰艺术文化有一定的了解和鉴赏,亲身体验设计创作首饰的乐趣,充实精神文化生活,这有益于身心健康和提升幸福感;二是以首饰艺术设计为切入点探索社会主义精神文明建设中社会美育的具体路径,促进社会和谐发展;三是以首饰设计制作的行业特点助力大众创业、万众创新的新浪潮,协同构建人人创新的社会新态势,在创造物质财富的过程中同时实现精神追求。

党的二十大报告指出"教育是国之大计、党之大计。培养什么人、怎样培养人、为谁培养人是教育的根本问题。"首饰艺术设计的普及和传播则是社会美育具体路径的探索。论语中"兴于诗,立于礼,成于乐"强调审美教育对于人格培养的作用,蔡元培先生曾倡导"美育是最重要、最基础的人生观教育"。 首饰是穿戴的艺术,是生活的艺术。随着科技、经济的发展,社会消费水平的提升,首饰艺术理念日益深入人心,用于进行首饰创作的材料日益丰富和普及,为首饰进入人们的日常生活奠定了基础。人们可以通过佩戴、鉴赏、消费、收藏甚至亲手制作首饰参与审美活动,抒发情感,陶冶情操,得到美的享受,在优秀的首饰作品中形成享受艺术和文化的日常生活习惯,培养高品位的精神追求,在高雅艺术中宣泄表达,培养积极向上的生活态度。

人们在首饰设计制作实践中培养创造美和实现美的能力。首饰艺术设计是培养一个人观察力、感受力、想象力与创造力的有效方式,人们在家中就能展开独立的设计和制作工作,通过学习首饰制作工艺技术,把制作首饰当作工作学习之余的休闲方式,将所见所思所感通过制作的方式表达出来。在制作过程中专注于一处,体会"匠人"精神,在亲身体验中感受材料的多种美感与艺术潜力,在创作中找到乐趣、充实内心,又外化为可见的艺术欣赏。首饰是生活的艺术,具有良好艺术品位的首饰能够自然而然地将审美活动带入人们社会交往、生活休闲的情境中,起到滋养人心的作用。通过对首饰艺术文化的了解,人们可以掌握相关传统与习俗、时尚潮流,以及前沿科技在穿戴体验中的创新应用;同时它以鲜活和生动的姿态在历史长河中也折射出社会、经济、政治的某一方面,像水面泛起的粼粼波光,展现独特魅力。

首饰艺术设计的传播和普及有利于促进社会创业创新事业发展。创新不仅指的是技术、管理、流程、营销方面的创新,通过文化艺术的赋能给原有资源带来新价值的经营活动同样是创新。当前中国经济发展正处于新旧动能转换的关键期,"人人创新",本质上是知识社会条件下创新民主化的实现。随着互联网、物联网、智能计算等数字技术所带来的知识获取和互动的便利,创业创新不再是少数人的专利,而是多数人的机会,他们既是需求者也是创新者,是拥有人文情怀的社会创新者。

随着相关工艺设备愈发向小型化、便捷化、家庭化发展，首饰制作的即时性、灵活性等优势更加突显。个人或多人小型工作空间能够灵活搭建，手工艺工具与小型机械化、数字化设备，如小型车床、3D打印机等综合运用，操作更为便利，我们可以预见到一种更灵活的多元化"手工艺"形态的显现——并非回归于旧的技术，而是充分利用今日与未来技术所提供的潜能，回归于小规模的、个性化的工作，越来越多的生产活动将由个人、匠师所承担，与工业化大规模生产相互渗透、支撑与补充，创造力的碰撞将是巨大的，每一个个体都会实现多样化发展。同时，随着首饰的内涵与外延的不断深化和扩大，首饰的类型与市场也越来越细分与精准，除了传统中大型企业经营的高级珠宝、品牌连锁，也有个人创作的艺术首饰与定制。新的渠道与营销模式不断涌现，从线下的买手店、"快闪店"、创意市集、首饰艺廊，到网店、众筹、直播、社群营销等，愈发细分的市场与渠道，让差异化、个性化的体验与需求在日益丰富的工艺技术支持下释放出巨大能量和潜力。

本套丛书是在此目标和需求下应运而生的从入门到专业的实训类图书。丛书中有丰富的首饰制作实操所需各类工艺的讲授，如金工工艺、宝石镶嵌工艺、雕蜡工艺、珐琅工艺、玉石雕刻工艺等，囊括了首饰艺术设计相关的主要材料、工艺与技术，同时也包含首饰设计与创意方法的训练，以及首饰设计相关视觉表达所需的技法训练，如手绘效果图表达和计算机三维建模及渲染效果图，分别涉猎不同工具软件和操作技巧。本套丛书尝试在已有首饰及相关领域挖掘新认识、新产品、新意义，拓展并夯实首饰的内涵与外延，培养相关领域人才的复合型能力，以满足首饰相关的领域已经到来或即将面临的复杂状况和挑战。

本套丛书邀请了目前国内多所院校首饰专业教师与学术骨干作为主笔，如中央美术学院、清华大学美术学院、中国地质大学、北京服装学院、湖北美术学院等，他们有着深厚的艺术人文素养，掌握切实有效的教学方法，同时也具有丰富的实践经验，深耕相关行业多年，以跨学科思维及全球化的视野洞悉珠宝行业本身的机遇与挑战，对行业未来发展有独到见解。

青年强，则国家强。当代中国青年生逢其时，施展才干的舞台无比广阔，实现梦想的前景无比光明。希望本套丛书的编写不仅能丰富对首饰艺术有志趣的读者朋友们的艺术文化生活，同时也能促进高校素质教育相关课程的建设，为社会主义精神文明建设提供新方向和新路径。

记于北京后沙峪寓所

2021 年 12 月 15 日

序言

PREFACE

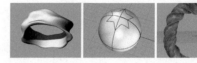

Rhino，中文名为犀牛，是一款功能强大的高级建模软件。Rhino包含所有的NURBS建模功能，用它建模非常流畅。Rhino所提供的曲面工具可以精确地制作所有用于渲染表现、生产工程图、分析评估以及3D打印的模型。同时，Rhino可以输出OBJ、DXF、IGES、STL、3DM等不同格式的文件，并适用于大部分三维软件，能提升整个3D工作团队及生产加工的效率。所以大家经常用它来建模，然后导出高精度模型，最后将模型导入其他三维软件中使用。

Rhino的插件队伍也在日益庞大，用于制作首饰的插件Matrix继承了Rhino的优良建模特性，创新了针对首饰特有的功能。例如，虎爪切割工具、产钉切削工具等，可以确保首饰设计和生产过程中的准确性；多重建模历史功能可使设计师实时直观地观察首饰形态的变化；多种自动辅助排石镶嵌功能可以省去烦琐、重复的工序，提高设计和生产效率。Matrix是应用十分广泛的一款针对首饰设计和生产的插件。

本书由浅入深、循序渐进地通过8章来介绍Rhino及其插件Matrix和KeyShot软件的使用方法，各章内容如下。

第1章：对Rhino软件的基础知识和操作的介绍。

第2章：围绕Rhino中常用点、线的基本概念和操作，配合部分首饰案例进行详细讲解。

第3章：围绕Rhino中曲面的基本概念和应用，配合部分首饰案例进行详细讲解。

第4章：围绕Rhino中体的基本概念和操作，配合部分首饰案例进行详细讲解。

第5章：对Matrix插件的基础知识的讲解。

第6章：对Matrix排石镶嵌工具使用的详细讲解。

第7章：运用Matrix对镶嵌类宝石首饰建模进行详细讲解。

第8章：对KeyShot渲染软件的基础操作的讲解。

本书除了对Rhino和Matrix进行详尽讲解之外，也通过小案例讲解了Clayoo的使用方法和KeyShot的基础操作，可以帮助初学者更快掌握各种类型的首饰从建模到渲染出图的方法。希望读者能从本书中感受到首饰建模的乐趣，并开始自主思索首饰建模效果图及工程生产图的设计策略。

最后感谢人民邮电出版社和参与本书编写的全体人员的付出。本书参考了国内外设计师和专家的一些制作方法，使用了一些相关图片和资料，并尽可能地在书中做出标注，但是由于条件有限，不能一一告知，在此一并表示衷心的感谢！

由于作者能力有限，书中难免存在不妥之处，恳请广大读者批评指正。

作者

2022年6月

Contents 目录

目录 Contents

第3章
Rhino中曲面的基本概念和应用
CHAPTER 03

Contents 目录

第 4 章
Rhino中体的基本概念和操作

CHAPTER 04

目录 Contents

第1章

Rhino软件的基础知识和操作

Rhino软件应用于首饰设计行业，适合用于构建首饰的外观造型。从首饰设计稿到实际生产首饰，Rhino提供的曲面工具可以精确地制作所有用于渲染表现、生产工程图、分析评估及3D打印的模型。其简单的操作方法、可视化的操作界面深受广大首饰设计师的欢迎。

Rhino建模的核心是NURBS技术。

NURBS是Non-Uniform Rational B-Pline的缩写，译为"非均匀有理B样条曲线"，它以数学的方式精确地描述所有的造型（从简单的2D图形到复杂的3D有机自由曲面与实体）。NURBS技术可以应用到从草图到立体呈现再到首饰生产加工的任何步骤中。

Rhino以NURBS技术呈现曲线及曲面时，有以下几个重要的特征，这些特征使它成为辅助建模的理想选择。

第一个：目前，主流的CG类软件（如3ds Max、Maya、C4D等）都包含了NURBS几何图形的标准，因此使用Rhino创建的NURBS模型可以导入许多模型、进行渲染、动画后期处理。

第二个：NURBS可以精准地描述标准的几何图形（直线、圆、椭圆、球体、环状体）和自由造型的几何图形（首饰、自然形态等）。

第三个：以NURBS描述的几何图形所需要的数据量远低于网格图形的数据量。

本章详细讲解Rhino的实际操作，包括基础工作界面的构成、工作视窗的基础设置，还包括物件的选择方法、群组和解组物件的方法、炸开和组合物件的方法、隐藏和显示物件的方法、锁定与解除锁定物件的方法、镜像物件、阵列物件的方法、常用变动工具的使用方法。本章最后介绍物件的标注方法，方便读者在设计过程中对首饰尺寸进行精确把握。

熟悉Rhino的基础工作界面

Rhino的基础工作界面默认为渐变灰色，由标题栏、菜单栏、指令栏、标准工具栏、主要工具列、辅助面板、四视图、物件锁点及建模辅助这几个部分构成，如图1-1所示。

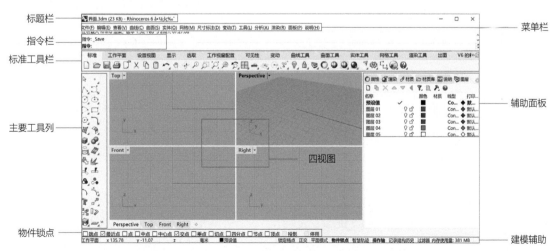

图1-1

◆ 标题栏

标题栏会显示当前文件的名称，如图1-2所示。

桃心戒指 (13 MB) - Rhinoceros 6

图1-2

◆ 菜单栏

菜单栏位于标题栏下方，在菜单栏中可以找到软件的大多数命令，这些命令根据不同类别放置在不同的菜单中，如图1-3所示。

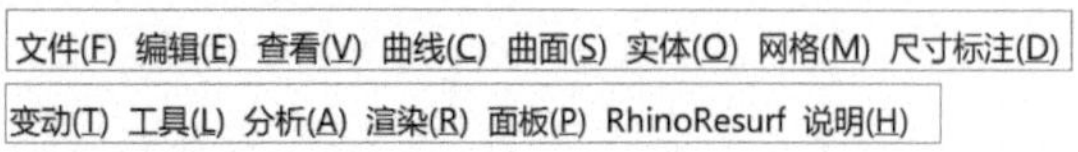

文件(F) 编辑(E) 查看(V) 曲线(C) 曲面(S) 实体(O) 网格(M) 尺寸标注(D) 变动(T) 工具(L) 分析(A) 渲染(R) 面板(P) RhinoResurf 说明(H)

图1-3

◆ 指令栏

主要功能：输入文字命令、显示当前命令执行的状态、提示下一步的操作、选用参数、输入数值、显示分析结果、提示操作失败的原因等。许多命令在执行后会在指令栏中显示相应的选项，单击选项即可更改设置。

文字命令：所有图标式命令与菜单式命令都可以通过在指令栏中输入相应的文字命令来执行。

隐藏命令：有些命令只能通过指令栏来执行，如隐藏命令。

参数：执行命令后，只能通过指令栏控制相应参数，操作方式可以是直接输入参数对应的字母或单击参数（鼠标指针靠近参数时会变成点选手势符号 ），如图1-4所示。

矩形的第一角 (三点(P) 垂直(V) 中心点(C) 环绕曲线(A)):

图1-4

命令排序：输入命令前面的字母后，指令栏会将与该字母相关的命令都列出来，如图1-5所示。如果没有显示，则说明Rhino中无此命令。

命令使用记录：在指令栏任意处右击，会显示最近使用过的命令，方便查看和快速使用相应命令。

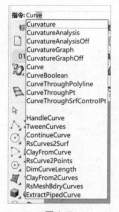

图1-5

◆ 标准工具栏和主要工具列

Rhino的标准工具栏和主要工具列中的工具设置极富逻辑性。标准工具栏将不同作用的工具分类别地放在不同的选项卡中，如图1-6所示。

图1-6

主要工具列在建模过程中会被频繁使用。虽然主要工具列中的工具很多（除了界面上可以看到的工具按钮外，如果按钮的右下角有三角，代表该工具存在拓展工具面板，里面还有一系列相关工具），但是它们的排列有一定的规律，如图1-7、图1-8所示。

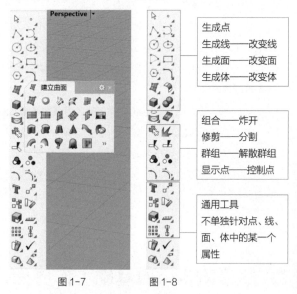

图1-7　　　图1-8

◆ 工作视窗与视图显示模式

Rhino的工作界面上默认有4个视窗（一个透视图和一组三视图），操控视图的基本方式如表1-1所示。

表1-1　操控视图的基本方式

透视图	平移视图	按住 Shift 键 + 按住鼠标右键并拖动
	旋转视图	按住鼠标右键并拖动
	缩放视图	滚动鼠标滚轮
三视图	平移视图	按住鼠标右键并拖动
	缩放视图	滚动鼠标滚轮

双击视图选项卡，即可将当前视图最大化或者还原视图大小，如图1-9、图1-10所示。

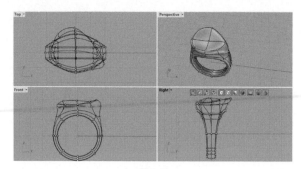

图 1-9

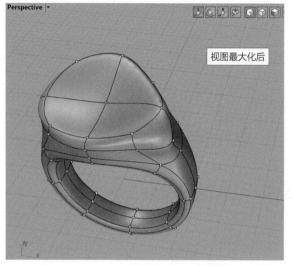

视图最大化后

图 1-10

右击视图选项卡（或单击视图选项卡中的下三角按钮），在打开的视图拓展工具列表（见图1-11）中可以切换显示模式，"线框模式"如图1-12所示、"着色模式"如图1-13所示、"渲染模式"如图1-14所示。

图 1-11

图 1-12

图 1-13

图 1-14

单击标准工具栏中的"设置视图"选项卡，在其中可以对当前工作视图进行调整，如图1-15所示。其他配置工具的使用方法与此相同。

图 1-15

◆ **状态栏**

Rhino的最下方为状态栏，如图1-16所示。状态栏主要用于辅助建模及显示当前状态。

图 1-16

◆ **辅助面板**

辅助面板在Rhino最右边的区域，在其中可以查看属性、设置图层、观察状态、赋予材质等，如图1-17所示。

图 1-17

💎 Rhino工作环境的设置

此处先介绍文件的输出和保存方式，再介绍Rhino选项的设置，设计师可以根据习惯调整Rhino工作环境。

◆ **文件属性**

执行"文件" | "保存文件"菜单命令（或者按Ctrl+S组合键）保存Rhino文件，保存类型默认为".3dm"。如果要对模型进行3D输出，则需要先选择要输出的物件，再执行"文件" | "导出选取的物件"菜单命令，在弹出的"导出"对话框中，"保存类型"设为"STL（Stereolithography）（*.stl）"，如图1-18所示。

图 1-18

在Rhino中，可以导入"保存类型"下拉列表中显示的格式的文件，但只能双击打开类型为".3dm"的文件。同时，高版本Rhino可以打开低版本Rhino的".3dm"文件，但低版本Rhino不可以打开高版本Rhino的".3dm"文件。

◆ Rhino选项的设置

单击 "选项"工具按钮，在弹出的"Rhino选项"对话框中，单击"外观"左侧的箭头，再选择"颜色"选项，右侧将显示当前的配置，如图1-19所示，可根据需求进行更改。

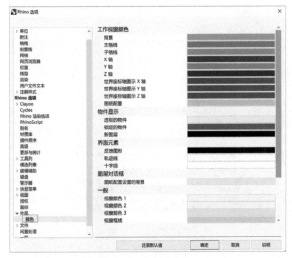

图 1-19

设置"线框模式"和"着色模式"的背景颜色、点和曲线的像素以及可见性等参数，如图1-20所示。

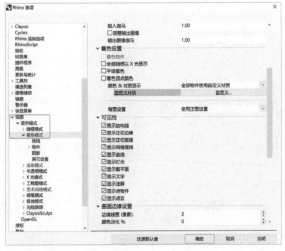

图 1-20

"线框模式"中点和曲线的像素设置如图1-21所示。此外"着色模式"的设置等同于"线框模式"的设置。

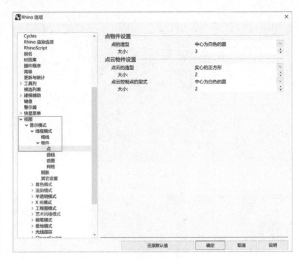

图 1-21

💎 选择物件

为了方便操作，Rhino为设计师提供了多种选择物件的方式，可使用鼠标直接选择，也可通过工具按钮选择同类型物件。

◆ 基础选择方式

Rhino中的基础选择方式如表1-2所示。

表 1-2　基础选择方式

点选	单击物件
框选	从左上向右下框选，只有完全在选框内的物件才能被选中
	从右下向左上框选，只要物件有一部分在选框内，该物件就会被选中
加选	按住 Shift 键 + 单击 / 框选，将当前物件添加到选取集合
减选	按住 Ctrl 键 + 单击 / 框选，将当前物件移出选取集合
全选	按 Ctrl+A 组合键选择当前所有可被选中的物件

◆ Rhino提供的选择方式

单击标准工具栏中的"选取"选项卡，如图1-22所示；或单击 "选取工具"下三角按钮，会弹出"选取"拓展工具面板，如图1-23所示，可以根据需求进行相应选择。

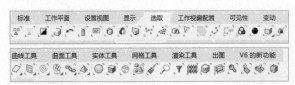

图 1-22

图 1-23

群组与解散群组

群组与解散群组工具主要用于分组选择物件。如果群组中的物件均为实体并在空间中有交集，那么此时群组的作用等同于布尔运算联集。

◆ 群组/解组

群组

将选择的物件组成一个群组，其操作步骤如下。

单击 ◈ "群组"工具按钮，根据指令栏的提示，选择要群组的物件，按Enter键完成操作。

> **补充说明**
> 群组在一起的所有物件会被当成一个物件选取。

解组

去除选取物件的群组状态，其操作步骤如下。

右击 ◈ "解组"工具按钮，根据指令栏的提示，选择要解组的物件，按Enter键完成操作。

◆ 加入至群组/从群组去除

加入至群组

将一个物件添加到一个选取的群组中，其操作步骤如下。

单击 ◈ "群组"下三角按钮，在弹出的"群组"拓展工具面板中，单击 ◈ "加入至群组"工具按钮，根据指令栏的提示，选择要加入群组的物件，按Enter键后选择群组，完成操作。

从群组去除

将选取的物件移出所属的群组，其操作步骤如下。

单击 ◈ "群组"下三角按钮，在弹出的"群组"拓展工具面板中，单击 ◈ "从群组去除"工具按钮，根据指令栏的提示，选择要从群组去除的物件，按Enter键完成操作。

指令栏中的选项

复制：选择"是"表示复制物件；选择"否"表示不复制物件。

◆ 设置群组名称

命名选取的群组。指令会合并群组，并把群组中全部的物件移动到一个用指定名称命名的新群组，其操作步骤如下。

单击 ◈ "群组"下三角按钮，在弹出的"群组"拓展工具面板中，单击 ◈ "设置群组名称"工具按钮，根据指令栏的提示，选择要命名的群组，按Enter键后在指令栏中输入新群组名称，按Enter键完成操作。

> **补充说明**
> 群组名称是区分大小写的。

隐藏与锁定

设计师可通过隐藏和锁定工具使正在操作的物件呈现得更清晰，将暂时不需要的物件隐藏或锁定，方便框选其他正在操作的物件。

◆ 隐藏和显示物件

隐藏物件

将物件从视图中隐藏，其操作步骤如下。

单击标准工具栏中的"可见性"选项卡，如图1-24所示；或单击 ◈ "可见性"下三角按钮，将会弹出图1-25所示的"可见性"拓展工具面板，根据需求单击相应按钮将要隐藏的物件隐藏即可。

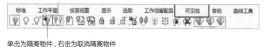

图 1-24

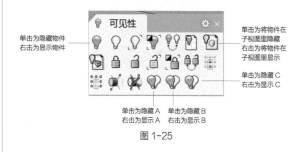

图 1-25

显示物件

显示出隐藏的物件，其操作步骤如下。

单击标准工具栏中的"可见性"选项卡，如图1-26所示；或单击 💡 "可见性"下三角按钮，将会弹出图1-27所示的"可见性"拓展工具面板，根据需求单击相应按钮将要显示的物件显示。

图 1-26

图 1-27

◆ **锁定物件**

设定物件的状态为可见、可锁定，但无法被选取或编辑，其操作步骤如下。

单击标准工具栏中的"可见性"选项卡，如图1-28所示；或单击 🔒 "锁定"下三角按钮，将会弹出图1-29所示的"锁定"拓展工具面板，根据需求单击相应按钮将要锁定的物件锁定。

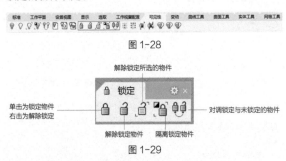

图 1-28

图 1-29

> **补充说明**
>
> 1. 无法选取锁定的物件。
>
> 2. 可以锁点至锁定的物件。
>
> 3. 可以在"图层"面板中锁定一个图层上的所有物件，如图1-30所示。

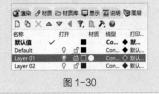

图 1-30

💎 变动工具的使用

变动工具主要包括移动工具、旋转工具、镜像工具、缩放工具及阵列工具，它们是建立模型过程中使用频率较高的辅助工具。

◆ **移动物件**

通过鼠标及按键移动物件，其操作步骤如下。

单击 ✛ "移动"工具按钮，根据指令栏的提示，选择要移动的物件，选择移动起点和终点，完成操作。

指令栏中的选项

垂直：沿与目前工作平面垂直的方向移动物件。

> **补充说明**
>
> 按住Alt键，再按4个方向键可以将物件沿着世界X轴或Y轴的方向移动。
>
> 按住 Alt键，再按 Page Up/Page Down键，可以将物件沿着世界Z轴移动。

◆ **旋转物件**

旋转平面基于选取的点与当前工作视窗的工作平面，将物件绕着与工作平面垂直的中心轴旋转，其操作步骤如下。

单击 "2D旋转"工具按钮，根据指令栏的提示，选择要旋转的物件，按Enter键后，选择旋转中心，在指令栏中输入角度（或选择第一参考点，再选择第二参考点），完成操作。

指令栏中的选项

使用上次的中心点：使用上次选取的中心点进行旋转。

复制：决定是否复制物件。

◆ **镜像物件**

以镜像的方式复制物件，其操作步骤如下。

单击 ✛ "变动"下三角按钮，在弹出的"变动"拓展工具面板中，单击 ⬔ "镜像"工具按钮，根据指令栏的提示，选择要镜像的物件，按Enter键后指定镜像平面起点和终点，完成操作，如图1-31所示。

图 1-31

指令栏中的选项

三点：指定3个点定义镜像平面，如图1-32所示。

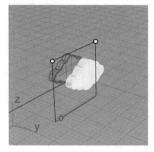

图 1-32

复制：决定是否复制物件。

X轴：自动将物件镜像至工作平面 X 轴的另一侧。

Y轴：自动将物件镜像至工作平面 Y 轴的另一侧。

◆ 缩放物件

三轴缩放

在工作平面的 X、Y、Z 3个轴上等比例缩放选取的物件，其操作步骤如下。

单击 ●·"三轴缩放"工具按钮，根据指令栏的提示，选择要缩放的物件，按Enter键后选择基准点，再在指令栏中输入缩放比例（或依次选择第一参考点和第二参考点），完成操作，如图1-33所示。

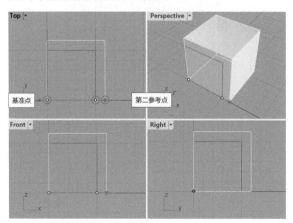

图 1-33

指令栏中的选项

复制：决定是否复制物件。

硬性：决定在缩放过程中哪些物件是不变形的。选择"是"表示单个物件本身不会产生变化，只有位置会变，如图1-34所示；选择"否"表示单个物件自身和位置都会发生变化，如图1-35所示。

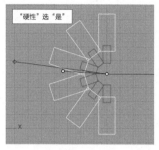
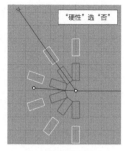

图 1-34　　　　　　　　图 1-35

二轴缩放

在工作平面的 X轴、Y 轴上等比例缩放选取的物件，其操作步骤如下。

单击 ●·"缩放"下三角按钮，在弹出的"缩放"拓展工具面板中，单击 ■ "二轴缩放"工具按钮，根据指令栏的提示，选择要缩放的物件，按Enter键后选择基准点，再在指令栏中输入缩放比例（或依次选择第一参考点和第二参考点），完成操作，如图1-36所示。

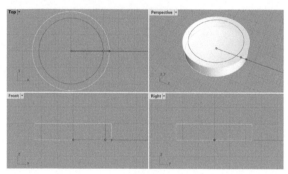

图 1-36

指令栏中的选项

等同于三轴缩放。

单轴缩放

在指定的方向上缩放选取的物件，其操作步骤如下。

单击 ●·"缩放"下三角按钮，在弹出的"缩放"拓展工具面板中，单击 ▯ "单轴缩放"工具按钮，根据指令栏的提示，选择要缩放的物件，按Enter键后选择基准点，再在指令栏中输入缩放比例（或依次单击选择第一参考点和第二参考点），完成操作，如图1-37所示。

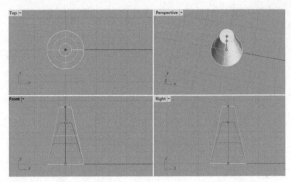

图 1-37

指令栏中的选项

等同于三轴缩放。

不等比缩放

在 X、Y、Z 3个轴上以不同的比例缩放选取的物件，其操作步骤如下。

单击 🔲 "缩放"下三角按钮，在弹出的"缩放"拓展工具面板中，单击 🔲 "不等比缩放"工具按钮，根据指令栏的提示，选择要缩放的物件，按Enter键后选择基准点，在指令栏中输入X轴缩放比例（或依次选择第一参考点和第二参考点），根据指令栏的提示在指令栏中输入Y轴缩放比例（或依次选择第一参考点和第二参考点），在指令栏中输入Z轴缩放比例（或依次选择第一参考点和第二参考点），完成操作。

指令栏中的选项

等同于三轴缩放。

在定义的平面上缩放

在指定的平面的两个轴上以不同的比例缩放选取的物件，其操作步骤如下。

单击 🔲 "缩放"下三角按钮，在弹出的"缩放"拓展工具面板中，单击 🔲 "在定义的平面上缩放"工具按钮，根据指令栏的提示，选择要缩放的物件，按Enter键后依次选择基准点、第一参考点和第二参考点，完成操作，如图1-38所示。

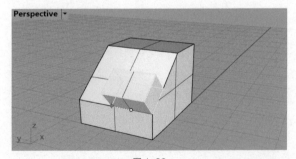

图 1-38

指令栏中的选项

复制：决定是否复制物件。

平面：用于设定缩放平面。选择"目前的工作平面"表示以使用中的工作平面作为缩放物件的参考平面；选择"三点"表示指定3个点设定缩放物件的参考平面；选择"物件"表示选取用于定位缩放的平面物件；选择"视图平面"表示以指定视图平面作为缩放物件的参考平面；选择"世界Top"表示以世界X Y平面作为缩放物件的参考平面；选择"世界Right"表示以世界Right平面作为缩放物件的参考平面；选择"世界Front"表示以世界Front平面作为缩放物件的参考平面。

硬性：决定在缩放过程中哪些物件是不变形的。选择"是"表示单个物件本身不会产生变化，只有位置会变；选择"否"表示单个物件自身和位置都会发生变化。

◆ **阵列物件**

矩形阵列

在列、行、层（X、Y、Z）几个方向上复制排列物件，其操作步骤如下。

单击 🔲 "矩形阵列"工具按钮，根据指令栏的提示，选择要阵列的物件，按Enter键后在指令栏中输入X方向的数目，按Enter键后在指令栏中输入Y方向的数目，按Enter键后在指令栏中输入Z方向的数目，按Enter键后在指令栏中输入X方向的间距，按Enter键后在指令栏中输入Y方向的间距，按Enter键后在指令栏中输入Z方向的间距，按Enter键完成操作，如图1-39所示。

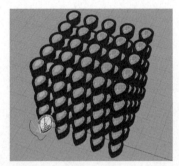

图 1-39

指令栏中的选项

数目：物件的阵列数目。X数目、Y数目、Z数目分别为该物件在X、Y、Z方向的数目。

预览：动态预览结果，更改选项时预览结果也会出现相应的变化。

间距：设置阵列中物件的间距。X间距、Y间距、Z间距分别为该物件在 X、Y、Z 方向的间距。

环形阵列

围绕指定的中心点复制物件，其操作步骤如下。

单击 ▦ "阵列"下三角按钮，在弹出的"阵列"拓展工具面板中，单击 ✛ "环形阵列"工具按钮，根据指令栏的提示选择要阵列的物件，按Enter键后选择环形阵列中心点（这里选择Front视图的圆心），再在指令栏中输入阵列数（这里输入"30"），按Enter键后在指令栏中输入旋转角度总和（这里输入"360"），按Enter键完成操作，如图1-40所示。

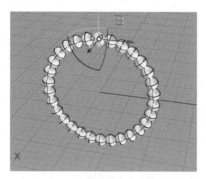

图1-40

指令栏中的选项

轴：用于定义旋转阵列所围绕的中心轴线。

预览：动态预览结果，更改选项时预览结果也会出现相应的变化。

步进角：物件之间的角度，如图1-41、图1-42所示。

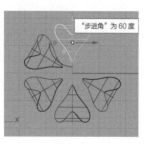

图1-41   图1-42

旋转：建立环形阵列时旋转物件，如图1-43、图1-44所示。

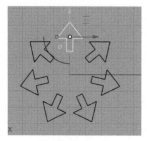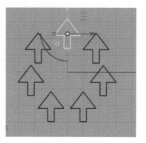

图1-43   图1-44

Z偏移：以设定的距离增加阵列物件的高度，如图1-45、图1-46所示。

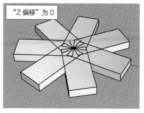

图1-45   图1-46

沿着曲线阵列

沿曲线以固定间距复制物件，其操作步骤如下。

单击 ▦ "阵列"下三角按钮，在弹出的"阵列"拓展工具面板中，单击 ⚭ "沿着曲线阵列"工具按钮，根据指令栏的提示，选择要阵列的物件，按Enter键后选择路径曲线，在弹出的"沿着曲线阵列选项"对话框中，选择"方式"为"项目数"或"项目间的距离"，并输入相应数值，设置"定位"，单击"确定"按钮完成操作，如图1-47所示。

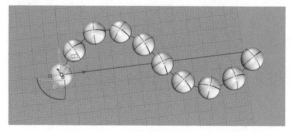

图1-47

指令栏中的选项

基准点：当要阵列的物件不在曲线上时，沿着曲线阵列物体之前必须先将其移动到曲线上，基准点是物件移动到曲线上所使用的参考点。

方式：设置使用物件之间的间距还是使用物件数量来阵列物体。若选择"项目间的距离"，则设置阵列物件之间的距离值，阵列物件的数量视曲线长度而定;若选择"项目数"，则输入物件沿着曲线阵列的数目。

定位：决定物件沿曲线阵列时如何旋转。若选择"自由扭转"，则物件沿着曲线阵列时会在三维空间中旋转，如图1-48所示；若选择"不旋转"，则物件沿着曲线阵列时会维持与原来的物件一样的定位，如图1-49所示；若选择"走向"，则物件沿着曲线阵列时会维持相对于工作平面朝上的方向，但会做水平旋转，如图1-50所示。

在曲面上阵列

沿着曲面以行与列的方式复制物件，阵列物件在曲面上的定位以曲面的法线方向为参照，其操作步骤如下。

单击 ▦ "阵列"下三角按钮，在弹出的"阵列"拓展工具面板中，单击 ▦ "在曲面上阵列"工具按钮，根据指令栏的提示，选择要阵列的物件，按Enter键后选择阵列物件的基准点和阵列物件的参考法线（或直接按Enter键，表示使用工作平面Z轴），选择阵列的目标曲面，在指令栏中输入曲面U方向的项目数，按Enter键后在指令栏中输入曲面V方向的项目数，按Enter键完成操作，如图1-51所示。

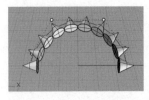

图 1-48

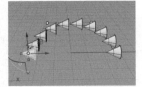

图 1-49

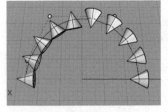

图 1-50

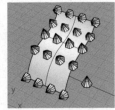

图 1-51

沿着曲面上的曲线阵列

沿着曲面上的曲线复制物件，复制出的物件会沿曲面的形状扭转，其操作步骤如下。

1️⃣ 单击 ▦ "阵列"下三角按钮，在弹出的"阵列"拓展工具面板中，单击 ▨ "沿着曲面上的曲线阵列"工具按钮，根据指令栏的提示，选择要阵列的物件，按 Enter 键后选择基准点，选择曲面上的一条曲线，选择曲面。

2️⃣ 在 Perspective 视图中放置物件或选择"平均分段"选项，并在指令栏中输入项目数，按 Enter 键完成操作，如图1-52所示。

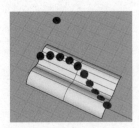

图 1-52

指令栏中的选项

数目：用于指定物件的数量。

平均分段：用于指定物件之间的距离。

💎 首饰案例：O字链建模

本例创建的项链如图1-53所示。

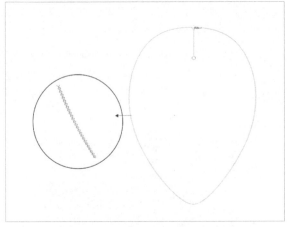

图 1-53

STEP 01

单击 ⬡ "控制点曲线"工具按钮，根据指令栏的提示在Front视图中绘制图1-54所示的曲线。单击 ⬡ "变动"下三角按钮，在弹出的"变动"拓展工具面板中，单击 ⬡ "镜像"工具按钮，根据指令栏的提示，选择要镜像的物件后按Enter键，在Front视图中以Z轴为对称轴镜像物体，完成操作，如图1-55所示。

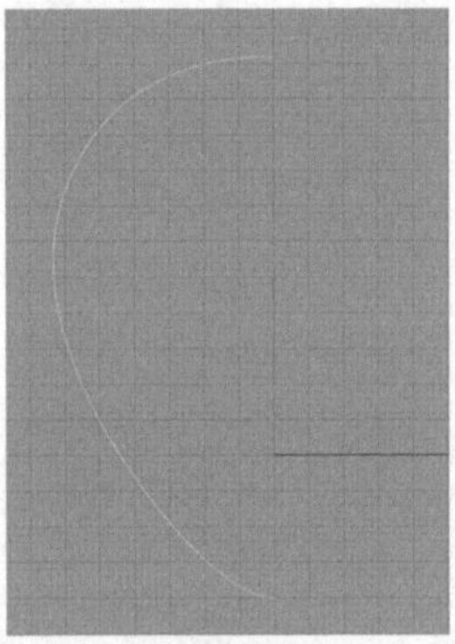

图 1-54

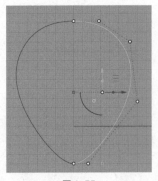

图 1-55

STEP 02

单击 ⬡ "组合"工具按钮将曲线组合。选择曲线，在指令栏中输入"Length"，按Enter键，指令栏会显示曲线的长度，如图1-56所示。

长度 = 215.856 毫米

指令：

图 1-56

STEP 03

单击 ⬡ "打开控制点"工具按钮，操作轴上的单轴缩放工具，如图1-57所示，将曲线调整为430mm，如图1-58所示。

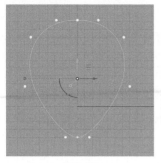

图 1-57 图 1-58

STEP 04

单击 ●"建立实体"下三角按钮，在弹出的"建立实体"拓展工具面板中单击 ●"环状体"工具按钮，根据指令栏的提示，在Front视图中绘制图1-59所示的环状体。

STEP 05

选择STEP 04绘制的环状体，按Ctrl+C和Ctrl+V组合键复制和粘贴环状体，在Top视图中，将其中一个环状体通过操作轴旋转90度，如图1-60所示。

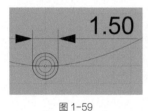
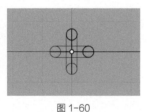

图 1-59 图 1-60

STEP 06

在Front视图中将STEP 05中旋转的环状体再通过操作轴旋转90度，如图1-61所示；将该环状体移动和旋转至图1-62所示位置。

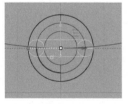
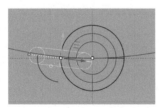

图 1-61 图 1-62

STEP 07

单击 ▦"阵列"下三角按钮，在弹出的"阵列"拓展工具面板中，单击 ⌘"沿着曲线阵列"工具按钮，根据指令栏的提示选择要阵列的物件，按Enter键后选择路径曲线，在弹出的"沿着曲线阵列选项"对话框中，"方式"选择"项目数"单选项并输入"270"、"定位"选择"自由扭转"单选项，如图1-63所示。单击"确定"按钮完成操作，如图1-64所示。

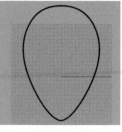

图 1-63 图 1-64

STEP 08

执行"文件"｜"导入"菜单命令，在弹出的"导入"对话框中，选择配件文件，导入虾扣，如图1-65所示。

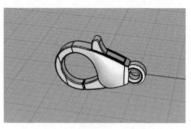

图 1-65

STEP 09

在Front视图中通过操作轴将虾扣配件移动至图1-66所示位置，并删除多余的环状体，如图1-67所示。

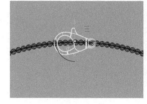
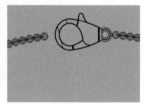

图 1-66 图 1-67

STEP 10

同理，在Top视图中绘制图1-68所示的环状体，并通过操作轴将其移动至图1-69所示位置。

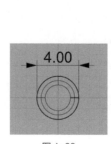
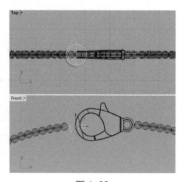

图 1-68 图 1-69

STEP 11

在Top视图中绘制图1-70所示的环状体，并通过操作轴将其移动至图1-71所示位置。

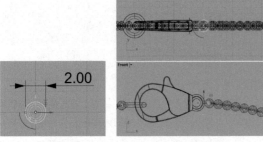

| 图1-70 | 图1-71 |

STEP 12

单击 ⚞ "多重直线"工具按钮，在Front视图中绘制长度为30mm的线段，如图1-72所示。

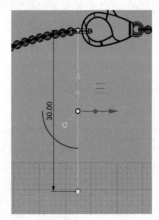

图1-72

STEP 13

按Ctrl+C和Ctrl+V组合键复制和粘贴STEP 10中绘制的环状体，通过操作轴将其旋转和移动至图1-73所示位置，删除多余的环状体，如图1-74所示。

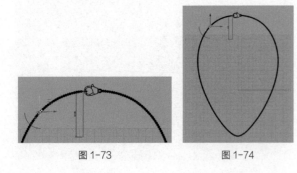

| 图1-73 | 图1-74 |

◆ 分割物体

用一个物件分割另一个物件，其操作步骤如下。

单击 ⬚ "分割"工具按钮，根据指令栏的提示，选择要分割的物件，按Enter键后选择切割用的物件，按Enter键完成操作，如图1-75、图1-76所示。

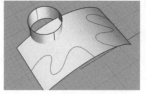 

| 图1-75 | 图1-76 |

补充说明

只有当被分割的物件是单一曲面时，"结构线"选项才可以使用。

在正对工作平面的平行视图（例如预设的 Top、Front、Right 视图）中用曲线分割曲面时，曲线会往视图的方向投影至曲面上将曲面分割。

在非正对工作平面的平行或透视视图（例如预设的 Perspective 视图）中用平面曲线分割曲面时，曲线会往与其平面垂直的方向投影到曲面上将曲面分割。

在非正对工作平面的平行或透视视图中用 3D 曲线分割曲面时，曲线会被拉回至曲面上的最近点将曲面分割。

指令栏中的选项

点（仅适用于曲线）：在曲线上指定分割点。

结构线（仅适用于曲面）：以曲面自己的结构线分割曲面，这个选项只有在被分割的物件是单一曲面时才可以使用。"方向"选择"U"时以U方向的结构线分割曲面；选择"V"时以V方向的结构线分割曲面；选择"两方向"则同时以U、V两个方向的结构线分割曲面。"切换"是指在U、V两个方向的结构线分割曲面。

缩回（仅适用于曲面）：若选择"是"，则缩回原始曲面的边缘至靠近分割边缘；若选择"否"，则以结构线分割曲面时不缩回原始曲面。

◆ 修剪物件

用一个物件修剪另一个物件，其操作步骤如下。

单击 ⬚ "修剪"工具按钮，根据指令栏的提示，选择修剪用的物件，按Enter键后选择要修剪的物件，按Enter键完成操作，如图1-77、图1-78所示。

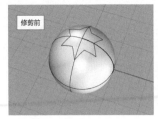
图 1-77

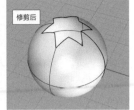
图 1-78

指令栏中的选项

延伸切割用直线：将直线无限延伸，修剪其他物件。选择"是"时可以不用真的将直线延伸到与要修剪的物件相交。

视角交点：曲线与要修剪的物件不必有实际的交集，只要在工作视窗里有视觉上的交集就可以修剪。此选项不能应用于曲面。

直线：建立一条临时的直线作为修剪用的物件。

◈ 首饰案例：钥匙形态吊坠建模

本例创建的吊坠如图1-79所示。

图 1-79

STEP 01

单击"锁定格点"将其打开，再单击 ⊙ "圆：中心点、半径"工具按钮，在Front视图中以（0，0）点为圆心绘制图1-80所示的圆形。

STEP 02

单击 ↘ "曲线工具"下三角按钮，在弹出的"曲线工具"拓展工具面板中单击 ↘ "偏移曲线"工具按钮，根据指令栏的提示，在指令栏中选择"距离"选项并输入"1.5"，按Enter键完成操作，如图1-81所示。

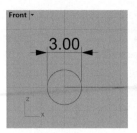
图 1-80

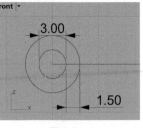
图 1-81

STEP 03

按Ctrl+C和Ctrl+V组合键复制和粘贴STEP 01和STEP 02中的圆形，并通过操作轴在Front视图中将其移动至图1-82所示位置。

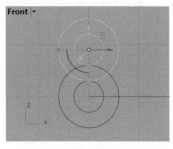
图 1-82

STEP 04

在Front视图中以X轴上的点为圆心绘制圆形，并偏移曲线，如图1-83所示。单击 ⤢ "变动"下三角按钮，在弹出的"变动"拓展工具面板中单击 ⬚ "镜像"工具按钮，在Front视图中以Z轴为对称轴镜像圆形，如图1-84所示。

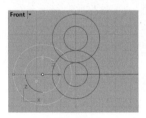
图 1-83

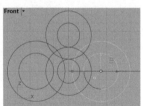
图 1-84

STEP 05

单击 ⤡ "修剪"工具按钮，根据指令栏的提示，选择修剪用的物件（这里从右下向左上框选所有曲线），按Enter键后选择要修剪的曲线，按Enter键完成操作，如图1-85所示。

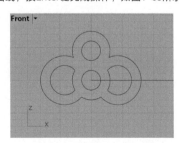
图 1-85

STEP 06

单击"物件锁点"将其打开，勾选"最近点"复选框，单击"控制点曲线"工具按钮，在Front视图中绘制图1-86所示的曲线，单击"变动"下三角按钮，在弹出的"变动"拓展工具面板中，单击"镜像"工具按钮，在Front视图中以Z轴为对称轴镜像曲线，如图1-87所示。

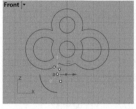 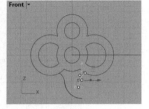

图 1-86　　　　　　　　　　　图 1-87

STEP 07

单击"控制点曲线"工具按钮，在Front视图中绘制图1-88所示曲线。

STEP 08

单击"曲线工具"下三角按钮，在弹出的"曲线工具"拓展工具面板中，单击"偏移曲线"工具按钮，根据指令栏的提示，将STEP 06、STEP 07中绘制的曲线分别偏移1.5mm，如图1-89所示。

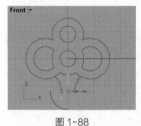 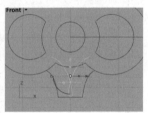

图 1-88　　　　　　　　　　　图 1-89

STEP 09

单击"修剪"工具按钮，根据指令栏的提示完成操作，如图1-90所示。单击"组合"工具按钮，将所有曲线组合。

STEP 10

单击"曲线工具"下三角按钮，在弹出的"曲线工具"拓展工具面板中单击"全部圆角"工具按钮，根据指令栏的提示，选择要建立圆角的多重曲线（这里框选所有的曲线），按Enter键后，在指令栏中指定"圆角半径"为"0.2"，按Enter键完成操作，如图1-91所示。

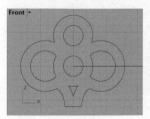 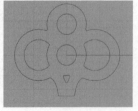

图 1-90　　　　　　　　　　　图 1-91

STEP 11

单击"建立实体"下三角按钮，在弹出的"建立实体"拓展工具面板中，单击"挤出封闭的平面曲线"工具按钮，根据指令栏的提示，选择要挤出的曲线，按Enter键后，在指令栏中设置"两侧"为"是"，并指定"挤出长度"为"1"，按Enter键完成操作，如图1-92所示。

STEP 12

单击"实体工具"下三角按钮，在弹出的"实体工具"拓展工具面板中，单击"边缘圆角"工具按钮，根据指令栏的提示，在指令栏中选择"下一个半径"选项，并在指令栏中输入"0.1"，按Enter键后选择要建立圆角的边缘，再按Enter键完成操作，如图1-93所示。

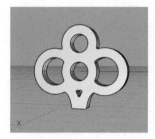 

图 1-92　　　　　　　　　　　图 1-93

STEP 13

单击"从物件建立曲线"下三角按钮，在弹出的"从物件建立曲线"拓展工具面板中单击"复制边缘"工具按钮，根据指令栏的提示，选择要复制的边缘，按Enter键完成操作，如图1-94所示。单击"组合"工具按钮，将复制的边缘组合。

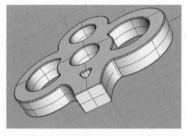

图 1-94

STEP 14

在Front视图中通过操作轴将STEP 10中得到的曲线移动至X轴上，如图1-95所示。

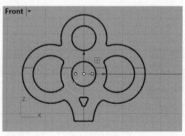

图 1-95

STEP 15

单击 "控制点曲线" 工具按钮，在Top视图中绘制图1-96所示的曲线。单击 "变动" 下三角按钮，在弹出的 "变动" 拓展工具面板中单击 "镜像" 工具按钮，在Top视图中以Y轴为对称轴镜像曲线，如图1-97所示。单击 "组合" 工具按钮，将镜像的曲线组合。

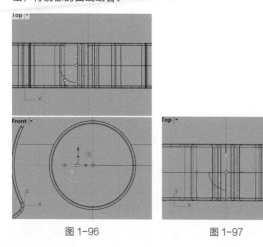

图 1-96   图 1-97

STEP 16

单击 "建立实体" 下三角按钮，在弹出的 "建立实体" 拓展工具面板中，单击 "挤出封闭的平面曲线" 工具按钮，根据指令栏的提示，选择要挤出的曲线，按Enter键后，在指令栏中设置 "两侧" 为 "否"，并指定 "挤出长度" 为 "25"，按Enter键完成操作，如图1-98所示在Front视图中通过操作轴调整位置，如图1-99所示。

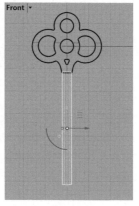

图 1-98   图 1-99

STEP 17

右击 "抽离曲面" 工具按钮，将图1-100所示的曲面抽离并删除。

STEP 18

单击 "从物件建立曲线" 下三角按钮，在弹出的 "从物件建立曲线" 拓展工具面板中单击 "复制边缘" 工具按钮，根据指令栏的提示，选择要复制的边缘，按Enter键完成操作，如图1-101所示。单击 "组合" 工具按钮，将复制的边缘组合。

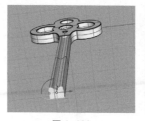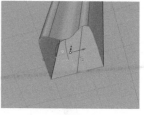

图 1-100   图 1-101

STEP 19

单击 "物件锁点" 将其打开，勾选 "交点" 复选框，单击 "控制点曲线" 工具按钮，在Front视图中绘制图1-102所示曲线。单击 "变动" 下三角按钮，在弹出的 "变动" 拓展工具面板中单击 "镜像" 工具按钮，在Front视图中以Z轴为对称轴镜像曲线，如图1-103所示。

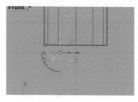

图 1-102   图 1-103

STEP 20

将STEP 16中的曲线通过操作轴在Top视图中移动至图1-104所示位置。

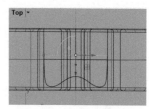

图 1-104

STEP 21

单击 "建立曲面" 下三角按钮，在弹出的 "建立曲面" 拓展工具面板中单击 "双轨扫掠" 工具按钮，根据指令栏的提示，依次选择第一条路径、第二条路径及断面线，按Enter键完成操作，如图1-105所示。

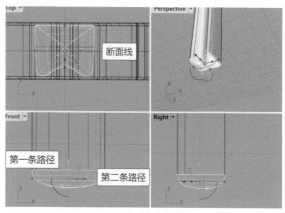

图 1-105

STEP 22

单击 "组合" 工具按钮，将图1-106所示曲面组合为实体。

STEP 23

单击 "矩形" 下三角按钮，在弹出的 "矩形" 拓展工具面板中单击 "矩形:中心点、角" 工具按钮，根据指令栏的提示，在Front视图中绘制图1-107所示的矩形。

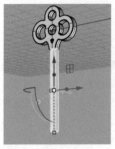
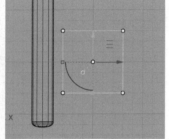

图1-106   图1-107

STEP 24

单击 "矩形" 下三角按钮，在弹出的 "矩形" 拓展工具面板中单击 "圆角矩形" 工具按钮，在指令栏中选择 "中心点" 选项，在Front视图中绘制图1-108所示的圆角矩形。

STEP 25

单击 "修剪" 工具按钮，根据指令栏的提示，将STEP 20、STEP 21中的曲线修剪，如图1-109所示。单击 "组合" 工具按钮，将修剪后的曲线组合。

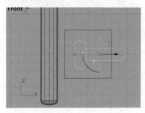
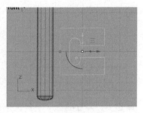

图1-108   图1-109

STEP 26

单击 "建立实体" 下三角按钮，在弹出的 "建立实体" 拓展工具面板中单击 "挤出封闭的平面曲线" 工具按钮，根据指令栏的提示，选择要挤出的曲线，按Enter键，在指令栏中设置 "两侧" 为 "是"，并指定 "挤出长度" 为 "0.75"，按Enter键完成操作，如图1-110所示。

STEP 27

单击 "实体工具" 下三角按钮，在弹出的 "实体工具" 拓展工具面板中，单击 "边缘圆角" 工具按钮，根据指令栏的提示，在指令栏中选择 "下一个半径" 选项，并输入 "0.1"，按Enter键后选择要建立圆角的边缘，按Enter键完成操作，如图1-111所示。

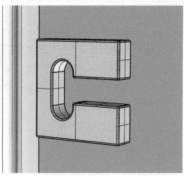

图1-110   图1-111

STEP 28

通过操作轴将STEP 24中的多重曲面移动至图1-112所示的位置。

STEP 29

单击 "建立实体" 下三角按钮，在弹出的 "建立实体" 拓展工具面板中单击 "环状体" 工具按钮，根据指令栏的提示，在Front视图中完成操作，如图1-113所示。

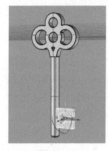
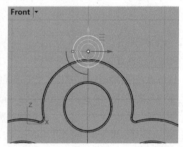

图1-112   图1-113

STEP 30

单击 "椭圆:从中心点" 工具按钮，根据指令栏的提示，在Right视图中以Z轴上的点为椭圆中心，绘制图1-114所示的椭圆。

STEP 31

单击 "建立实体" 下三角按钮，在弹出的 "建立实体" 拓展工具面板中单击 "圆管（圆头盖）" 工具按钮，根据指令栏的提示，选择路径（这里选择椭圆），在指令栏的 "封闭圆管的半径" 处输入 "0.5"，按Enter键完成操作，如图1-115所示。

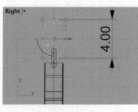

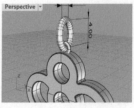

图1-114   图1-115

◆ 组合与炸开物件

组合

将物件以端点或边缘组合成单一物件。例如，直线组合为多重直线、曲线组合为多重曲线、曲面或多重曲面组合为多重曲面或实体，其操作步骤如下。

单击 ◦ "组合"工具按钮，根据指令栏的提示，选择要组合的物件，按Enter键完成操作，如图1-116、图1-117所示。

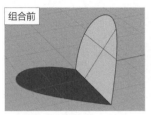

图 1-116　　　　　　　　图 1-117

炸开

将组合在一起的物件打散成为单独的物件，其操作步骤如下。

单击 ◦ "炸开"工具按钮，根据指令栏的提示，选择要炸开的物件，按Enter键完成操作，如图1-118、图1-119所示。

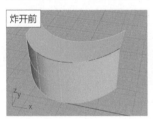
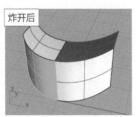

图 1-118　　　　　　　　图 1-119

◆ 弯曲物件

沿着骨干做圆弧弯曲，其操作步骤如下。

单击 ◦ "变形工具"下三角按钮，在弹出的"变形工具"拓展工具面板中单击 ◦ "弯曲"工具按钮，根据指令栏的提示，选择要弯曲的物件，按Enter键后，选择骨干起点和终点，再选择骨干弯曲通过的点，完成操作，如图1-120、图1-121所示。

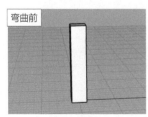
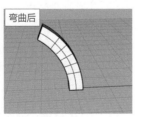

图 1-120　　　　　　　　图 1-121

指令栏中的选项

复制：决定是否复制物件。

硬性：决定在变形过程中哪些物件是不变形的，如图1-122、图1-123、图1-124所示。

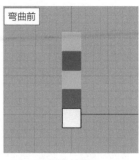

图 1-122

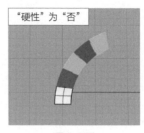
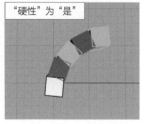

图 1-123　　　　　　　　图 1-124

限制于骨干：决定如何根据骨干限制弯曲。选择"是"，则物件只有在"骨干"范围内的部分会被弯曲，如图1-125所示；若选择"否"，则物件的弯曲范围会延伸到指定点，如图1-126所示。

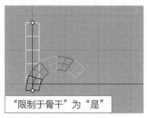

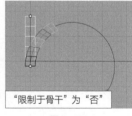

图 1-125　　　　　　　　图 1-126

角度：以输入角度的方式设定弯曲量。

对称：决定如何进行弯曲，如图1-127、图1-128所示。

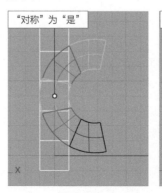
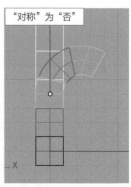

图 1-127　　　　　　　　图 1-128

维持结构：决定是否在变形后维持曲线或曲面控制点的结构。当选取的物件是多重曲面时，指令栏不会显示这个选项。若选择"是"，则维持物件的控制点结构，有可能因为控制点不足而使变形的结果不太精确，如图1-129所示；若选择"否"，则使用更多控制点重新逼近物件，使变形结果更加精准，如图1-130所示。

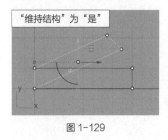
"维持结构"为"是"

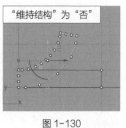
"维持结构"为"否"

图 1-129   图 1-130

◆ 扭转物件

绕着一个轴线扭转物件，其操作步骤如下。

单击 "变形工具"下三角按钮，在弹出的"变形工具"拓展工具面板中单击 "扭转"工具按钮，根据指令栏的提示，选择要扭转的物件，按Enter键后选择扭转轴起点和终点，再在指令栏中输入角度（或选择第一参考点和第二参考点），按Enter键完成操作，如图1-131、图1-132所示。

图 1-131   图 1-132

指令栏中的选项

复制：决定是否复制物件。

硬性：决定在变形过程中哪些物件是不变形的。若选择"是"，则单个物件本身不会产生变化，只有位置会变；若选择"否"，则单个物件自身和位置都会发生变化。

无限大：若选择"是"，则即使轴线比物件短，变形

影响范围还是会基于整个物件，如图1-133所示；若选择"否"，则物件的变形范围受限于轴线的长度，如图1-134所示。如果轴线比物件短，则物件只有在轴线范围内的部分会变形。此外，在轴线端点处会有一段变形缓冲区。

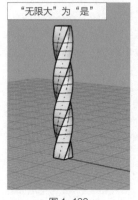
"无限大"为"是"

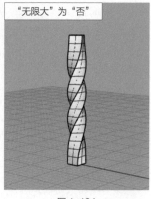
"无限大"为"否"

图 1-133   图 1-134

维持结构：决定是否在变形后维持曲线或曲面控制点的结构。当选取的物件是多重曲面时，指令栏不会显示这个选项。若选择"是"，则维持物件的控制点结构，有可能因为控制点不足而使变形的结果不太精确；若选择"否"，则使用更多控制点重新逼近物件，使变形结果更加精准。

◆ 锥状化物件

将物件沿着指定轴线做锥状变形，其操作步骤如下。

单击 "变形工具"下三角按钮，在弹出的"变形工具"拓展工具面板中单击 "锥状化"工具按钮，根据指令栏的提示，选择要锥状化的物件，按Enter键后选择锥状轴的起点和终点，再设置起始距离和终止距离，完成操作，如图1-135所示。

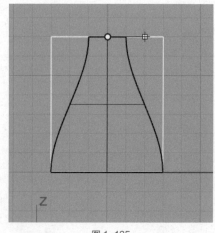

图 1-135

指令栏中的选项

复制：决定是否复制物件。

硬性：决定在变形过程中哪些物件是不变形的。若选择"是"，则单个物件本身不会产生变化，只有位置会变；若选择"否"，则单个物件自身和位置都会发生变化。

平坦模式：创建一个一维单方向的锥化，如图1-136、图1-137所示。

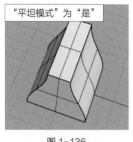
图 1-136

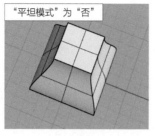
图 1-137

无限延伸：决定锥化的长度。若选择"是"，则即使轴线比物件短，变形影响范围还是会及于整个物件，如图1-138所示；若选择"否"，则变形范围受轴线的长度限制，如果轴线比物件短，则物件只有在轴线范围内的部分会变形，如图1-139所示。

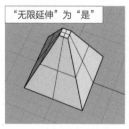
图 1-138

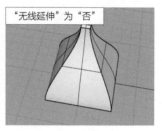
图 1-139

维持结构：决定是否在变形后维持曲线或曲面控制点的结构。当选取的物件是多重曲面时，指令栏不会显示这个选项。若选择"是"，则维持物件的控制点结构，有可能因为控制点不足而使变形的结果不太精确；若选择"否"，则使用更多控制点重新逼近物件，使变形结果更加精准。

◆ 沿着曲线流动物件

将物件或群组以基准曲线对应至目标曲线。可以使用"沿着曲线流动"工具将物件以直线为基准变形对应到曲线上，因为建立平直的物件总是比沿着曲线建立物件容易，其操作步骤如下。

单击 "变形工具"下三角按钮，在弹出的"变形工具"拓展工具面板中单击 "沿着曲线流动"工具按钮，

根据指令栏的提示，选择要流动变形的物件，按Enter键后选择基准曲线，再选择目标曲线，完成操作，如图1-140、图1-141所示。

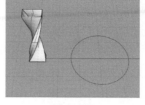
图 1-140

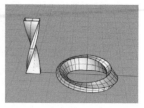
图 1-141

指令栏中的选项

复制：决定是否复制物件。

硬性：决定在变形过程中哪些物件是不变形的，若选择"是"，则单个物件本身不会产生变化，只有位置会变；若选择"否"，则单个物件自身和位置都会发生变化。

直线：绘制出一条直线作为基准曲线。

局部：指定两个圆以定义环绕基准曲线的"圆管"，物件在圆管内的部分会流动变形，在圆管外的部分固定不变，圆管壁为变形力衰减区。

延展：若选择"是"，则物件在流动变形后会因为基准曲线和目标曲线的长度不同而被延展或压缩，如图1-142所示；若选择"否"，则物件在流动变形后长度不会改变，如图1-143所示。

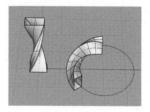
图 1-142

维持结构：决定是否在变形后维持曲线或曲面控制点的结构。当选取的物件是多重曲面时，指令栏不会显示这个选项。若选择"是"，则维持物件的控制点结构，有可能因为控制点不足而使变形的结果不太精确；若选择"否"，则使用更多控制点重新逼近物件，使变形结果更加精准。

走向：决定物件在创建时是否发生扭转。轴用于计算截面的三维旋转，小部件显示起始截面和结束截面的法线方向。若选择"走向轴的基点与目标曲线"，则指定一个点作为截面法线开始的位置；若选择"走向轴方向与目标曲线"，则旋转截面小部件显示截面的方向，指定第二个点显示截面终点方向与旋转，若选择"自动"，则使用截面平面的 Z 轴作为基点。

◆ 倾斜物件

将物件倾斜某个角度。将一个矩形倾斜变形时，矩形会变成平行四边形，矩形的左、右两边会变长，但上、下两边的长度不变，其操作步骤如下。

单击 ✎ "变动"下三角按钮，在弹出的"变动"拓展工具面板中单击 ✐ "倾斜"工具按钮，根据指令栏的提示，选择要倾斜的物件，按Enter键后选择基点、参考点，在指令栏中输入倾斜角度，按Enter键完成操作，如图1-143、图1-144所示。

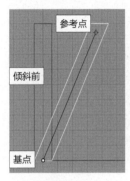
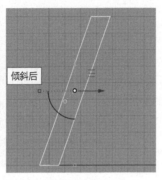

| 图1-143 | 图1-144 |

指令栏中的选项

复制：决定是否复制物件。

硬性：决定在倾斜过程中哪些物件是不变形的。若选择"是"，则单个物件本身不会产生变化，只有位置会变；若选择"否"，则单个物件自身和位置都会发生变化。

◆ 平滑物件

均匀化指定范围内的曲线控制点、曲面控制点、网格顶点的位置，以小幅度渐进均化选取的控制点的间距，适用于局部去除曲线或曲面上不需要的细节与自交的部分，其操作步骤如下。

单击 ✎ "变动"下三角按钮，在弹出的"变动"拓展工具面板中单击 ≋ "使平滑"工具按钮，根据指令栏的提示，选择要使其平滑的物件，按Enter键完成操作，如图1-145所示。

图 1-145

> **补充说明**
>
> 当要使曲线或曲面的某部分平滑时，先选择要使其平滑的物件，再单击 ↖ "显示物件控制点"工具按钮，再执行"使平滑"指令，选择平滑化的轴向与调整平滑系数，选择的控制点会小幅度移动，使得曲线或曲面变得较为平滑。

"平滑"对话框中的选项

使X平滑/使Y平滑/使Z平滑：仅在 X、Y 或Z方向上平滑。

固定边界：使边缘或端点的位置不被改变。

世界坐标/工作平面坐标/物件坐标：使用世界、工作平面或物件的UVN坐标作为平滑化的轴向。

每阶的平滑系数：设置平滑程度。其值若为0至1，则物件点向均化位置移动；其值若大于1，则物件点向均化位置移动并超过该位置；其值若为负值，则物件点朝均化位置的反方向移动。

平滑次数：设置每次平滑的幅度。

> **补充说明**
>
> 1.当物件的所有控制点都被选取时，可视为选取了整个物件。
>
> 2.固定边界在封闭的曲线或曲面可能会造成非预期的接缝或汇集点。
>
> 3.如果平滑效果不明显，可以将平滑次数设置为大于 1 的数。平滑次数为 "1"时将忽略原始控制点的位置，将控制点移动到两侧控制点的中点。

首饰案例：莫比乌斯环戒指建模

本例创建的莫比乌斯环戒指如图1-146所示。

图 1-146

STEP 01

单击⊙ "圆:中心点，半径" 工具按钮，在Top视图中以（0，0）点为圆心，绘制半径为8mm的圆，如图1-147所示。

STEP 02

单击□ "矩形" 下三角按钮，在弹出的 "矩形" 拓展工具面板中单击□ "圆角矩形" 工具按钮，根据指令栏的提示，在Top视图中完成操作，如图1-148所示。在Top视图中通过操作轴将圆角矩形沿X轴移动。

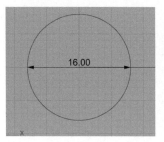

| 图 1-147 | 图 1-148 |

STEP 03

单击 "阵列" 下三角按钮，在弹出的 "阵列" 拓展工具面板中单击 "直线阵列" 工具按钮，根据指令栏的提示，选择要阵列的物件，按Enter键后在Top视图中选择旋转中心（这里选择圆角矩形中心点），在指令栏中输入阵列数（这里输入 "4"），在Front视图中选择第一参考点和第二参考点（可按住Shift键垂直向上选择第二参考点），按Enter键完成操作，如图1-149所示。

STEP 04

单击 "2D旋转" 工具按钮，根据指令栏的提示，选择要旋转的物件（从下往上数的第二个圆角矩形），按Enter键后在指令栏中输入旋转角度（这里输入 "60"），按Enter键完成操作，如图1-150所示。

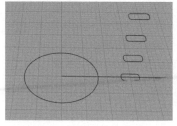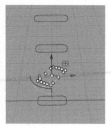

| 图 1-149 | 图 1-150 |

STEP 05

同理，依次旋转从下往上数的第三个圆角矩形和第四个圆角矩形，完成操作，如图1-151所示。

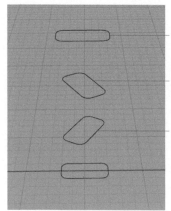

第四个圆角矩形：旋转 180 度

第三个圆角矩形：旋转 120 度

第二个圆角矩形：旋转 60 度

图 1-151

STEP 06

单击 "建立曲面" 下三角按钮，在弹出的 "建立曲面" 拓展工具面板单击 "放样" 工具按钮，根据指令栏的提示，依次选择圆角矩形，按Enter键后在指令栏中选择 "原本的" 选项，按Enter键，在弹出的 "放样选项" 对话框中，在 "样式" 下拉列表中选择 "标准" 选项，单击 "确定" 按钮完成操作，如图1-152所示。

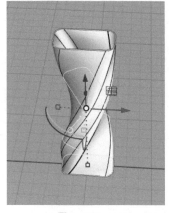

图 1-152

STEP 07

单击 ⟋ "多重直线" 工具按钮，根据指令栏的提示，在Front 视图中绘制与STEP 06中放样的多重曲面等长的线段，并在 Top视图中通过操作轴将其移动至图1-153所示位置。

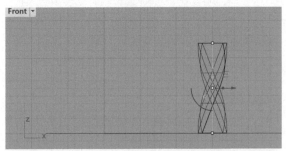

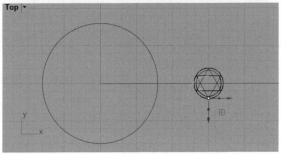

图 1-153

STEP 08

单击 ⟋ "变形工具" 下三角按钮，在弹出的 "变形工具" 拓展 工具面板中单击 ⟋ "沿着曲线流动" 工具按钮，根据指令栏 的提示，选择要流动的物件，按Enter键后选择基准曲线（这 里选择STEP 07中的线段），将指令栏中的 "延展" 选项设为 "是"，再选择目标曲线（这里选择STEP 01中的圆形），完 成操作，如图1-154所示。

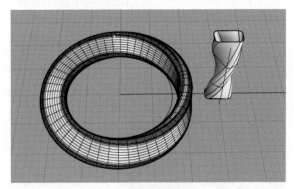

图 1-154

STEP 09

单击 ⟋ "三轴缩放" 工具按钮，根据指令栏的提示，在Top视 图中以图1-155所示的点为基准点将戒指缩放至合适的尺寸，完成操作，如图1-156所示。

基准点

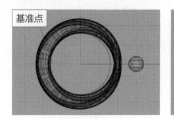 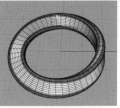

图 1-155　　　　　　　　图 1-156

◆ **变形控制器**

以曲线、曲面为变形控制器来控制物件，对受控制的 物件做二维或三维的平滑变形，其操作步骤如下。

单击 ⟋ " 变形工具" 下三角按钮，在弹出的 "变形 工具" 拓展工具面板中单击 ⟋ "变形控制器编辑" 工具按 钮，根据指令栏的提示，选择要控制的物件，完成操作，如图1-157、图1-158所示。

变形前

图 1-157

变形后

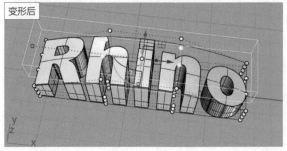

图 1-158

补充说明

1. 使用 "变形控制器编辑" 工具可以更改变形控制 器的控制点，以对稠密的曲面做平顺的变形。

2. 对多重曲面做变形时，多重曲面不会散开或产生 缝隙。

3. 要使受控制物件自身作为变形控制器，可以选取 该物件边缘或多重曲面的一个面。

4. 不论是否启用 "记录建构历史"，这个指令都会 记录建构历史。

指令栏中的选项

边框方块：使用物件的边框方块来确定立方体位置，如图1-159所示。

变形控制器参数：在建立立方体变形控制器后，可以进一步设定3个方向的控制点数目与阶数。

X点数、Y点数、Z点数：设置直线、矩形或立方体变形控制器各个方向的控制点数目。

X阶数、Y阶数、Z阶数：设置直线、矩形或立方体各个方向的阶数。

直线：建立一条线作为变形控制器，如图1-160所示。

阶数：设置曲线或曲面阶数。

点数：设置变形控制器控制点的数目。

图1-159

图1-160

矩形：建立一个矩形平面作为变形控制器，如图1-161、图1-162所示。

X阶数、Y阶数、Z阶数：设置曲面 U、V 两个方向的阶数。

X点数、Y点数、Z点数：设置变形控制器 U、V 两个方向控制点的数目。

图1-161

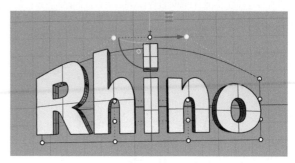

图1-162

立方体：建立一个立方体作为变形控制器，然后可以进一步设定变形控制器3个方向的控制点数目与阶数，如图1-163、图1-164所示。

X点数、Y点数、Z点数：设置直线、矩形或立方体变形控制器各个方向的控制点数目。

X阶数、Y阶数、Z阶数：设置直线、矩形或立方体各个方向的阶数。

图1-163

图1-164

变形：若选择"精准"，则会使物件变形的速度较慢，物件在变形后曲面结构会变得较为复杂，如图1-165所示；若选择"快速"，则会使变形后的曲面控制点比较少，结果不太精确，如图1-166所示。

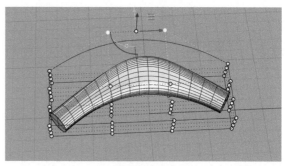

图1-165

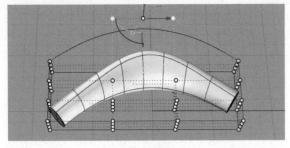

图 1-166

维持结构：决定是否在变形后维持曲线或曲面控制点的结构。若选择"是"，则维持物件的控制点结构，有可能因为控制点不足而使变形的结果不太精确；若选择"否"，则增加物件的控制点，使变形结果较精确。

要编辑的范围：若选择"整体"，则使受控制物件变形的部分不只控制物件范围内的部分，在控制物件范围外的部分也会受到影响，控制物件的变形作用力无限远；若选择"局部"，则设置控制物件范围外变形作用力的衰减距离，受控制物件的超出衰减距离的部分完全不会变形。当选择"局部"时，"衰减距离"选项用于控制从无控制效果区域到全部控制的区域之间的区域。

其他：定义一个球体、圆柱体或立方体作为变形控制器。

💎 导出与导入

导出与导入文件是使用Rhino软件的基础，设计师可以导入Rhino支持的文件类型，在Rhino中对其进行操作；也可以从Rhino中导出适用于其他软件的文件类型，便于在软件之间相互转换。

◆ 导入文件

执行"文件"|"导入"菜单命令，在弹出的"导入"对话框中选择要导入的文件，可导入的文件格式可打开"支持的文件类型"下拉列表查看，如图1-167所示。

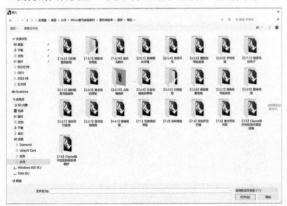

图 1-167

◆ 导出文件

执行"文件"|"导出选取的物件"菜单命令，在弹出的"导出"对话框中，选择导出文件保存的位置、输入文件名并选择保存类型。如果要进行3D打印，"保存类型"应选择为"STL(Stereolithography)（*.stl）"，如图1-168所示。

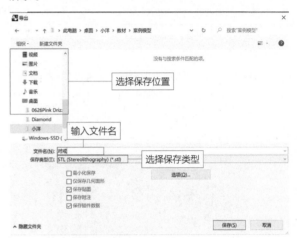

图 1-168

保存类型选项

最小化保存：虽然清除渲染、分析网格可以让文件变小，但下次打开该文件时需要较多的时间重新计算渲染网格。

仅保存几何图形：仅保存几何图形，不保存图层、材质、属性、附注、单位设置。类似于导出物件，只会创建一个新文件，但该文件不会成为当前打开的 Rhino 模型文件。

保存贴图：将材质、环境和印花所使用的外部贴图嵌入模型文件中。

保存附注：导出模型中的附注。

保存插件数据：保存通过插件附加到物件或文件中的数据。

💎 尺寸标注

使用"尺寸标注"工具可以标注物件的尺寸。如果创建尺寸标注时启用了"记录建构历史"，则可以将这些尺寸标注附加到物件上。

标注圆心

在曲线中心点位置绘制十字交叉线，中心点标记的大小和样式是由注解样式和中心点标记属性决定的，其操作步骤如下。

单击 "尺寸标注" 下三角按钮，在弹出的 "尺寸标注" 拓展工具面板中单击 "标注圆心" 工具按钮，根据指令栏的提示，选择曲线应用中心点标记，完成操作，如图1-169所示。

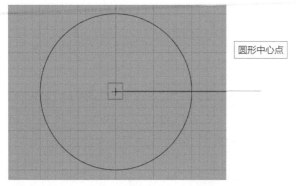

图 1-169

直线尺寸标注

建立水平或垂直的直线尺寸标注，其操作步骤如下。

单击 "尺寸标注" 下三角按钮，在弹出的 "尺寸标注" 拓展工具面板中单击 "直线尺寸标注" 工具按钮，根据指令栏的提示，选择尺寸标注的第一点和第二点，选择标注线的位置，单击完成操作，如图1-170所示。

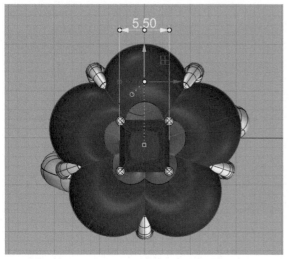

图 1-170

指令栏中的选项

注解样式：选取注解样式。

物件：选取要标注的物件。

连续标注：连续建立直线尺寸标注。

复原：复原上一个动作。

基线：从第一点开始继续建立尺寸标注，如图1-171所示。

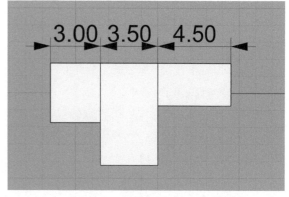

图 1-171

对齐尺寸标注

建立与两点连线平行的直线尺寸标注，其操作步骤如下。

单击 "尺寸标注" 下三角按钮，在弹出的 "尺寸标注" 拓展工具面板中单击 "对齐尺寸标注" 工具按钮，根据指令栏的提示，选择尺寸标注的第一点和第二点，选择标注线的位置，单击完成操作，如图1-172所示。

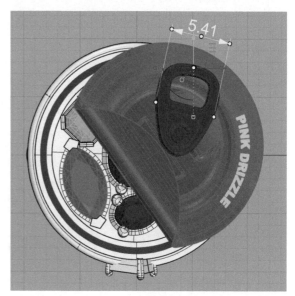

图 1-172

指令栏中的选项

注解样式：选取注解样式。

物件：选取要标注的物件。

连续标注：连续建立直线尺寸标注。

复原：复原上一个动作。

基线：从第一点开始继续建立尺寸标注，如图1-173所示。

角度尺寸标注

从圆弧、两条直线或指定3点标注角度，其操作步骤如下。

单击 "尺寸标注"下三角按钮，在弹出的"尺寸标注"拓展工具面板中单击 "角度尺寸标注"工具按钮，根据指令栏的提示，选择圆弧（或第一条直线和第二条直线），指定尺寸标注的位置，单击完成操作，如图1-173所示。

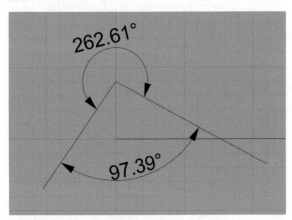

图 1-173

指令栏中的选项

注解样式：选取注解样式。

点：选择要标注角的顶点（1），然后选择尺寸标注点（2）和（3），如图1-174所示。

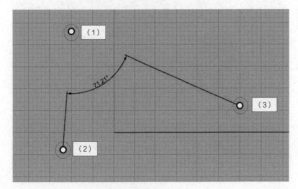

图 1-174

面积尺寸标注

标注封闭的平面曲线、曲面、网格或剖面线的面积，其操作步骤如下。

单击 "尺寸标注"下三角按钮，在弹出的"尺寸标注"拓展工具面板中单击 "面积尺寸标注"工具按钮，根据指令栏的提示，选择封闭的曲线、抛面线、曲面、多重曲面或网格，选择第一个曲线点和第二曲线点，完成操作，如图1-175所示。

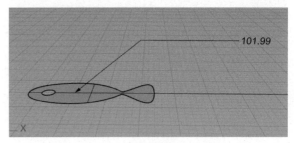

图 1-175

指令栏中的选项

注解样式：若选择"标注引线"，则使用标注引线标注；若选择"文本"，则在选取的位置放置文字标注。

曲线长度尺寸标注

标注曲线的长度，其操作步骤如下。

单击 "尺寸标注"下三角按钮，在弹出的"尺寸标注"拓展工具面板中单击 "曲线长度尺寸标注"工具按钮，根据指令栏的提示，选择曲线，选择第一个曲线点和下一个曲线点，按Enter键完成操作，如图1-176所示。

图 1-176

指令栏中的选项

注解样式：若选择"标注引线"，则使用标注引线标注；若选择"文本"，则在选取的位置放置文字标注。

平面夹角尺寸标注

标注两个平面之间的夹角，其操作步骤如下。

单击 ↳ "尺寸标注" 下三角按钮，在弹出的 "尺寸标注" 拓展工具面板中单击 ⤵ "平面夹角尺寸标注" 工具按钮，根据指令栏的提示，选择平面曲面，指定尺寸标注的位置，完成操作，如图1-177所示。

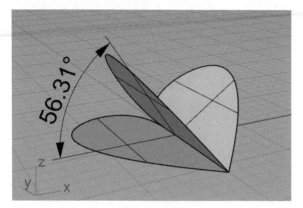

图 1-177

直径尺寸标注

标注曲线的直径，其操作步骤如下。

单击 ↳ "尺寸标注" 下三角按钮，在弹出的 "尺寸标注" 拓展工具面板中单击 ⊘ "直径尺寸标注" 工具按钮，根据指令栏的提示，选择要标注直径的曲线，指定尺寸标注的位置，完成操作，如图1-178所示。

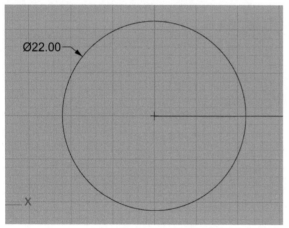

图 1-178

指令栏中的选项

注解样式：选取注解样式。

半径尺寸标注

标注曲线的半径，其操作步骤如下。

单击 ↳ "尺寸标注" 下三角按钮，在弹出的 "尺寸标注" 拓展工具面板中单击 ⊘ "半径尺寸标注" 工具按钮，根据指令栏的提示，选择要标注半径的曲线，指定尺寸标注的位置，完成操作，如图1-179所示。

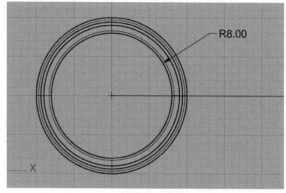

图 1-179

指令栏中的选项

注解样式：选取注解样式。

曲线上的点：指定尺寸标注箭头的起点。

补充说明

在尺寸标注上双击，在打开的对话框中可以编辑尺寸标注的样式和文本。

第2章
Rhino中常用点、线的基本概念和操作

第2章至第4章详细讲解从点到线再到面，最后成体的完整过程，并配有首饰建模案例，方便读者理解相关工具的操作方法。本章主要围绕点和线的知识点来讲解，点的重点为分段和标注曲线上的节点；曲线的重点为曲线的构成要素、曲线的连续性对曲面的影响、曲线的绘制和编辑方法，以及从对象上提取曲线的方法。

放置点的应用

"点"工具是建立Rhino模型的基础工具。点不仅可以用于生成线，而且在模型绘制过程中，可以作为标记使用，为之后的吸附提供便捷。

◆ 单点

在Rhino中，"点"工具是非常基础的工具，单击"点"下三角按钮，将会弹出"点"拓展工具面板，如图2-1所示。

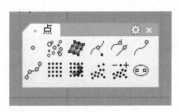

图2-1

单击"锁定格点"将其打开，如图2-2所示。单击"工具"下三角按钮，在弹出的"Rhino选项"对话框中设置"锁定间距"为"0.25毫米"，如图2-3所示。

单击 "点"工具按钮，根据指令栏的提示，在Top视图中单击放置点，点可以落在格线0.25毫米的位置，如图2-4所示。

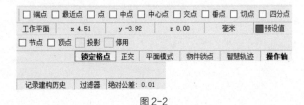

图2-2

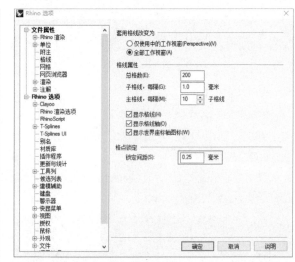

图2-3

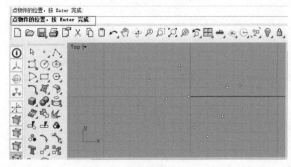

图2-4

◆ 多点

连续建立数个点物件，其操作步骤如下。

单击 "点"下三角按钮，在弹出的"点"拓展工具面板中单击 "多点"工具按钮，连续指定几个要建立点物件的位置，按Enter键完成操作。

◆ 点格

建立矩形阵列的点云，其操作步骤如下。

单击 `·,` "点"下三角按钮，在弹出的"点"拓展工具面板中单击 `▦` "点格"工具按钮，根据指令栏的提示输入X方向的点数、Y方向的点数，绘制出一个矩形。建立的矩形物件阵列会成为一个点云，如图2-5所示。

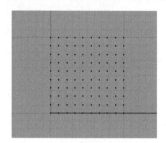

图2-5

补充说明

点云的基本概念：可以以选取的点为基础建立一个点云，除了方便选取以外，显示速度也会变快。从其他文件导入大量的点时，将点组成点云可以提高Rhino的工作效率。在Rhino中，可以将任何数量的点组成单一点云，使.3dm文件变小并提高效能，也可像操作一般点一样锁定或者选取点云中的点。点云就像网格，但是不显示网格顶点之间的网格线框。

单击 `·,` "点"下三角按钮，在弹出的"点"拓展工具面板中单击 `⚹` "点云"工具按钮，根据指令栏的提示选择点与点云，也可以使用 `▨` "炸开"工具按钮将点云炸开成为单个点，如图2-6所示。

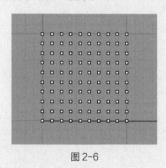

图2-6

指令栏中的选项

加入：当"加入"为"是"时，将点物件加入已存在的点云。

移除：当"移除"为"是"时，从点云之中移除选取的点物件。

◆ 生成点

这一部分内容包括"抽离点""分段标注点""最接近点""在物件上产生布帘点""标示焦点和标示曲线起点与终点"，主要通过线和面反过来生成点。

◆ 抽离点

将曲线的控制点或编辑点、曲面的控制点、文字的插入点、网格的顶点复制为点物件，其操作步骤如下。

单击 `·,` "点"下三角按钮，在弹出的"点"拓展工具面板中单击 `⚡` "抽离点"工具按钮，根据指令栏的提示，选取曲线、曲面或网格物件，Rhino会在物件的每一个控制点或顶点的位置建立点物件，如图2-7所示。

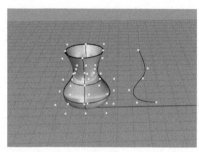

图2-7

指令栏中的选项

目的图层：建立物件的图层。若选择"目前的"，则在目前的图层建立物件；若选择"输入物件"，则在输入物件所在的图层建立物件；若选择"目标物件"，则在目标物件所在的图层建立物件。

补充说明

如果只抽离选取的点，则需要打开物件的控制点或编辑点，然后选择要复制的控制点或编辑点。

◆ 分段标注点

依线段长度分段曲线

以设定的分段长度在曲线上建立分段点或将曲线分割，其操作步骤如下。

单击 `·,` "点"下三角按钮，在弹出的"点"拓展工具面板中单击 `∠` "依线段长度分段曲线"工具按钮，根据指令栏的提示，选择要分段的曲线，按Enter键后在指令栏中指定曲线分段长度为"10"，如图2-8所示。按Enter键完成操作，如图2-9所示。

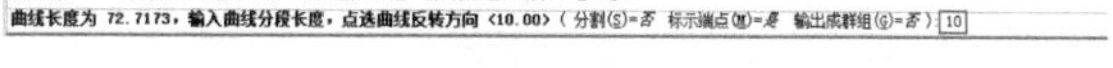

分段数目 (S) (长度)(L) [分割](S)=否 标示端点 (N)=是 输出成群组 (G)=否 _Length
曲线长度为 72.7173，输入曲线分段长度，点选曲线反转方向 <10.00> (分段(S)=否 标示端点(N)=否 输出成群组(G)=否) 10

图2-8

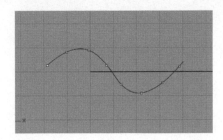

图2-9

依线段数目分段曲线

以设定的分段数目在曲线上建立分段点或将曲线分割，其操作步骤如下。

单击 ∴ "点"下三角按钮，在弹出的"点"拓展工具面板中右击 ⚪ "依线段数目分段曲线"工具按钮，根据指令栏的提示，选择要分段的曲线，按Enter键后在指令栏的"分段数目"处输入"5"，如图2-10所示。按Enter键完成操作，如图2-11所示。

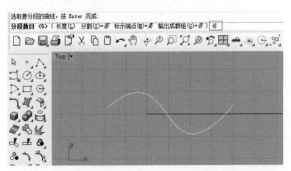

图2-10

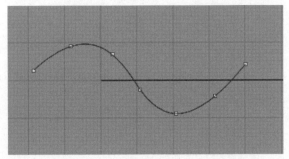

图2-11

◆ 最接近点

在选取的物件上最接近指定点的位置建立一个点物件，或者在两个物件距离最短的位置建立一个点物件，其操作步骤如下。

单击 ∴ "点"下三角按钮，在弹出的"点"拓展工具面板中单击 ⚪ "最接近点"工具按钮，根据指令栏的提示，选择目标物件，按Enter键后再根据指令栏的提示选择要计算最近点的基准点，完成操作后物件上出现标注的最近点，如图2-12所示。同时指令栏中会显示最接近点的距离，如图2-13所示。

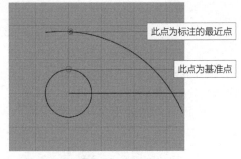

图2-12

```
最接近点的距离为11.11 毫米
指令：|
```

图2-13

指令栏中的选项

物件：在两个物件上找到并建立最近的两个点，计算两个物件最接近点之间的距离，如图2-14、图2-15所示。

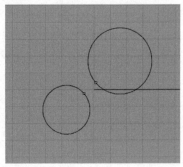

图2-14

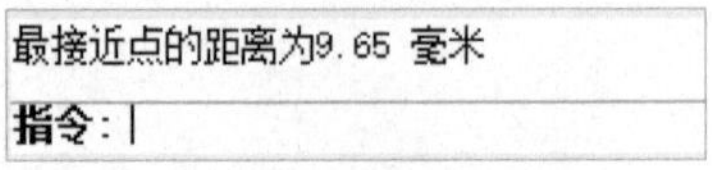

```
最接近点的距离为9.65 毫米
指令：|
```

图2-15

建立直线：在物件上的最近点与指定的基准点之间建立一条直线，如图2-16所示。

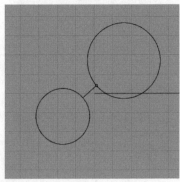

图2-16

◆ 在物件上产生布帘点

将矩形的点物件阵列往使用中工作视窗工作平面的方向投影至物件上，其操作步骤如下。

单击 ⬚ "点"下三角按钮，在弹出的"点"拓展工具面板中单击 ⬚ "在物件上产生布帘点"工具按钮，根据指令栏的提示，在物件上方框选一个矩形区域对物件做布帘，点物件阵列会投影至物件上，如图2-17所示。

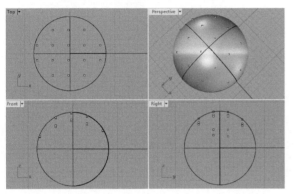

图2-17

指令栏中的选项

自动间距：选择"是"时，布帘曲面的控制点按"间距"选项的设定值平均分布，这个选项的数值越小，曲面结构线密度越大。

间距：设定控制点的间距，如图2-18所示。

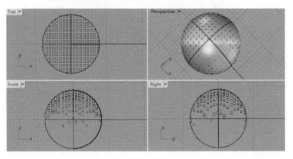

图2-18

自动侦测最大深度：选择"是"时，自动判断矩形范围内布帘曲面的最大深度；选择"否"时，自定义深度，此时单击"最大深度"选项，可设定布帘曲面的最大深度，最大深度可以远离摄影机（1.0）或靠近摄像机（0.0），让布帘曲面可以完全或部分覆盖物件。

◆ 标示焦点和标示曲线起点与终点

标示焦点

标示焦点是指在椭圆、双曲线、抛物线焦点的位置建立点物件，其操作步骤如下。

单击 ⬚ "点"下三角按钮，在弹出的"点"拓展工具面板中单击 ⊙ "标示椭圆、双曲线或抛物线焦点"工具按钮，根据指令栏的提示，在Top视图中选择椭圆、双曲线或抛物线，按Enter键后完成操作，如图2-19所示。

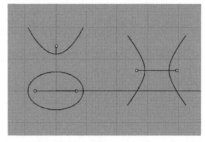

图2-19

指令栏中的选项

画出轴线：选择"是"时，在椭圆、双曲线的两个焦点之间，或抛物线的焦点与顶点之间建立一条曲线，如图2-19所示。

标示曲线起点与终点

标示曲线起点与终点是指在曲线的起点放置一个点物件，其操作步骤如下。

单击 ⬚ "点"下三角按钮，在弹出的"点"拓展工具面板中单击 ╱ "标示曲线起点"工具按钮或右击 ╱ "标示曲线终点"工具按钮，根据指令栏的提示，选择要标注起点或终点的曲线，按Enter键完成标注曲线起点或终点，如图2-20、图2-21所示。

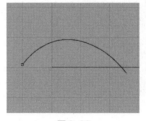

图2-20   图2-21

💎 曲线的基本知识

Rhino中的曲线为NURBS曲线，即非均匀有理B样条（Non-Uniform Rational B-Splines），国际标准化组织（International Organization for Standardization, ISO）于1991年正式颁布了关于工业产品几何定义的STEP（Standard for The Exchange of Product Model Data）国际标准，把NURBS方法作为定义工业产品几何形状的唯一数学方法。NURBS可用于描述三维几何图形，

能够比传统的网格建模方式更好地控制物件表面的曲率，从而创建出更顺滑的曲面。

简单来说，NURBS是专门用来定义曲面物件的一种描述手段。NURBS做出的造型由曲线和曲面来定义。就是因为这一特点，可以用它来制作各种复杂的曲面造型。符合NURBS原理的曲线，在建模过程中有3个基本属性，即控制点、阶数、连续性。

◆ 控制点

控制点也叫作控制顶点（Control Vertex，CV），如图2-22所示。控制点是NURBS基底函数的系数，最小数目是"阶数+1"。改变NURBS曲线形状最简单的方法之一是：确认曲线绘制完成后，按F10键显示出曲线的控制点或者单击⤴"显示物件控制点"工具按钮，移动控制点改变曲线的形态。

Rhino有多种移动控制点的方式，例如，可以使用鼠标进行移动，也可以使用专门编辑控制点的工具进行移动。

每个控制点都带有一个数字（权值），权值大多是正数。当一条曲线上所有的控制点都有相同的权值（通常是1）时，该曲线称为Non-Rational（非有理）曲线，否则称为Rational（有理）曲线。在实际情况中，大部分的NURBS曲线是非有理的；但有些NURBS曲线永远是有理的，例如圆和椭圆。

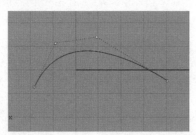

图2-22

◆ 阶数

阶数也称为级数，是描述曲线的方程式组的最高指数，由于Rhino的NURBS曲面和曲线都由数学方程构成，而这些方程是有理多项式，所以NURBS的阶数是多项式的次数。例如圆的方程是 $(x-a)^2+(y-b)^2=r^2$，其中最高指数是2，所以标准圆是2阶曲线。

从NURBS建模的观点看来，"阶数-1"是曲线一个跨距中可以"弯曲"的最大次数。例如，1阶直线可以"弯曲"的次数为0；抛物线、双曲线、圆弧、圆为2阶曲线，可以"弯曲"的次数为1。立方贝塞尔曲线为3阶曲线，如果将

3阶曲线的控制点排成Z字形，则该曲线有两次"弯曲"，如图2-23所示。

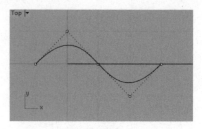

图2-23

◆ 连续性

Rhino的连续性是建模中的一个关键概念，设计师对连续性的理解将直接决定模型构建的质量和最终效果。

连续性用于描述两条曲线或两个曲面之间的关系，每一个等级的连续性都必须先符合所有较低等级的连续性的要求。一般，Rhino的连续性主要表现为以下3种情况。

1. 位置连续（G0）：只测量两条曲线端点的位置是否相同，两条曲线的端点位于同一位置时称为位置连续（G0），如图2-24所示。

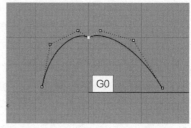

图2-24

2. 正切连续（G1）：测量两条曲线相接端点的位置及方向，曲线的方向由曲线端点的前两个控制点决定，两条曲线相接点的前两个控制点（共4个控制点）位于同一直线时称为正切连续（G1）。正切连续的曲线或曲面必定符合位置连续的要求，如图2-25所示。

3. 曲率连续（G2）：测量两条曲线的端点位置、方向及曲率半径是否相同，两条曲线相接端点的曲率半径一样时称为曲率连续（G2），无法以控制点的位置来判断曲率连续。曲率连续的曲线或曲面必定符合位置连续及正切连续的要求，如图2-26所示。

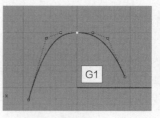

图2-25　　　　　　　　　图2-26

◆ 衔接曲线

将一条曲线的端点移动至另一条曲线或曲面边缘的端
点，并以设定的连续性进行连接，其操作步骤如下。

单击 ꝺ "曲线工具"下三
角按钮，在弹出的"曲线工具"
拓展工具面板中单击 ∿ "衔接曲
线"工具按钮，根据指令栏的提
示，选择要更改的开放曲线，分
别选择两条开放曲线的端点，在
弹出的图2-27所示的"衔接曲
线"对话框中选择相关选项，单
击"确定"按钮完成操作，如图
2-28、图2-29、图2-30所示。

图2-27

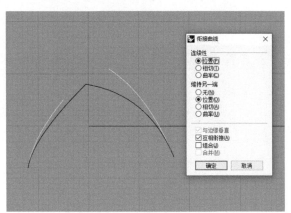

图2-28

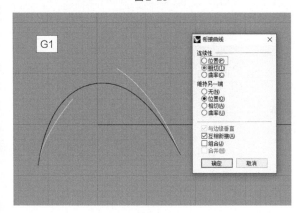

图2-29

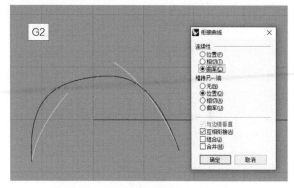

图2-30

💎 绘制直线

这一部分主要围绕绘制单一直线和多重直线、绘制切
线、编辑法线等内容展开。

◆ 单一直线

单一直线由两个端点构成，所以绘制时只需要指定两
个点（起点和终点）即可，其操作步骤如下。

单击 ꞵ "多重直线"下三角按钮，在弹出的"直线"拓
展工具面板中单击 ╱ "单一直线"工具按钮，根据指令栏的
提示，选择直线起点和终点，完成操作。

指令栏中的选项

两侧：在起点的两侧绘制直线，其长度为指定的长度的
两倍，如图2-31所示。

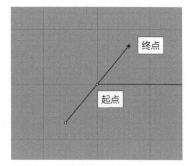

图2-31

法线：绘制一条与曲面垂直的直线，其操作步骤如下。

根据指令栏的提示选择曲面，在指定曲面上选择直线起点和直线终点，或者在指令栏中输入长度，按Enter键完成操作，如图2-32所示。

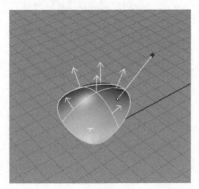

图2-32

指定角度：绘制一条与基准线成指定角度的直线，其操作步骤如下。

根据指令栏的提示选择基准线的起点和终点，在指令栏中输入角度，按Enter键后指定直线终点，完成操作，如图2-33所示。

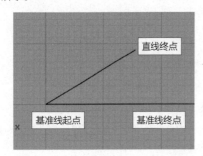

图2-33

与工作平面垂直：绘制一条与工作平面垂直的直线，其操作步骤如下。

根据指令栏的提示选择直线的起点和直线的终点（或者在指令栏输入长度），按Enter键完成操作，如图2-34所示。

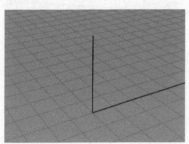

图2-34

四点：用两个点指定直线方向，再用两个点绘制直线，其操作步骤如下。

根据指令栏提示选择基准线起点和终点，选择直线的起点和终点，完成操作，如图2-35所示。

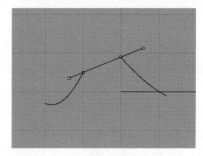

图2-35

角度等分线：以指定的角度绘制一条角度等分线，其操作步骤如下。

根据指令栏的提示选择角度等分线的起点，再选择要等分的角度起点和终点，指定直线的终点或者在指令栏中输入长度，按Enter键完成操作，如图2-36所示。

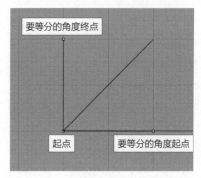

图2-36

与曲线垂直：绘制一条与其他曲线垂直的直线，其操作步骤如下。

根据指令栏的提示在曲线上选择直线的起点和直线的终点，完成操作，如图2-37所示。

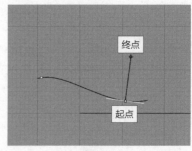

图2-37

与曲线正切：绘制一条与其他曲线正切的直线，其操作步骤如下。

根据指令栏的提示在曲线上指定直线的起点，指定直线的终点，完成操作，如图2-38所示。

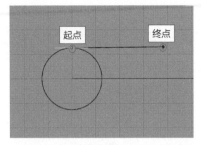

图2-38

延伸：沿曲线延伸出一条直线，其操作步骤如下。

根据指令栏的提示指定曲线要延伸的端点，选择直线的终点或在指令栏中输入长度，按Enter键完成操作，如图2-39所示。

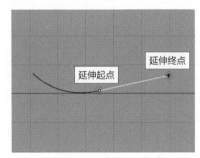

图2-39

◆ 绘制多重曲线和转换多重直线

绘制多重曲线

绘制一条由多条直线或圆弧组合而成的多重直线或多重曲线，如图2-40所示，其操作步骤如下。

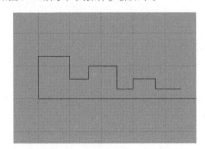

图2-40

单击∧"多重直线"下三角按钮，在弹出的"直线"拓展工具面板中单击∧"多重直线"工具按钮，根据指令栏的提示选择多重直线起点和下一个点，按Enter键完成操作。

指令栏中的选项

自动封闭：当鼠标指针靠近曲线起点时自动封闭曲线。

封闭：封闭曲线，这个选项只有在指定了3点以后才会出现。

导线：打开动态的正切或正交轨迹线，这样建立圆弧与直线混合的多重曲线时会更便捷。

长度：设定下一条线段的长度，这个选项只有在"模式"为"直线"时才会出现。

模式：设定下一个绘制的线段为直线或圆弧。若选择"直线"，则下一个绘制的是直线；若选择"圆弧"，则下一个绘制的是圆弧，"方向"用于指定下一个圆弧起点的正切方向，如图2-41所示。

中心点：指定圆弧的中心点。

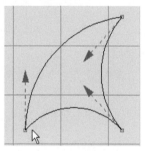

图2-41

持续封闭：建立曲线时指定两个点以后曲线会自动封闭，可以继续指定更多的点，曲线会持续封闭。

转换多重直线

转换曲线为多重直线或圆弧多重曲线，其操作步骤如下。

单击⌐"曲线工具"下三角按钮，在弹出的"曲线工具"拓展工具面板中单击◇"将曲线转换为多重直线"工具按钮，根据指令栏的提示，选择要转换为圆弧或多重直线的曲线，按Enter键完成操作，如图2-42所示。

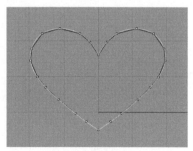

图2-42

指令栏中的选项

输出为：若选择"圆弧"，则将曲线转换为由圆弧组成的多重曲线，曲线接近直线的部分换为直线；若选择"直线"，则将曲线转换为多重直线。

简化输入物件：若选择"是"，则合并共线的直线与共圆的圆弧，可以确保含圆弧与直线的NURBS曲线在正确的位置切断为圆弧或直线，使曲线转换更精确；选"否"，则将相对于绝对公差而言非常短的NURBS曲线转换为直线或圆弧时形状可能会有过大的改变，关闭这个选项或许可以得到比较好而且精确的结果。

删除输入物件：将原来的物件从文件中删除。

角度公差：相连的段段的角度差。设定为0，允许建立非正切的圆弧，圆弧端点可能会产生锐角，但结果会比使用直线的线段数少很多，可以用最少的线段数逼近原来的曲线。

公差：结果线段的中点与原来的曲线的容许公差，取代绝对公差的设定。

最小长度：结果线段的最小长度，若设为0，则不限制最小长度。

最大长度：结果线段的最大长度，若设为0，则不限制最大长度。

目的图层：指定建立物件的图层。若选择"目前的"，则在目前的图层建立物件；若选择"输入物件"，则在输入物件所在的图层建立物件。

◆ 利用点和网格绘制直线

利用点绘制直线

先确定点的位置，然后通过这些点自动生成直线。这里有两个工具：一个是"逼近数个点的直线"，另一个是"多重直线:通过数个点"。

逼近数个点的直线：绘制一条逼近数个点的直线，其操作步骤如下。

单击 ∧ "多重直线"下三角按钮，在弹出的"直线"拓展工具面板中单击 ∕ "逼近数个点的直线"工具按钮，根据指令栏中的提示选择数个点，按Enter键完成操作，如图2-43所示。

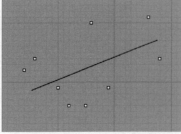

图2-43

多重直线:通过数个点：建立通过数个点物件的曲线，其操作步骤如下。

单击 ∧ "多重直线"下三角按钮，在弹出的"直线"拓展工具面板中单击 ⌇ "多重直线:通过数个点"工具按钮，根据指令栏的提示选择建立曲线时要通过的点，按Enter键完成操作，如图2-44所示。

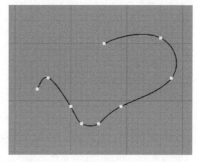

图2-44

指令栏中的选项

阶数：设定曲线或曲面的阶数。建立阶数较高的曲线时，控制点的数目必须比阶数大1或以上，得到的曲线的阶数才会是设定的阶数。

曲线类型：若选择"控制点"，则将曲线的控制点放在与选取的点物件、顶点或控制点相同的位置，如图2-45所示；若选择"内插点"，则建立通过选取的点物件、顶点或控制点的曲线，如图2-46所示。

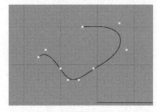
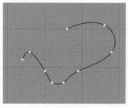

图2-45   图2-46

利用网格绘制直线

在网格上绘制多重直线，其操作步骤如下。

单击 ∧ "多重直线"下三角按钮，在弹出的"直线"拓展工具面板中单击 ◎ "多重直线:网格上"工具按钮，根据指令栏的提示选择一个网格，在网格中选择多重直线起点和下一点，按Enter键完成操作，如图2-47所示。

图2-47

◆ **绘制切线**

绘制切线至少需要一条原始曲线，主要有3个工具，集中在"直线"拓展工具面板内，如图2-48所示。

图2-48

直线：起点正切、终点垂直

绘制一条与其他曲线相切的直线，另一端采用垂直模式，其操作步骤如下。

单击 ⚲ "多重直线"下三角按钮，在弹出的"直线"拓展工具面板中单击 ✎ "直线:起点正切、终点垂直"工具按钮，根据指令栏的提示，选择一条曲线的起点和另一条曲线的终点，完成操作，如图2-49所示。

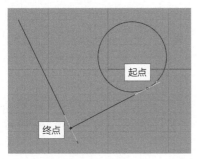

图2-49

直线：起点与曲线正切

绘制一条与曲线相切的直线，其操作步骤如下。

单击 ⚲ "多重直线"下三角按钮，在弹出的"直线"拓展工具面板中单击 ▮ "直线:起点与曲线正切"工具按钮，根据指令栏的提示选择起点和终点，完成操作，如图2-50所示。

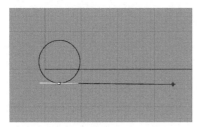

图2-50

直线：与两条曲线正切

绘制与两条曲线正切的直线，其操作步骤如下。

单击 ⚲ "多重直线"下三角按钮，在弹出的"直线"拓展工具面板中单击 ╲ "直线:与两条曲线正切"工具按钮，根据指令栏的提示，选择第一条曲线（点靠近切点处），

选择第二条曲线（点靠近切点处），完成操作，如图2-51所示。

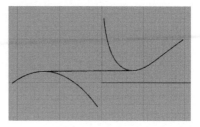

图2-51

◆ **编辑法线**

曲线的法线是垂直于曲线上一点的切线的直线，曲面上某一点的法线指的是经过这一点并且与该点切平面垂直的那条直线（即向量）。图2-52中的白色箭头就是法线。

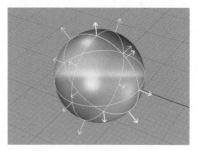

图2-52

通常，有两种方法可以比较直观地观察曲面正反法线方向。第一种是使用"分析方向/反转方向"工具。

分析方向 / 反转方向

显示和编辑物件的方向，封闭的曲面、多重曲面与挤出物件的法线方向只能朝外，其操作步骤如下。

单击 ⚌ "分析"下三角按钮，在弹出的"分析"拓展工具面板中单击 ⚌ "分析方向/反转方向"工具按钮，根据指令栏的提示选择要显示方向的物件，此时箭头会指出方向，将鼠标指针移动到物件上时会显示动态的箭头，单击可以反转法线方向，如图2-53所示。

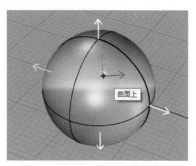

图2-53

指令栏中的选项

选择一条曲线时"反转"表示反转物件的方向。

选择数条曲线时：单击选择要改变方向的曲线。

全部反转：反转所有选择的曲线的方向。

选择一个曲面时：曲面的U、V方向箭头的颜色与工作平面X轴、Y轴的颜色一致。

反转U/反转V：反转曲面的U或V方向。

对调UV：对调曲面的U与V方向。

反转：反转物件的方向。

选择数个曲面时：选择要反转法线方向的曲面。

全部反转：反转所有选择的曲面的法线方向。

下一个模式：依序切换模式选项的设定。

模式："反转U/反转V"表示反转所有选择的曲面的U或V方向；"反转法线"表示反转所有选择的曲面的法线方向；"对调UV"表示对调所有选择的曲面的U与V方向。

第二种是利用"Rhino选项"对话框中的"着色模式"设置。单击 "工具"按钮，在图2-54所示的对话框中将"颜色&材质显示"和"背面设置"设置为不同的颜色，如图2-55所示，法线的正面方向为绿色、背面方向为蓝色。

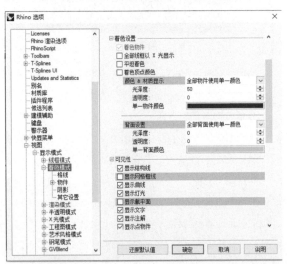

图2-54

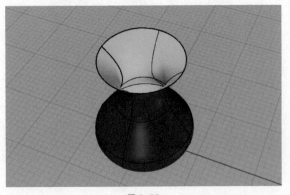

图2-55

绘制曲线

曲线是构建模型的基础元素，Rhino建模的思路是绘制曲线，然后运用建面工具将曲线生成复杂的曲面，所以绘制曲线是构建复杂立体造型的基础。

在Rhino中，曲线是由点确定的，而构成曲线的点主要分为控制点和编辑点两大类。所以曲线也有两种类型：一种是控制点曲线，另一种是编辑点曲线。控制点曲线受控于各个控制点，但是这些控制点不一定在线上；而编辑点曲线的编辑点一定在曲线上。

◆ 控制点曲线/通过数个点的曲线

控制点曲线

以放置控制点的方式建立曲线，其操作步骤如下。

单击 "曲线"下三角按钮，在弹出的"曲线"拓展工具面板中单击 "控制点曲线"工具按钮，根据指令栏的提示，指定曲线的起点和余下几个点，按Enter键完成操作，如图2-56所示。

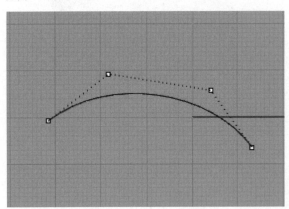

图2-56

指令栏中的选项

自动封闭：当鼠标指针靠近曲线起点时自动封闭曲线。建立曲线时移动鼠标指针至曲线的起点附近并单击，曲线会自动封闭。按住Alt键可暂时停用自动封闭功能。

阶数：设定曲线或曲面的阶数。建立阶数较高的曲线时，控制点的数目必须比阶数大1或以上，这样得到的曲线的阶数才会是设定的阶数。

持续封闭：建立曲线时指定了两个点以后曲线会自动封闭，也可以继续指定更多的点，曲线会持续封闭。

封闭：使曲线平滑地封闭，建立周期曲线。

尖锐封闭：使曲线头尾相接形成锐角，建立非周期曲线。

复原：复原上一个动作。

通过数个点的曲线

　　建立通过数个点物件的曲线，其操作步骤如下。

　　单击 ⛬ "曲线"下三角按钮，在弹出的"曲线"工具拓展面板中右击 ⛬ "通过数个点的曲线"工具按钮，根据指令栏的提示，选择建立曲线时要通过的点，按Enter键完成操作，如图2-57所示。

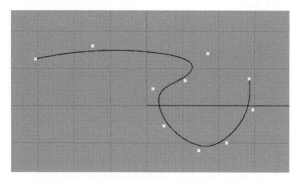

图 2-57

指令栏中的选项

　　阶数：设定曲线或曲面的阶数。建立阶数较高的曲线时，控制点的数目必须比阶数大1或以上，这样得到的曲线的阶数才会是设定的阶数。

　　曲线类型：选择"控制点"时，将曲线的控制点放在与选择的点物件、顶点、控制点相同的位置，如图2-57所示；选择"内插点"时，建立通过选择的点物件、顶点或内插点的曲线，如图2-58所示。

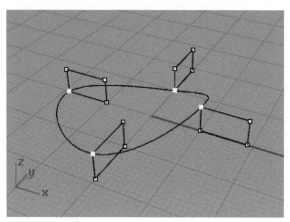

图 2-58

💎 首饰案例：旋转圆环手链建模

　　本例创建的手链如图2-59所示。

图 2-59

STEP 01

　　单击 ⊘ "圆:中心点、半径"工具按钮，在Top视图中以（0，0）点为圆心、直径为8mm绘制圆形，确定手链圆环的大小。

STEP 02

　　单击 ⬚ "矩形:角对角"工具按钮，根据指令栏的提示，在指令栏选择"中心点"选项。在Front视图中，在X轴选择矩形中心，绘制2mm × 1.5mm的矩形，如图2-60所示。

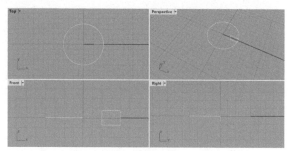

图 2-60

STEP 03

　　单击 ▥ "阵列"下三角按钮，在弹出的"阵列"拓展工具面板中单击 ⛬ "环形阵列"工具按钮，根据指令栏的提示，在Top视图中以（0，0）点为阵列中心、阵列数为4进行阵列，如图2-61所示。

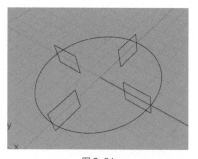

图 2-61

STEP 04

单击"锁定格点"将其打开，并勾选"物件锁点"中的"交点"复选框。

STEP 05

单击 "曲线"下三角按钮，在弹出的"曲线"拓展工具面板中单击 "内插点曲线"工具按钮，在Perspective视图中按顺序将4个矩形进行连线，完成操作，如图2-62所示。

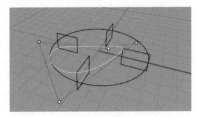

图2-62

STEP 06

单击 "阵列"下三角按钮，在弹出的"阵列"拓展工具面板中单击 "环形阵列"工具按钮，根据指令栏的提示，在Top视图中以（0，0）点为阵列中心、阵列数为4进行阵列，完成操作，如图2-63所示。

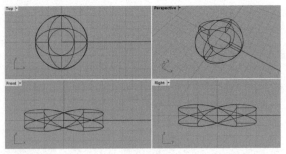

图2-63

STEP 07

单击 "建立曲面"下三角按钮，在弹出的"建立曲面"拓展工具面板中单击 "放样"工具按钮，根据指令栏的提示，依次选择阵列的4条曲线，如图2-64所示。按Enter键，在指令栏中选择"原本的"选项，并调整接缝位置，如图2-65所示。按Enter键，在弹出的"放样选项"对话框中，选择"平直区段"选项并勾选"封闭放样"复选框，如图2-66所示，单击"确定"按钮。完成操作，如图2-67所示。

图2-64　　　　　　　　图2-65

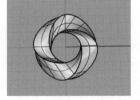

图2-66　　　　　　　　图2-67

STEP 08

O字链的部分参考前面相关内容。

◆ 编辑点曲线

与控制点曲线最大的不同是编辑点位于曲线上，如图2-68所示。编辑点在Rhino中也叫内插点，而在许多CAD软件中，通常将编辑点曲线称为"样条曲线"或"云形线"，其操作步骤如下。

单击 "曲线"下三角按钮，在弹出的"曲线"拓展工具面板中单击 "内插点曲线"工具按钮，根据指令栏的提示，选择曲线起点和下一点，按Enter键完成操作，如图2-68所示。

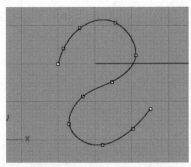

图2-68

补充说明

右击 "控制杆曲线"工具按钮，可通过指定带有调节操控杆的编辑点来实现曲线的绘制，如图2-69所示。

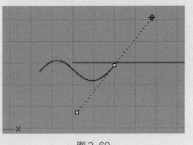

图2-69

指令栏中的选项

自动封闭：当鼠标指针靠近曲线起点时自动封闭曲线。建立曲线时移动鼠标指针至曲线的起点附近并单击，曲线会自动封闭。按住Alt键可以暂时停用自动封闭功能。

阶数：设定曲线或曲面的阶数。建立阶数较高的曲线时，编辑点的数目必须比阶数大1或以上，这样得到的曲线的阶数才会是设定的阶数。

持续封闭：建立曲线时指定了两个点以后曲线会自动封闭，可以继续指定更多的点，曲线会持续封闭。

起点相切：绘制一条起点与其他曲线或指定的方向正切的曲线，如图2-70所示。

终点相切：绘制一条终点与其他曲线或指定的方向正切的曲线，如图2-71所示。

封闭：使曲线平滑地封闭，建立周期曲线。

尖锐封闭：使曲线头尾相接形成锐角，建立非周期曲线。

复原：复原上一个动作。

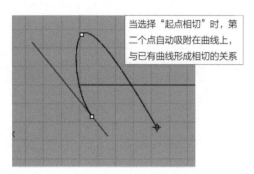

当选择"起点相切"时，第二个点自动吸附在曲线上，与已有曲线形成相切的关系

图2-70

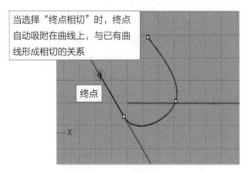

当选择"终点相切"时，终点自动吸附在曲线上，与已有曲线形成相切的关系

终点

图2-71

◆ 绘制圆锥曲线

圆锥曲线是圆锥截面线，绘制圆锥曲线的操作步骤如下。

1 单击 "曲线"下三角按钮，在弹出的"曲线"拓展工具面板中单击 "圆锥线"工具按钮。

2 根据指令栏的提示，选择圆锥线的起点、终点、顶点。其中顶点可以定义圆锥线所在的平面。

3 根据指令栏的提示在指令栏中输入圆锥线的通过点（曲率点），此点可以定义圆锥线的曲率，或输入Rho数值（介于0到1之间），按Enter键完成操作，如图2-72所示。

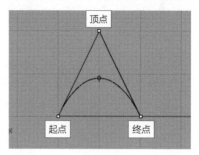

顶点

起点　终点

图2-72

指令栏中的选项

正切：选择一条曲线，并指定圆锥线起点与该曲线正切的位置，如图2-73所示。

垂直：选择一条曲线，并指定圆锥线起点与该曲线垂直的位置，如图2-74所示。

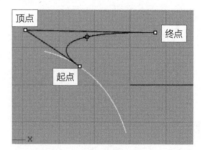

顶点　终点

起点

图2-73

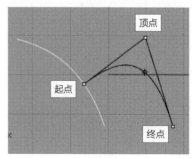

顶点

起点

终点

图2-74

◆ 绘制弹簧线

绘制弹簧线的操作步骤如下。

单击 "曲线"下三角按钮，在弹出的"曲线"拓展工具面板中单击 "弹簧线"工具按钮，根据指令栏的提示，选择轴的起点和终点，并在指令栏的"半径"处输入"5"，按Enter键后单击弹簧线起始位置，完成操作，如图2-75所示。

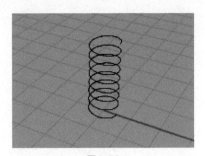

图 2-75

指令栏中的选项

垂直：绘制一条轴线与工作平面垂直的弹簧线。

环绕曲线：绘制一条环绕曲线的弹簧线，如图2-76所示。

直径/半径：可切换使用半径或直径。

模式："圈数"表示以圈数为主，螺距会自动调整；"螺距"表示以螺距为主，圈数会自动调整。

圈数：单击"圈数"并输入圈数，螺距会自动调整，变更设定可以即时预览效果。

螺距：单击"螺距"并输入螺距（每一圈的距离），圈数会自动调整，变更设定可以即时预览效果。

反向扭转：反向扭转方向为逆时针方向，变更设定可以即时预览效果。

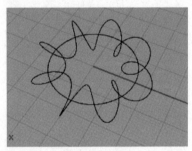

图 2-76

💎 首饰案例：珍珠耳饰建模

本例创建的珍珠耳饰如图2-77所示。

图 2-77

STEP 01

单击 ● "建立实体"下三角按钮，在弹出的"建立实体"拓展工具面板中单击 ● "球体:中心点、半径"工具按钮，在Top视图中以（0，0）点为球心绘制半径为8mm球体。

STEP 02

单击 ● "圆形:中心点、半径"工具按钮，在Top视图中绘制半径为8mm圆形。

STEP 03

单击 ◢ "曲线"下三角按钮，在弹出的"曲线"拓展工具面板中单击 ● "弹簧线"工具按钮，在指令栏中选择"环绕曲线"选项。

STEP 04

根据指令栏的提示，选择曲线，在指令栏中选择"圈数"选项，输入"7"，按Enter键后在指令栏的"半径和起点"处输入"0.5"，按Enter键后单击，完成操作，在Front视图中通过操作轴在Z轴方向单轴缩放弹簧线，如图2-78所示。

STEP 05

单击 ● "建立实体"下三角按钮，在弹出的"建立实体"拓展工具面板中单击 ● "圆管(圆头盖)工具"按钮，根据指令栏的提示，选择要建立圆管的弹簧线，在指令栏的"圆管半径"处输入"0.25"，按Enter键完成操作，如图2-79所示。

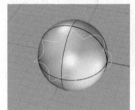　　　　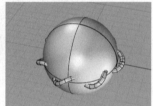

图 2-78　　　　　　　　　　图 2-79

STEP 06

单击 ▦ "阵列"下三角按钮，在弹出的"阵列"拓展工具面板中单击 ✿ "环形阵列"工具按钮，根据指令栏的提示，选择要阵列的弹簧状圆管，按Enter键后，在Top视图中单击环形阵列中心（0，0）点，根据指令栏的提示，指定阵列数为"8"，按Enter键，在指令栏的"旋转角度总和"处输入"360"，按Enter键完成操作，如图2-80所示。

STEP 07

单击 ● "群组"工具按钮，将所有圆管部分群组。

STEP 08

选择球体，单击 ● "图层"下三角按钮，在弹出的"图层"拓展工具面板中单击选择 ● "更改物件图层"工具按钮，在弹出的"图层"对话框中选择"Layer01"，如图2-81所示，单击"确定"按钮完成操作。

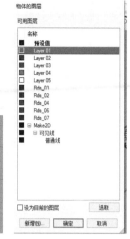

图 2-83

图 2-84

图 2-80　　　　　　　　　　图 2-81

STEP 14

单击 ⟋ "曲线"下三角按钮，在弹出的"曲线"拓展工具面板中单击 ⟋ "弹簧线"工具按钮，在指令栏中选择"垂直"选项，在Top视图中绘制半径为0.25mm、圈数为5、朝向为右的弹簧线，完成操作，如图2-85所示。同理，绘制朝向为左的弹簧线，如图2-86所示。

STEP 09

单击 ⟋ "实体工具"下三角按钮，在弹出的"实体工具"拓展工具面板中单击 ⟋ "布尔运算差集"工具按钮，根据指令栏的提示，选择球体，按Enter键后在指令栏中选择"删除输入物件"为"否"，选择弹簧圆管组，完成操作，如图2-82所示。

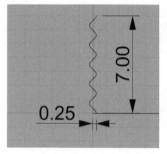

图 2-85

图 2-86

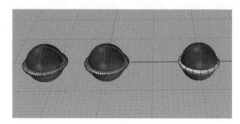

图 2-82

STEP 15

单击 ⟋ "建立实体"按钮，在弹出的"建立实体"拓展工具面板中单击 ⟋ "圆管(圆头盖)"工具按钮，根据指令栏的提示，选择"数个"选项，选择要建立圆管的曲线，在指令栏的"半径"处输入"0.5"，按Enter键完成操作，如图2-87所示。单击 ⟋ "群组"工具按钮，将两个圆环群组。

STEP 10

从右下向左上框选球体和圆管组，按Ctrl+C和Ctrl+V组合键复制和粘贴球体和弹簧圆管组。

STEP 11

同理，绘制半径为8mm的球体并将其放置于Layer01图层，绘制半径为8mm的圆，使用"圆管(圆头盖)"工具完成半径为0.5mm的圆管，将圆管和球体进行布尔差集运算，在指令栏中选择"删除输入物件"为"否"，完成操作，如图2-83所示。

STEP 16

选择STEP 15中的圆管，按Ctrl+C和Ctrl+V组合键复制和粘贴，通过操作轴进行移动和旋转，将圆管群组物件放置到图2-88所示位置。

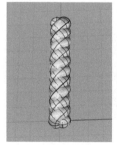

图 2-87

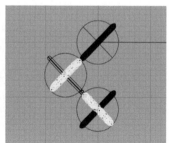

图 2-88

STEP 12

单击 ⟋ "2D旋转"工具按钮，在Front视图中将环状群组以球心为旋转中心旋转45度，通过操作轴对其进行移动，在Front视图中绘制半径为0.35mm、高为11mm的圆柱作为耳针，完成操作，如图2-83所示。

STEP 13

单击 ⟋ "变动"下三角按钮，在弹出的"变动"拓展工具面板中单击 ⟋ "镜像"工具按钮，根据指令栏的提示，选择要镜像的物件，按Enter键后在Front视图中以Z轴为对称轴镜像耳饰，完成操作，如图2-84所示。

> **补充说明**
>
> 所有的珍珠首饰都是用胶水粘贴固定的，每颗珍珠在加工前都会打一个直径约为1.5mm的小孔，再在上图绘制的弹簧圆管中涂抹宝石胶插入珍珠小孔以固定珍珠，这就是"孔镶"。

◆ 绘制螺旋线

绘制螺旋线的操作步骤如下。

单击□ "曲线"下三角按钮，在弹出的"曲线"拓展工具面板中单击◎ "螺旋线"工具按钮，根据指令栏的提示，指定螺旋线轴的起点（螺旋线轴是螺旋线绕着旋转的一条假定的直线）和终点，选择螺旋线的第一个半径和起点，再选择螺旋线终点及第二个半径，完成操作，如图2-89所示。

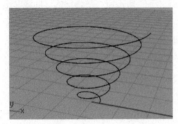

图2-89

指令栏中的选项

直径/半径：可以切换使用直径或半径。

模式："圈数"表示以圈数为主，螺距会自动调整；"螺距"表示以螺距为主，圈数会自动调整。

圈数：单击"圈数"并在指令栏中输入圈数，螺距会自动调整，变更设定可以即时预览效果。

螺距：单击"螺距"并在指令栏中输入螺距，圈数会自动调整，变更设定可以即时预览效果。

反向扭转：反向扭转方向为逆时针方向，变更设定可以即时预览效果。

平坦：绘制一条平面的螺旋线，如图2-90所示。

垂直：绘制一条轴线与工作平面垂直的螺旋线，如图2-89所示。

环绕曲线：绘制一条环绕另一条曲线的螺旋线，如图2-91所示。

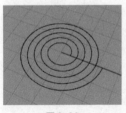

图2-90   图2-91

💎 首饰案例：螺旋线吊坠建模

本例创建的螺旋线吊坠如图2-92所示。

图2-92

STEP 01

单击□ "控制点曲线"工具按钮，在Front视图中绘制图2-93所示的曲线。单击□ "变动"下三角按钮，在弹出的"变动"拓展工具面板中单击□ "镜像"工具按钮，将绘制的曲线以Z轴为对称轴进行镜像，再单击□ "组合"工具按钮，将曲线组合，完成操作，如图2-94所示。

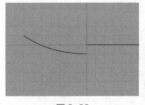   

图2-93   图2-94

STEP 02

单击□ "曲线"下三角按钮，在弹出的"曲线"拓展工具面板中单击◎ "螺旋线"工具按钮，在指令栏中选择"环绕曲线"选项，根据指令栏的提示选择曲线，在指令栏中单击"圈数"并输入"3"，完成操作，如图2-95所示。

STEP 03

单击□ "矩形:角对角"工具按钮，在指令栏中选择"环绕曲线"选项，根据指令栏的提示，选择要环绕的弹簧线，将鼠标指针移动到弹簧线的起始端并单击，选择矩形中心，在指令栏的"矩形的长"处输入"2"，按Enter键，在指令栏的"矩形的宽"处输入"1"，按Enter键完成操作，如图2-96所示。

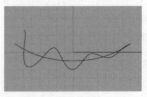   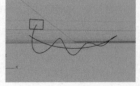

图2-95   图2-96

STEP 04

单击 🖋 "建立曲面"下三角按钮，在弹出的"建立曲面"拓展
工具面板中单击 🖋 "单轨扫掠"工具按钮，根据指令栏的提
示，选择螺旋线为路径曲线、矩形为断面曲线，按Enter键完
成操作，如图2-97所示。

STEP 05

单击 🖋 "实体工具"下三角按钮，在弹出的"实体工具"拓展
工具面板中单击 🖋 "将平面洞加盖"工具按钮，根据指令栏的
提示，选择曲面，按Enter键完成操作，如图2-98所示。

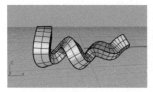 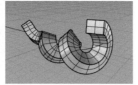

图 2-97　　　　　　　图 2-98

STEP 06

单击 🖋 "实体工具"下三角按钮，在弹出的"实体工具"拓展
工具面板中单击 🖋 "不等距边缘圆角"工具按钮，在指令栏中
单击"下一个半径"并输入"0.2"，框选实体，按Enter键完
成操作，如图2-99所示。

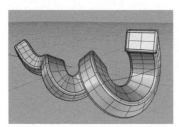

图 2-99

STEP 07

O字链的部分参考前面相关内容。

◆ 绘制抛物线

绘制抛物线的操作步骤如下。

单击 🖋 "曲线"下三角按钮，在弹出的"曲线"拓展
工具面板中单击 ∨ "抛物线"工具按钮，根据指令栏的提
示，选择抛物线焦点、方向（抛物线"开口"的方向）及终
点，完成操作，如图2-100所示。

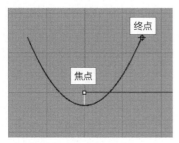

图 2-100

指令栏中的选项

标示焦点：在焦点的位置放置点物件，如图2-101
所示。

单侧：只绘制出一半的抛物线，如图2-102所示。

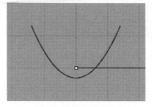 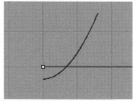

图 2-101　　　　　　　图 2-102

焦点：指定焦点、方向与终点的位置。

顶点：指定顶点、焦点与终点的位置，如图2-103
所示。

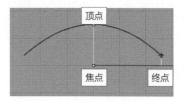

图 2-103

◆ 绘制双曲线

绘制双曲线的操作步骤如下。

单击 🖋 "曲线"下三角按钮，在弹出的"曲线"拓展
工具面板中单击 ∟ "双曲线"工具按钮，根据指令栏的
提示，选择双曲线中心点、焦点与终点，完成操作，如图
2-104所示。

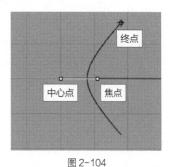

图 2-104

指令栏中的选项

从系数：以双曲线方程式A与B系数定义曲线。"A"
代表双曲线中心点至顶点的距离。"C"是双曲线中心点至
焦点的距离，那么$B^2=C^2-A^2$，系数B是渐近线的斜率。

从焦点：从两个焦点开始绘制双曲线。这里"标示焦
点"为"是"时表示在焦点的位置放置点物件。

从顶点：从顶点开始
绘制双曲线，如图2-105
所示。

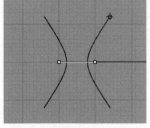

图 2-105

两侧分支：绘制对
称的双曲线，如图2-106
所示。

显示渐近线：绘制
双曲线时显示渐近线，如图2-107所示。

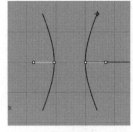

图 2-106

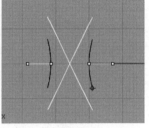

图 2-107

◆ 续画控制点曲线

以控制点曲线续画选择的曲线，其操作步骤如下。

单击 "曲线工具" 下三角按钮，在弹出的 "曲线工具" 拓展工具面板中单击 "续画控制点曲线" 工具按钮，根据指令栏的提示，选择开放曲线要续画的端点，单击几次确定下几个点，按Enter键完成操作，如图2-108所示。

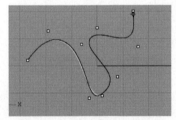

图 2-108

指令栏中的选项

自动封闭：当鼠标指针靠近曲线起点时自动封闭曲线。

持续封闭：建立曲线时选择两个点后曲线会自动封闭，也可以继续选择更多的点，曲线会持续封闭。

封闭：使曲线平滑地封闭，建立周期曲线。

尖锐封闭：使曲线头尾相接形成锐角，建立非周期曲线。

复原：复原上一个动作。

绘制几何曲线

Rhino里的几何曲线主要指圆、椭圆、多边形等。这些几何曲线只需要修改简单的参数就可以完成，没有过多需要手动调节的部分。

◆ 绘制圆

在Rhino中圆的绘制方式有多种，单击 "圆" 下三角按钮，将弹出 "圆" 拓展工具面板，如图2-109所示。

图 2-109

中心点、半径

以中心点和半径绘制圆，其操作步骤如下。

单击 "圆" 下三角按钮，在弹出的 "圆" 拓展工具面板中单击 "圆:中心点、半径" 工具按钮，根据指令栏的提示，选择中心点，再在指令栏中输入半径，按Enter键后完成操作，如图2-110所示。

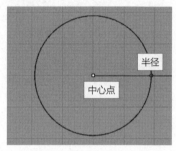

图 2-110

在绘制的过程中会看到指令栏中的选项，如图2-111所示。这些选项大部分可用于切换到其他绘制圆的方式，但是 "可塑形的" 选项用于以设定的阶数与控制点数建立形状近似NURBS的曲线，如图2-112、图2-113所示。

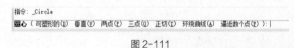

图 2-111

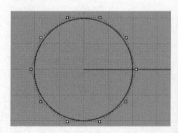

图 2-112　　　　　图 2-113

直径 / 三点

以直径的两个端点圆/以3个点绘制圆，其操作步骤如下。

单击◎"圆"下三角按钮，在弹出的"圆"拓展工具面板中单击◎"圆:直径"或单击◎"圆:三点"工具按钮，根据指令栏的提示，选择直径起点和终点或第一点、第二点、第三点，完成操作，如图2-114、图2-115所示。

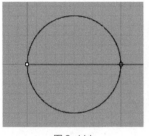
图2-114

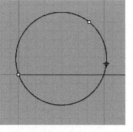
图2-115

环绕曲线

绘制与曲线垂直的圆，其操作步骤如下。

单击◎"圆"下三角按钮，在弹出的"圆"拓展工具面板中单击◎"圆:环绕曲线"工具按钮，根据指令栏的提示，指定曲线、圆心和半径，完成操作，如图2-116所示。

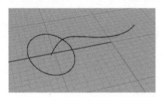
图2-116

与数条曲线正切

绘制与曲线正切的圆，其操作步骤如下。

单击◎"圆"下三角按钮，在弹出的"圆"拓展工具面板中单击◎"圆:与数条曲线正切"工具按钮，根据指令栏的提示，选择第一条相切曲线、第二条相切曲线和第三条相切曲线，按Enter键完成操作，如图2-117所示。

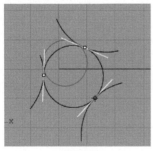
图2-117

指令栏中的选项

从第一点：限制绘制的圆一定要与在第一条曲线上选择的点正切。

点：指定一点，此点可以不是在其他曲线上的正切点。

半径：指定半径固定圆的大小，如果第二条正切曲线上有某一点可以与指定半径的圆正切，正切线标记可以锁定该点。

垂直

绘制与工作平面垂直的圆，其操作步骤如下。

单击◎"圆"下三角按钮，在弹出的"圆"拓展工具面板中单击◎"圆:与工作平面垂直、中心点、半径"工具按钮或单击◎"圆:与工作平面垂直、直径"工具按钮，根据指令栏的提示，指定圆心和半径，或直径起点和终点，完成操作，如图2-118和图2-119所示。

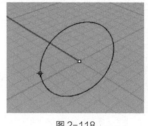
图2-118

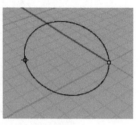
图2-119

逼近数个点

绘制逼近选取的点物件、曲线、曲面控制点或网格顶点的圆，其操作步骤如下。

单击◎"圆"下三角按钮，在弹出的"圆"拓展工具面板中单击◎"圆:逼近数个点"工具按钮，根据指令栏的提示，选择用来建立圆的点，完成操作，如图2-120所示。

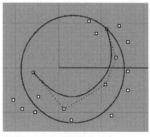
图2-120

◆ 绘制椭圆

椭圆是圆锥曲线的一种，即圆锥与平面的截线。在Rhino中，单击 ⊙ "椭圆"下三角按钮，弹出"椭圆"拓展工具面板，如图2-121所示，可分别以中心点、直径、从焦点、环绕曲线、角这几种方式来绘制椭圆。

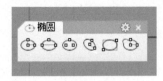

图 2-121

从中心点

以中心点绘制椭圆，其操作步骤如下。

单击 ⊙ "椭圆"下三角按钮，在弹出的"椭圆"拓展工具面板中单击 ⊙ "椭圆:从中心点"工具按钮，根据指令栏的提示，选择中心点，然后依次选择第一轴终点、第二轴终点，完成操作，如图2-122所示。

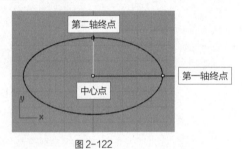

图 2-122

直径

以直径的两个端点绘制椭圆，其操作步骤如下。

单击 ⊙ "椭圆"下三角按钮，在弹出的"椭圆"拓展工具面板中单击 ⊙ "椭圆:直径"工具按钮，根据指令栏的提示，依次选择第一轴起点、终点和第二轴终点，完成操作，如图2-123所示。

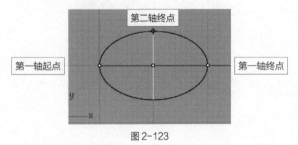

图 2-123

从焦点

从焦点绘制椭圆，其操作步骤如下。

单击 ⊙ "椭圆"下三角按钮，在弹出的"椭圆"拓展工具面板中单击 ⊙ "椭圆:从焦点"工具按钮，根据指令栏的提示，依次选择第一焦点、第二焦点和椭圆上的一点，完成操作，如图2-124所示。

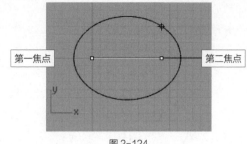

图 2-124

环绕曲线

绘制与曲线垂直的椭圆，其操作步骤如下。

单击 ⊙ "椭圆"下三角按钮，在弹出的"椭圆"拓展工具面板中单击 ⊙ "椭圆:环绕曲线"工具按钮，根据指令栏的提示，在Perspective视图中选择曲线，选择中心点、第一轴终点和第二轴终点，完成操作，如图2-125所示。

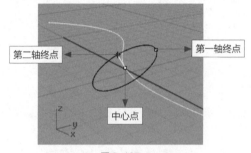

图 2-125

角

以角来绘制椭圆，其操作步骤如下。

单击 ⊙ "椭圆"下三角按钮，在弹出的"椭圆"拓展工具面板中，单击 ⊙ "椭圆:角"工具按钮，根据指令栏的提示，选择椭圆的角和对角，完成操作，如图2-126所示。

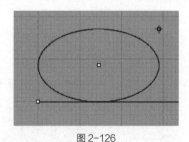

图 2-126

指令栏中的选项

可塑形的：以指定的阶数与控制点建立形状近似NURBS的曲线，例如，图2-127所示为可塑形的3阶椭圆、图2-128所示为不可塑形的2阶椭圆。

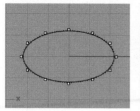
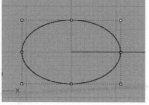

图 2-127　　　　　　　　　　图 2-128

垂直：以中心点及两个轴与工作平面垂直的椭圆。

◆ 绘制和转换圆弧

绘制圆弧

绘制圆弧的操作步骤如下。

单击 ⬚ "圆弧"下三角按钮，在弹出的"圆弧"拓展工具面板中单击 ▷ "圆弧:中心点、起点、角度"工具按钮，根据指令栏的提示，依次选择圆弧的中心点、圆弧起点、圆弧终点或在指令栏中输入角度，完成操作，如图2-129所示。

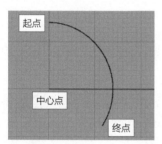

图 2-129

指令栏中的选项

可塑形的：建立一条逼近圆弧的NURBS曲线。"阶数"用于设定曲线或曲面的阶数，在建立阶数较高的曲线时，控制点的数目必须比阶数大1或以上，这样得到的曲线的阶数才会是设定的阶数。"点数"用于控制点的数目。

延伸：以指定圆弧终点的方式延伸曲线，如图2-130所示。

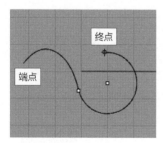

图 2-130

长度：输入正或负的数值，或指定两点，设定圆弧的长度。

起点：从圆弧的起点开始绘制圆弧，如图2-131所示。

正切：绘制一个与两条曲线正切的圆弧，并可以设定圆弧的半径，如图2-132所示。

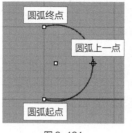
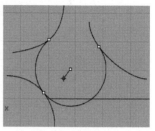

图 2-131　　　　　　　　　图 2-132

转换圆弧

将曲线转换为多重直线或圆弧多重曲线，其操作步骤如下。

单击 ⬚ "圆弧"下三角按钮，在弹出的"圆弧"拓展工具面板中单击 ↻ "将曲线转换为圆弧"工具按钮，根据指令栏的提示，选择要转换为圆弧的曲线，按Enter键完成操作，如图2-133所示。

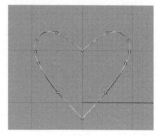

图 2-133

指令栏中的选项

输出为：若选择"圆弧"，则将曲线转换为由圆弧组成的多重曲线，曲线中接近直线的部分会转换成直线；若选择"直线"，则将曲线转换为多重直线。

简化输入物件：若选择"是"，则合并共线的直线与共圆的圆弧，可以确保含有圆弧与直线的NURBS曲线在正确的位置切断为圆弧或直线，使曲线转换更精确；若选择"否"，则将相对于绝对公差而言非常短的NURBS曲线转换为圆弧时形状可能会有过大的改变，关闭这个选项或许可以得到比较好且精确的结果。

删除输入物件：将原来的物件从文件中删除。

角度公差：相连的线段的角度差。

公差：结果线段的中点与原来的曲线的容许公差，取代绝对公差的设定。

最小长度：结果线段的最小长度，若设为"0"，则不限制最小长度。

最大长度：结果线段的最大长度，若设为"0"，则不限制最大长度。

目的图层：指定建立物件的图层。若选择"目前的"，则在目前的图层建立物件；若选择"输入物件"，则在输入物件所在的图层建立物件。

◆ 绘制多边形

多边形是指由3条及以上的直线首尾相连组成的封闭几何图形。在Rhino中，多边形分为两类：一类是正多边形；另一类是星形。

绘制正多边形

绘制正多边形的操作步骤如下。

单击⊙"多边形:中心点、半径"工具按钮，根据指令栏的提示，指定多边形中心点和多边形的角，完成操作，如图2-134所示。

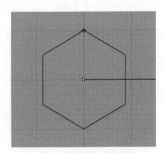

图2-134

指令栏中的选项

边数：指定多边形的边数。

内接：指定半径绘制一个不可见的圆，建立角位于圆上的多边形，如图2-134所示。

外切：指定半径绘制一个不可见的圆，建立边的中点位于圆上的多边形，如图2-135所示。

边缘：指定一条边的两个端点建立多边形，如图2-136所示。

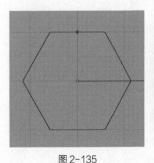

图2-135　　　　　　　图2-136

绘制星形

绘制星形的操作步骤如下。

单击⊙"多边形"下三角按钮，在弹出的"多边形"拓展工具面板中单击 "多边形:星形"工具按钮，根据指令栏的提示，指定星形的中心点、星形的角和星形的第二个半径，完成操作，如图2-137所示。

图2-137

指令栏中的选项

自动：在指定星形中心点和角之后，按Enter键自动决定星形的第二个半径，建立正星形，如图2-138所示。

垂直：绘制一个与工作平面垂直的星形。

环绕曲线：绘制一个与曲线垂直的星形，如图2-139所示。

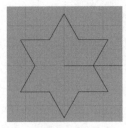

图2-138　　　　　　　图2-139

◆ 创建文字

创建文字的操作步骤如下。

单击 "文字物件"工具按钮，在弹出的图2-140所示的"文字物件"对话框中进行相关设置，单击"确定"按钮后，在视图中单击一点进行放置，完成操作，如图2-141所示。

图2-140　　　　　　　图2-141

"文字物件"对话框中的选项

要建立的文字：输入文字，在编辑栏中右击可以进行剪切、复制和粘贴文字的操作。

字体："名称"指字体名称；"粗体"指设定字体为粗体；"斜体"指设定字体为斜体。

建立："曲线"指以文字的外框线建立曲线；"使用单线字体"指建立的文字曲线为开放曲线，作为文字雕刻机的路径；"曲面"指以文字的外框线建立曲面；"实体"指建立实体文字；"群组物件"是指群组建立的物件。

文字大小："高度"指设定文字的高度（模型单位，工作平面Y轴方向）；"实体厚度"指设定实体文字的厚度（工作平面Z轴方向）；"小型大写"指以小型大写的方式显示英文小写字母。

◆ 首饰案例：字母戒指建模

本例创建的字母戒指如图2-142所示。

图2-142

STEP 01
单击 ⊙ "圆:中心点、半径"工具按钮，在Front视图中以（0，0）点为圆心、8.5mm为半径绘制圆形。

STEP 02
单击 ⌐ "曲线工具"下三角按钮，在弹出的"曲线工具"拓展工具面板中单击 ⌐ "重建曲线"工具按钮，根据指令栏的提示，选择要重建的圆形，按Enter键后，在弹出的"重建"对话框中，修改"点数"为"8"，单击"确定"按钮完成操作，如图2-143所示。

STEP 03
单击 ⌐ "显示物件控制点"工具按钮，将STEP 01中圆的控制点打开，在Top视图中选择图2-143所示的点，分别将其移动至图2-144所示位置，右击 ⌐ "关闭点"工具按钮，关闭控制点。

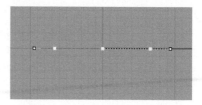

图2-143

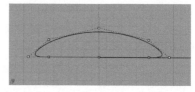

图2-144

STEP 04
在Top视图中将曲线向上移动；在Front视图中以（0，0）点为圆心、8.5mm为半径绘制圆形，如图2-145所示。

STEP 05
单击 ⌐ "建立曲面"下三角按钮，在弹出的"建立曲面"拓展工具面板中单击 ⌐ "放样"工具按钮，根据指令栏的提示将两条线放样，将接缝调整到统一位置。单击 ⌐ "曲面工具"下三角按钮，在弹出的"曲面工具"拓展工具面板中单击 ⌐ "偏移曲面"工具按钮，在指令栏中单击"距离"并输入"2"，"实体"设为"是"，完成操作，如图2-146所示。

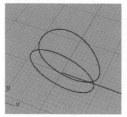

图2-145　　　　　　　图2-146

STEP 06
在Top视图中，单击 ⌐ "文字物件"工具按钮，在弹出的"文字物件"对话框中，在"要建立的文字"文本框中输入"Y"，在"高度"文本框中输入"7"，在"实体厚度"文本框中输入"7"，单击"确定"按钮，完成操作，如图2-147所示。

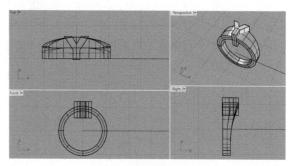

图2-147

STEP 07

单击 💿 "实体工具"下三角按钮，在弹出的"实体工具"拓展工具面板中单击 💿 "布尔运算交集"工具按钮，根据指令栏的提示，选择戒指，按Enter键后选择字母Y实体，按Enter键完成操作，如图2-148所示。

STEP 08

重复STEP 05的操作，先放样，再偏移曲面，在指令栏中单击"距离"并输入"1.5"，"实体"设为"是"，完成操作，如图2-149所示。

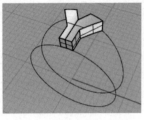 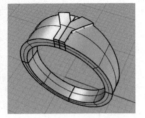

| 图 2-148 | 图 2-149 |

STEP 09

在Top视图中单击，"锁定格点"将其打开，单击"物件锁点"将其关闭，单击 ╱ "多重直线"工具按钮，绘制图2-150所示的曲线。

STEP 10

单击 💿 "建立实体"下三角按钮，在弹出的"建立实体"拓展工具面板中单击 📄 "挤出封闭的平面曲线"工具按钮，根据指令栏的提示，选择要挤出的曲线，按Enter键后在Front视图中单击，将曲线挤出一定的高度，完成操作，如图2-151所示。

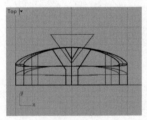 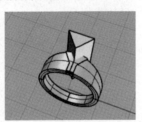

| 图 2-150 | 图 2-151 |

STEP 11

单击 💿 "实体工具"下三角按钮，在弹出的"实体工具"拓展工具面板中单击 💿 "布尔运算差集"工具按钮，根据指令栏的提示，选择要进行差集运算的戒指，按Enter键后单击挤出的实体，按Enter键完成操作，如图2-152所示。

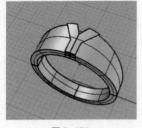

图 2-152

💎 从物体上生成曲线

这一部分主要介绍通过已有的多重曲面建立曲线，包括投影曲线、复制曲面边缘、提取曲面的结构线、抽离子线段、生成曲线间的混接曲线、提取曲面的交线及建立等距断面线等内容。

◆ 由曲线投影生成曲线

在Rhino中，在曲面上投影生成曲线的工具主要是"投影曲线"工具和"拉回曲线"工具。

投影曲线

将曲线或点物件往工作平面的方向投影至曲面上，其操作步骤如下。

单击 💿 "投影曲线"工具按钮，根据指令栏的提示，选择要投影的曲线或点物件，按Enter键后选择要投影至其上的曲面、多重曲面，按Enter键完成操作，如图2-153所示。

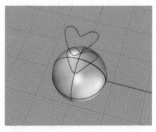

图 2-153

指令栏中的选项

松弛：将曲线的编辑点投影至曲面上，曲线的结构完全不会改变，所以曲线可能不会完全服帖于曲面上。当投影的曲线超出曲面的边界时，无法以"松弛"模式投影。

删除输入物件：将原来的物件从文件中删除。

目的图层：指定建立物件的图层。若选择"目前的"，则在目前的图层建立物件，若选择"输入物件"，则在输入物件所在的图层建立物件；若选择"目标物件"，则在目标物件所在图层建立物件。

拉回曲线

以曲面的法线方向将曲线或点物件拉回至曲面，其操作步骤如下。

单击 💿 "从物件建立曲线"下三角按钮，在弹出的"从物件建立曲线"拓展工具面板中，单击 💿 "拉回曲线"工具按钮，根据指令栏的提示，选择要拉回的曲线或点物件，按Enter键后选择拉回至其上的曲面、多重曲面，按Enter键完成操作，如图2-154所示。

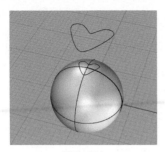

图 2-154

补充说明

　　"投影曲线"工具与"拉回曲线"工具的区别如图
2-155、图2-156所示。

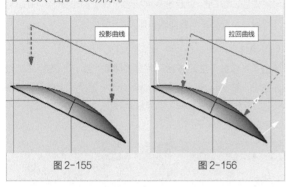

图 2-155　　　　　　图 2-156

指令栏中的选项

　　松弛：将曲线的编辑点拉回至曲面上，曲线的结构完
全不会改变，所以曲线可能不会完全服帖于曲面上。当拉
回的曲线超出曲面的边界时，无法以"松弛"模式拉回。

　　删除输入物件：将原来的物件从文件中删除。

　　目的图层：指定建立物件的图层。若选择"目前
的"，则在目前的图层建立物件；若选择"输入物件"，
则在输入物件所在的图层建立物件；若选择"目标物
件"，则在目标物件所在图层建立物件。

♦ 首饰案例：镂空花纹珠子建模

　　本例创建的镂空花纹珠子如图2-157所示。

图 2-157

STEP 01

单击 ◈ "建立实体"下三角按钮，在弹出的"建立实体"拓展
工具面板中单击 ◈ "球体"工具按钮，根据指令栏的提示，
以（0，0）点为球心、6.5mm为半径绘制球体。

STEP 02

单击"锁定格点"将其打开，在Top视图中，单击 ❀ "控制
点曲线"工具按钮，以Y轴为起始点绘制曲线，再单击 ❀ "变
动"下三角按钮，在弹出的"变动"拓展工具面板中，单击 ❀
"镜像"工具按钮，根据指令栏的提示，以Y轴为对称轴镜像
曲线，单击 ❀ "组合"工具按钮，将镜像的两条线组合，如图
2-158所示。

STEP 03

单击 ▦ "阵列"下三角按钮，在弹出的"阵列"拓展工具面板
中单击 ❀ "环形阵列"工具按钮，根据指令栏的提示，在Top
视图中，以（0，0）点为环形阵列中心，在指令栏的"阵列
数目"处输入"4"，按Enter键完成操作，如图2-159所示。

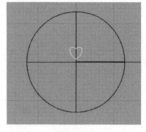

图 2-158　　　　　　图 2-159

STEP 04

分别单击 ◎ "圆：中心点、半径"工具按钮、▭ "矩形：角对
角"工具按钮，在指令栏中选择"中心点"选项，在Top视图
中绘制图2-160所示的图形。

STEP 05

单击 ❀ "控制点曲线"工具按钮，在Top视图中绘制曲线，完
成操作，如图2-161所示。

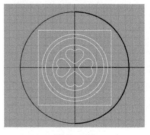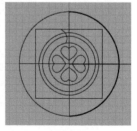

图 2-160　　　　　　图 2-161

STEP 06

单击 ❀ "变动"下三角按钮，在弹出的"变动"拓展工具面板
中单击 ❀ "镜像"工具按钮，根据指令栏的提示，在Top视图
中以Y轴为对称轴镜像图形。单击 ▦ "阵列"下三角按钮，在
弹出的"阵列"拓展工具面板中，单击 ❀ "环形阵列"工具按
钮，根据指令栏的提示，在Top视图中，以（0，0）点为环形

阵列中心，在指令栏的"阵列数目"处输入"4"，按Enter键完成操作，如图2-162所示。

STEP 07

单击 "2D旋转"工具按钮，在Top视图中，根据指令栏的提示，从右下向左上框选所有曲线，按Enter键后选择（0，0）点为旋转中心，在指令栏的"旋转角度"处输入"45"，按Enter键完成操作，如图2-163所示。

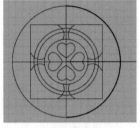
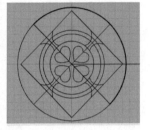

图 2-162   图 2-163

STEP 08

单击 "控制点曲线"工具按钮，在Top视图中，根据指令栏的提示绘制曲线，完成操作，如图2-164所示。

STEP 09

单击 "变动"下三角按钮，在弹出的"变动"拓展工具面板中单击 "镜像"工具按钮，根据指令栏的提示，在Top视图中以Y轴为对称轴镜像曲线。单击 "阵列"下三角按钮，在弹出的"阵列"拓展工具面板中单击 "环形阵列"工具按钮，根据指令栏的提示，在Top视图中，以（0，0）点为环形阵列中心，在指令栏的"阵列数目"处输入"4"，按Enter键完成操作，如图2-165所示。

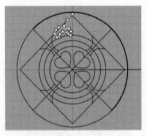

图 2-164   图 2-165

STEP 10

单击 "2D旋转"工具按钮，在Top视图中，根据指令栏的提示，从右下向左上框选所有物件，按Enter键后选择（0，0）点为旋转中心，在指令栏的"旋转角度"处输入"45"，按Enter键。单击 "选取"下三角按钮，在弹出的"选取"拓展工具面板中单击 "选取曲线"工具按钮，在Front视图中，通过操作轴将曲线上移，如图2-166所示。

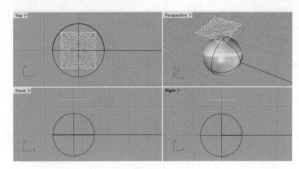

图 2-166

STEP 11

单击 "投影曲线"工具按钮，根据指令栏的提示，选择要投影的曲线，按Enter键后选择要投影至其上的球体，按Enter键完成操作，并删除原有曲线，如图2-167所示。

STEP 12

单击 "修剪"工具按钮，根据指令栏的提示，选择切割用的曲线，按Enter键后，在Perspective视图中选择要修剪的部分，按Enter键完成操作，删除多余曲线，如图2-168所示，再次删除多余曲线。

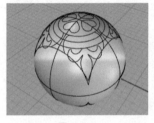
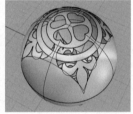

图 2-167   图 2-168

STEP 13

从右下向左上框选物件，在Perspective视图中按住Shift键，通过操作轴将框选的物件旋转90度，如图2-169所示。

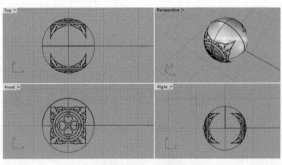

图 2-169

STEP 14

单击 "圆:中心点、半径"工具按钮，单击 "控制点曲线"工具按钮，在Top视图中绘制图2-170所示的图形，在Perspective视图中，将其投影于球上，并进行修剪（只修剪Front视图中的X轴以上的部分），如图2-171所示，最后删除多余曲线。

图 2-170

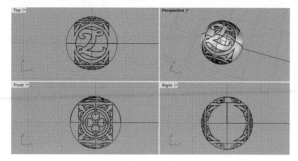

图 2-171

STEP 15

从右下向左上框选物件，在Front视图中按住Shift键，通过操作轴将框选的物件旋转180度。单击 ⊘ "圆:中心点、半径"工具按钮，单击 ⚲ "控制点曲线"工具按钮，在Top视图中绘制图2-172所示的图形，在Perspective视图中，将其投影、修剪（只修剪Front视图中的X轴以上的部分），如图2-173所示，删除多余曲线。

图 2-172

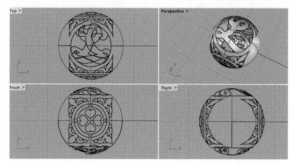

图 2-173

STEP 16

从右下向左上框选物件，在Front视图中按住Shift键，通过操作轴将框选的物件旋转90度。单击 ⊘ "圆:中心点、半径"工具按钮，在Top视图中以（0，0）为圆心、2mm为半径绘制圆形，并将其投影于球上进行修剪，如图2-174所示，删除多余曲线。

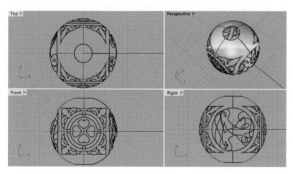

图 2-174

STEP 17

单击 ⚲ "曲面工具"下三角按钮，在弹出的"曲面工具"拓展工具面板中单击 ⚲ "偏移曲面"工具按钮，根据指令栏的提示，选择要偏移的曲面，按Enter键后，在指令栏中单击"距离"并输入"0.75"，将"实体"设为"是"，按Enter键完成操作，如图2-175所示。

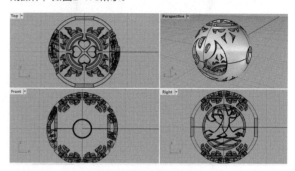

图 2-175

◆ 由曲面边缘生成曲线

在Rhino中，用于复制曲面边缘的工具主要有"复制边缘/复制网格边缘"工具、"复制边框"工具、"复制面的边框"工具，如图2-176所示。

图 2-176

复制边缘 / 复制网格边缘

将曲面的边缘复制为曲线，其操作步骤如下。

单击 ⚲ "从物件建立曲线"下三角按钮，在弹出的"从物件建立曲线"拓展工具面板中单击 ⚲ "复制边缘"工具按钮，根据指令栏的提示，选择要复制的边缘，按Enter键完成操作，如图2-177所示。

指令栏中的选项

目的图层：指定建立物件的图层。若选择"目前的"，则在目前的图层建立物件；若选择"输入物件"，则在输入物件所在的图层建立物件；若选择"目标物件"，则在目标物件所在的图层建立物件。

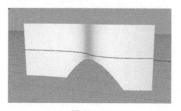

图 2-177

复制边框

将曲面、多重曲面、剖面线或网格的边框复制为曲线，其操作步骤如下。

单击 ▱ "从物件建立曲线"下三角按钮，在弹出的"从物件建立曲线"拓展工具面板中单击 ▱ "复制边框"工具按钮，根据指令栏的提示，选择要复制边框的曲面、多重曲面、网格或剖面线，按Enter键完成操作，如图2-178所示。

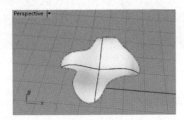

图2-178

指令栏中的选项

目的图层：指定建立物件的图层。若选择"目前的"，则在目前的图层建立物件；若选择"输入物件"，则在输入物件所在的图层建立物件；若选择"目标物件"，则在目标物件所在的图层建立物件。

复制面的边框

复制多重曲面中个别曲面的边框为曲线，其操作步骤如下。

单击 ▱ "从物件建立曲线"下三角按钮，在弹出的"从物件建立曲线"拓展工具面板中单击 ▱ "复制面的边框"工具按钮，根据指令栏的提示，选择要复制边框的曲面，按Enter键完成操作，如图2-179所示。

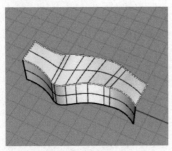

图2-179

指令栏中的选项

目的图层：指定建立物件的图层。若选择"目前的"，则在目前的图层建立物件；若选择"输入物件"，则在输入物件所在的图层建立物件；若选择"目标物件"，则在目标物件所在的图层建立物件。

◆ **在两个曲面间生成混接曲线**

在Rhino中，建立曲面间的混接曲线可以使用"快速曲线垂直混接"工具，其操作步骤如下。

单击 ▱ "从物件建立曲线"下三角按钮，在弹出的"从物件建立曲线"拓展工具面板中单击 ▱ "快速曲线垂直混接"工具按钮，根据指令栏的提示，选择要垂直混接的第一条曲线和曲线上的混接起点，选择要垂直混接的第二条曲线和曲线上的混接终点，如图2-180所示，生成混接曲线。

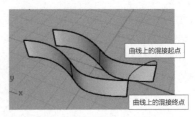

曲线上的混接起点

曲线上的混接终点

图2-180

◆ **提取曲面的结构线**

提取曲面的结构线可以通过"抽离结构线"和"抽离线框"工具来完成。

抽离结构线

抽离曲面上指定位置的结构线，其操作步骤如下。

单击 ▱ "从物件建立曲线"下三角按钮，在弹出的"从物件建立曲线"拓展工具面板中单击 ▱ "抽离结构线"工具按钮，根据指令栏的提示，选择要抽离结构线的曲面，此时鼠标指针的移动会被限制在曲面上，并显示曲面上通过标记位置的结构线。单击确定一点完成抽离结构线，如图2-181所示。

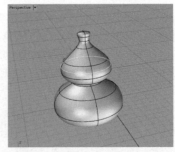

图2-181

指令栏中的选项

方向：选择 U、V 或两个方向。

全部抽离：按照"方向"选项的设定抽离所有 U、V 或两个方向的结构线。

切换：在U、V或两个方向之间切换。

抽离线框

将曲面、多重曲面的所有结构线或网格的所有边缘抽离建立曲线，其操作步骤如下。

单击 🖿 "从物件建立曲线"下三角按钮，在弹出"从物件建立曲线"拓展工具面板中单击 ⚙ "抽离线框"工具按钮，根据指令栏的提示，选择要抽离线框的曲面、实体或网格，按Enter键完成，如图2-182所示。

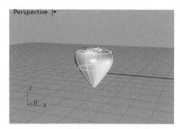

图 2-182

指令栏中的选项

目的图层：指定建立物件的图层。若选择"目前的"，则在目前的图层建立物件；若选择"输入物件"，则在输入物件所在的图层建立物件；若选择"目标物件"，则在目标物件所在的图层建立物件。

输出成群组：以指令得到的结果物件建立群组。

💎 首饰案例：耳线建模

本例创建的耳线如图2-183所示。

图 2-183

STEP 01

单击"锁定格点"将其打开，单击 ⚙ "控制点曲线"工具按钮，在Front视图中绘制图2-184所示的曲线。

STEP 02

单击 ⚙ "曲面工具"下三角按钮，在弹出的"曲面工具"拓展工具面板中单击 💡 "旋转成形"工具按钮，根据指令栏的提示，在Front视图中，以Y轴为旋转操作轴将曲线旋转360度，完成操作，如图2-185所示。

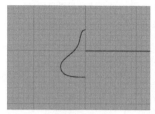 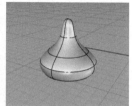

图 2-184　　　　　　　　图 2-185

STEP 03

单击 🖿 "从物件建立曲线"下三角按钮，在弹出的"从物件建立曲线"拓展工具面板中单击 ⚙ "抽离结构线"工具按钮，根据指令栏的提示，抽离曲面的所有结构线，并删除原有曲线，完成操作，如图2-186所示。

STEP 04

单击 ⚙ "控制点曲线"下三角按钮，在弹出的"控制点曲线"拓展工具面板中单击 ⚙ "内插点曲线"工具按钮，单击"锁定格点"将其打开，并勾选"物件锁点"中的"交点"复选框。根据顺序顺时针连接U、V结构线交点，如图2-187所示。

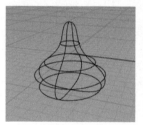 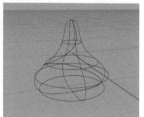

图 2-186　　　　　　　　图 2-187

STEP 05

单击 🖿 "阵列"下三角按钮，在弹出的"阵列"拓展工具面板中单击 ⚙ "环形阵列"工具按钮，根据指令栏的提示，在Top视图中以（0，0）点为阵列中心、以8为阵列数目阵列图形，如图2-188所示。

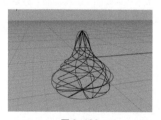

图 2-188

STEP 06

选择图2-189所示的红色和紫色曲线并将其删除，再单击 "建立实体" 下三角按钮，在弹出的 "建立实体" 拓展工具面板中单击 "圆管(圆头盖)" 工具按钮，根据指令栏的提示，选择 "数个" 选项，在指令栏的 "半径" 处输入 "0.2"，按Enter键完成操作，如图2-189所示。

STEP 07

从右下向左上框选所有圆管，单击 "变动" 下三角按钮，在弹出的 "变动" 拓展工具面板中单击 "镜像" 工具按钮，根据指令栏的提示，在Top视图中以Y轴为操作轴镜像圆管，完成操作，如图2-190所示。

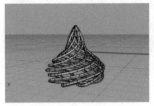
图 2-189

图 2-190

STEP 08

单击 "控制点曲线" 工具按钮，在Front视图中绘制图2-191所示的曲线。

STEP 09

单击 "建立实体" 下三角按钮，在弹出的 "建立实体" 拓展工具面板中单击 "挤出封闭的平面曲线" 工具按钮，在Top视图中，在指令栏中选择 "两侧" 选项为 "是"，在 "挤出长度" 处输入 "0.5"，按Enter键完成操作，如图2-192所示。

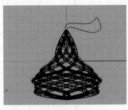
图 2-191

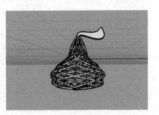
图 2-192

STEP 10

O字链的部分参考前面相关内容，制作长度为40mm的链子。

STEP 11

单击 "建立实体" 下三角按钮，在弹出的 "建立实体" 拓展工具面板中单击 "圆柱体" 工具按钮，根据指令栏的提示，在Top视图中以（0，0）为圆心、0.4mm为半径，在Front视图中绘制高为11mm的圆柱体，完成操作，如图2-193所示。

STEP 12

从右下向左上框选单只耳线，单击 "变动" 下三角按钮，在弹出的 "变动" 拓展工具面板中单击 "镜像" 工具按钮，根据指令栏的提示，在Front视图中镜像耳线，完成操作，如图2-194所示。

图 2-193

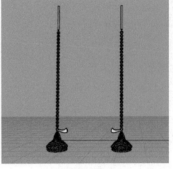
图 2-194

◆ 提取曲面的交线

如果要从两个曲面相交的位置提取一条曲线，或在两条曲线的交点处提取一个点，可以使用 "物件交集" 工具。

物件交集

在两条曲线或两个曲面交集的位置建立点或曲线，其操作步骤如下。

单击 "从物件建立曲线" 下三角按钮，在弹出的 "从物件建立曲线" 拓展工具面板中单击 "物件交集" 工具按钮，根据指令栏的提示，选择要进行交集运算的物件，按Enter键完成操作，如图2-195所示。

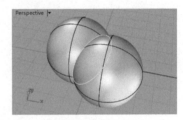
图 2-195

> **补充说明**
>
> 曲线与曲线或曲面的交集可以建立点物件或曲线。曲面或多重曲面与其他曲面的交集建立的是曲线。建立曲面或实体交集可以使用 "布尔运算交集" 工具。

◆ 建立等距断面线

建立等距断面线是指建立曲线、曲面、多重曲面或网格与一排等距分布的切割平面的交线或交点，其操作步骤如下。

单击 "从物件建立曲线" 下三角按钮，在弹出的 "从物件建立曲线" 拓展工具面板中单击 "等距断面线" 工具按钮，根据指令栏的提示，选择要建立等距断面线的物件，按Enter键后指定基准点和指定与等高平面垂直的方向，在指令栏中输入数值设定等高平面之间的距离，按Enter键完成操作，如图2-196所示。

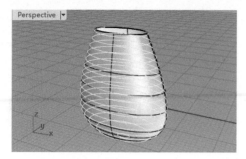

图 2-196

指令栏中的选项

目的图层：指定建立等距断面线或等距断面点的图层；若选择"目前的"，则将输出的物件建立在目前的图层上；若选择"输入物件"，则在输入物件所在的图层建立等距断面线或等距断面点。

以等距断面线平面群组：设定等距断面线的群组方式。若选择"否"，则不建立群组；若选择"是"，则群组共平面的等距断面线。

组合曲线：设定从多重曲面建立的等距断面线是否要组合成多重曲线。若选择"以多重曲面"，则组合同一个多重曲面上共平面的等距断面线；若选择"以等距断面线平面"，则组合共平面的等距断面线；若选择"无"，则不组合曲线。

范围：限制建立等距断面线的区域，其操作步骤如下。

选择用以建立等距断面线的物件，指定要建立等距断面线范围的起点，指定要建立等距断面线范围的终点。范围的起点至终点的方向为等高平面排列的方向。等高平面会与范围起点至终点方向垂直。设定等高平面之间的距离，按Enter键完成操作。

◆ 抽离子线段

分离或复制多重曲线的子线段，其操作步骤如下。

单击 "曲线工具"下三角按钮，在弹出的"曲线工具"拓展工具面板中单击 "抽离子线段"工具按钮，根据指令栏的提示，选择要抽离子线段的多重曲线，按Enter键完成操作，如图2-197所示。

指令栏中的选项

复制：设定是否复制物件，当选择"是"时，鼠标指针附近会有一个"+"号。

组合：组合得到的曲线。

目的图层：指定建立物件的图层。若选择"目前的"，则在目前的图层建立物件；若选择"输入物件"，则在输入物件所在的图层建立物件；若选择"目标物

件"，则在目标物件所在的图层建立物件。

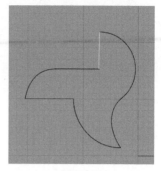

图 2-197

💎 编辑曲线

这一部分在前面介绍的绘制和生成曲线的基础上，对曲线控制点、编辑点、控制杆、封闭曲线的接缝、曲线端点转折等的具体调整，以及曲线之间可能存在的形态和位置关系的生成和调整进行介绍。

◆ 编辑曲线上的点

曲线上的点包括控制点、编辑点、节点和锐角点，下面分别进行介绍。

控制点

在Rhino中，一般用放置控制点曲线中的控制点的方式绘制曲线，以便控制线形和修改曲线。如果要显示控制点，可以单击 "显示物件控制点"工具按钮或按F10键；如果要关闭控制点，可以右击 "关闭点"工具按钮或按F11键。

移动控制点

移动控制点主要有两种方式：一种方式是选择控制点并进行拖曳，另一种方式是使用"UVN移动"工具。

插入控制点

插入控制点的操作步骤如下。

单击 "点的编辑"下三角按钮，在弹出的"点的编辑"拓展工具面板中单击 "插入一个控制点"工具按钮，根据指令栏的提示选择要插入控制点的曲线（或曲面），再根据指令栏的提示在曲线上指定要插入控制点的位置，按Enter键完成操作。重新打开控制点，可以看到新插入的控制点，插入控制点会改变曲线（或曲面）的形状，如图2-198所示。

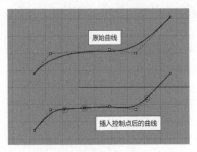

图 2-198

删除控制点

删除控制点也有两种方式：一种方式是选择控制点，按Delete键；另一种方式是使用"移除一个控制点"工具。操作步骤如下。

单击 ⟍ "点的编辑"下三角按钮，在弹出的"点的编辑"拓展工具面板中单击 ⟋ "移除一个控制点"工具按钮，根据指令栏的提示，选择要移除控制点的曲线（或曲面），再在曲线上单击要移除的控制点，完成操作。删除控制点同样会影响曲线（或曲面）的形状，如图2-199所示。

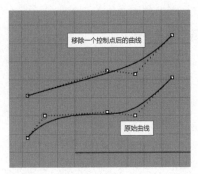

图 2-199

编辑点

编辑点和控制点类似，但编辑点位于曲线上，而且移动一个编辑点通常会改变整条曲线的形状，但移动控制点只会改变曲线某个范围内的形状。修改编辑点适用于需要让一条曲线通过某一个点的情况，而修改控制点可以改变曲线的形状并同时保持曲线的平整度。操作步骤如下。

单击 ⟍ "显示曲线编辑点"工具按钮，根据指令栏的提示，选择要显示编辑点的曲线，按Enter键完成操作，如图2-200所示。右击 ⟍ "关闭点"工具按钮，可将已经显示的编辑点关闭。

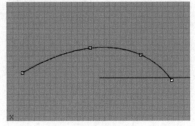

图 2-200

节点

节点和控制点是有区别的，节点属于B-Spline多项式定义改变的点，一条单一的曲线一般只有起点和终点两个节点，但可以有无数个控制点。插入节点的操作步骤如下。

单击 ⟍ "点的编辑"下三角按钮，在弹出的"点的编辑"拓展工具面板中单击 ⟋ "插入节点"工具按钮，根据指令栏的提示，选择要加入节点的曲线（或曲面），然后在曲线上指定节点位置，按Enter键完成操作，如图2-201所示。

补充说明

插入节点必然会增加控制点的数目。图2-201所示为两条走向一致的曲线，图中红色圆圈标注的点为节点，其余的都是控制点。在使用"插入节点"工具增加一个节点后，曲线的控制点数目也随之增加了一个。

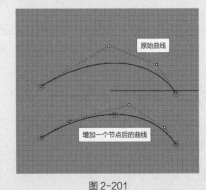

图 2-201

单击 ⟍ "点的编辑"下三角按钮，在弹出的"点的编辑"拓展工具面板中单击 ⟋ "移除节点"工具按钮，根据指令栏的提示，可删除节点。"移除节点"工具可用于删除两条曲线的组合点，组合点被删除后，曲线将无法再被炸开成为单独的曲线。

锐角点

锐角点是指曲线中突然改变方向的点。例如，矩形的角点都是锐角点，直线与圆弧的相交点也是锐角点，如图2-202所示。插入锐角点的操作步骤如下。

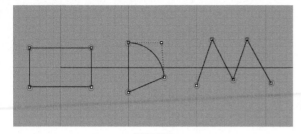

图 2-202

单击 🔈 "点的编辑"下三角按钮，在弹出的"点的编辑"拓展工具面板中单击 ⌒ "插入锐角点"工具按钮，根据指令栏的提示，选择要插入锐角点或锐边的曲线（或曲面），在曲线上指定要插入锐角点的位置，按Enter键完成操作，如图2-203所示。加入锐角点后曲线就可以被炸开，变成两条曲线，如图2-204所示。

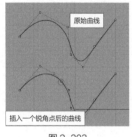

图 2-203

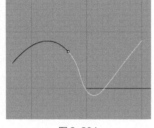

图 2-204

◆ **控制杆编辑器**

可使用"控制杆编辑器"工具，在曲线上添加一个贝塞尔曲线控制杆，然后对其进行调整，其操作步骤如下。

单击 🔈 "点的编辑"下三角按钮，在弹出的"点的编辑"拓展工具面板中单击 ⌒ "控制杆编辑器"工具按钮，根据指令栏的提示，选择要调整的曲线（或曲面），在曲线上指定控制杆掣点的位置，然后通过移动控制杆两端的控制点进行调整，按Enter键完成操作，如图2-205所示。

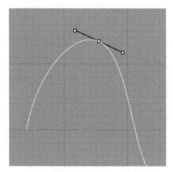

图 2-205

◆ **调整曲线端点转折**

使用"调整曲线端点转折"工具可以调整曲线端点或曲面未修剪边缘的形状，其操作步骤如下。

1️⃣ 单击 🔈 "点的编辑"下三角按钮，在弹出的"点的编辑"拓展工具面板中单击 ⌒ "调整曲线端点转折"工具按钮。

2️⃣ 根据指令栏的提示，选择要调整的曲线（或曲面）边缘，曲线会自动显示出控制点，再拖动要移动的点，即可改变曲线造型（但改变造型后黑色曲线与红色曲线的连续性不变，即相切方向或曲率不变），按Enter键完成操作，如图2-206所示。

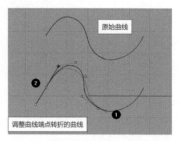

图 2-206

> **补充说明**
>
> 编辑曲线时，曲线控制点的移动会被限制在某条路径上，以避免曲线在端点处的切线方向或曲率被改变。

◆ **调整封闭曲线的接缝**

在Rhino中，每一条封闭的曲线都有一个接缝点，如图2-207所示。图中带有箭头的点就是接缝点，箭头指示了曲线的方向，也可以反转这个方向。使用"调整封闭曲线的接缝"工具可以对接缝进行移动，其操作步骤如下。

1️⃣ 单击 ⌐ "曲线工具"下三角按钮，在弹出的"曲线工具"拓展工具面板中单击 ⌒ "调整封闭曲线的接缝"工具按钮。

2️⃣ 根据指令栏的提示，选择要调整接缝的封闭曲线，按Enter键后会显示曲线上的接缝点，单击接缝点并拖曳（限制在曲线上），按Enter键完成操作，如图2-207所示。

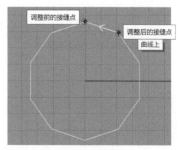

图 2-207

指令栏中的选项

反转：反转曲线的方向。

自动：自动调整曲线接缝的位置及曲线的方向。

原本的：以原本的曲线接缝位置及曲线方向运行。

> **补充说明**
>
> 曲线的接缝点直接决定了某种状态下曲面的裁剪性及裁剪后的效果。例如，如果用一条直线分割一个圆柱曲面，分割后圆柱曲面却变成了3部分，如图2-208所示。这是因为直线和接缝点不交叉，造成分割之后Rhino系统自动在接缝点位置断开一次，所以形成3部分。要想解决这一问题，就需要单击 ◌ "调整封闭曲线的接缝"工具按钮，然后调整接缝点的位置到直线与圆柱的交点处，如图2-209所示。重新裁剪，得到两部分，如图2-210所示。

图2-208

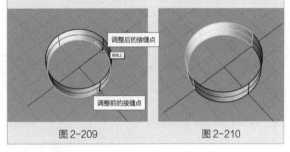

图2-209　　　　　图2-210

◆ **重建曲线**

以设定的阶数与控制点数重建曲线或曲面，其操作步骤如下。

单击 ⌐ "曲线工具"下三角按钮，在弹出的"曲线工具"拓展工具面板中单击 ▥ "重建曲线"工具按钮，根据指令栏的提示，选择要重建的曲线、挤出物件或曲面，按Enter键，在弹出的"重建"对话框中修改"点数"和"阶数"，如图2-211所示，单击"确定"按钮完成操作。

图2-211

"重建"对话框中的选项

点数：设定控制点的数目。

阶数：设定曲线或曲面的阶数。建立阶数较高的曲线时，控制点的数目必须比阶数大1或以上，这样得到的曲线的阶数才是设定的阶数。

删除输入物件：将原来的物件从文件中删除。

在目前的图层上建立新物件：在目前的图层建立新物件，取消勾选这个复选框则会在原来物件所在的图层建立新物件。

最大偏差值：预览时显示原来的曲线与重建后的曲线之间的最大偏差距离。

💎 首饰案例：复古花边吊坠建模

本例创建的吊坠如图2-212所示。

图2-212

STEP 01

单击 ⌐ "多重直线"工具按钮，在Front视图中以（0，0）点为线段起始点，分别在Z轴和X轴绘制直线，完成操作，如图2-213所示。

STEP 02

单击 ▥ "2D旋转"工具按钮，根据指令栏的提示，选择要旋转的直线，在Front视图中，以（0，0）点为圆心，在指令栏中选择"复制"为"是"，在"旋转角度"处输入"45"，按Enter键完成操作，如图2-214所示。

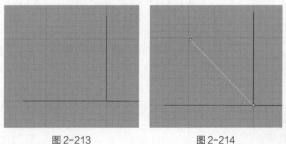

图2-213　　　　　　图2-214

STEP 03

单击 "控制点曲线" 工具按钮，在Fonrt视图中绘制图2-215所示的曲线；单击 "变动" 下三角按钮，在弹出的 "变动" 拓展工具面板中单击 "镜像" 工具按钮，根据指令栏的提示，在Front视图中，分别以Z轴和X轴为对称轴镜像曲线，完成操作，如图2-126所示。单击 "组合" 工具按钮进行组合。

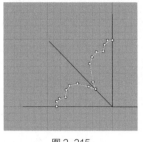
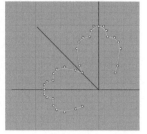

图2-215   图2-216

STEP 04

同理，绘制图2-217所示的曲线。

STEP 05

单击 "阵列" 下三角按钮，在弹出的 "阵列" 拓展工具面板中单击 "环形阵列" 工具按钮，根据指令栏的提示，在Front视图中以（0，0）点为阵列中心、以2为阵列数目进行阵列，完成操作，如图2-218所示。

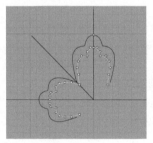
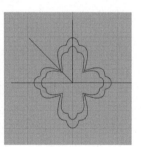

图2-217   图2-218

STEP 06

单击 "点" 工具按钮，勾选 "物件锁点" 中的 "节点" 复选框，在Front视图中绘制点，完成操作，如图2-219所示。

STEP 07

单击 "多重直线" 工具按钮，在Front视图中，以STEP 04中标注的点为起点和终点，绘制多重直线，完成操作，如图2-220所示。

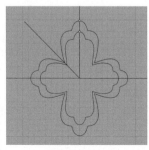
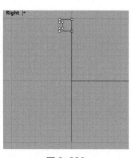

图2-219   图2-220

STEP 08

单击 "曲线工具" 下三角按钮，在弹出的 "曲线工具" 拓展工具面板中单击 "全部圆角" 工具按钮，根据指令栏的提示，选择曲线，按Enter键后在指令栏的 "圆角半径" 处输入 "0.1"，完成操作，如图2-221所示。

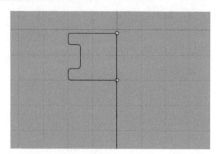

图2-221

STEP 09

单击 "建立曲面" 下三角按钮，在弹出的 "建立曲面" 拓展工具面板中单击 "双轨扫掠" 工具按钮，根据指令栏的提示，依次选择轨道和断面，按Enter键，在弹出的 "双轨扫掠选项" 对话框中勾选 "保持高度" 复选框，如图2-222所示。单击 "确定" 按钮完成操作，如图2-223所示。

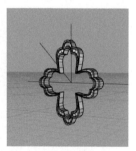

图2-222   图2-223

STEP 10

单击 "变动" 下三角按钮，在弹出的 "变动" 工具拓展工具面板中单击 "镜像" 工具按钮，根据指令栏的提示，在Right视图中，以Z轴为对称轴镜像曲面，单击 "组合" 工具按钮，将两部分曲面组合，完成操作，如图2-224所示。

STEP 11

单击 "建立实体" 下三角按钮，在弹出的 "建立实体" 拓展工具面板中单击 "挤出封闭的平面曲线" 工具按钮，根据指令栏的提示，选择要挤出的曲线，按Enter键后，在指令栏中选择 "实体" 为 "是"，在 "挤出长度" 处输入 "1.5"，按Enter键完成操作，如图2-225所示。

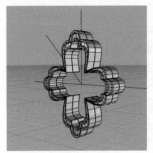
图 2-224

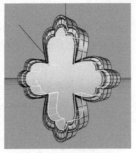
图 2-225

STEP 12

从右下向左上框选全部物件，单击 "2D旋转" 工具按钮，在Front视图中，选择（0，0）点为旋转中心，在指令栏的 "旋转角度" 处输入 "45"，按Enter键完成操作，如图2-226所示。

图 2-226

STEP 13

单击 "控制点曲线" 工具按钮，在Front视图中，以Z轴为起点和终点绘制图2-227所示的曲线。单击 "变动" 下三角按钮，在弹出的 "变动" 拓展工具面板中单击 "镜像" 工具按钮，根据指令栏的提示，在Front视图中以Z轴为对称轴镜像曲线，完成操作，如图2-228所示。

图 2-227

图 2-228

STEP 14

单击 "椭圆：从中心点" 工具按钮，在Top视图中以（0，0）点为椭圆中心点绘制图2-229所示的椭圆。

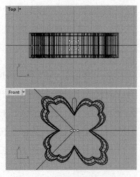
图 2-229

STEP 15

在Front视图中通过操作轴移动椭圆，将其移动到图2-230所示位置。利用操作轴缩放椭圆，完成操作，如图2-231所示。

图 2-230

图 2-231

STEP 16

单击 "建立曲面" 下三角按钮，在弹出的 "建立曲面" 拓展工具面板中单击 "双轨扫掠" 工具按钮，根据指令栏的提示，依次选择轨道和断面，按Enter键，在弹出的 "双轨扫掠选项" 对话框中勾选 "保持高度" 复选框，单击 "确定" 按钮完成操作，如图2-232所示。

STEP 17

单击 "组合" 工具按钮，将STEP 16双轨扫掠的两个部分进行组合。

STEP 18

选择STEP 17组合的曲面，按Ctrl+C和Ctrl+ V组合键复制和粘贴曲面，单击 "缩放" 下三角按钮，在弹出的 "缩放" 拓展工具面板中单击 "单轴缩放" 工具按钮，根据指令栏的提示，第一参考点和第二参考点如图2-233所示，进行缩放。

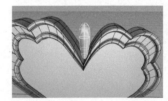
图 2-232

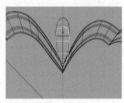
图 2-233

STEP 19

单击 "变形工具" 下三角按钮，在弹出的 "变形工具" 拓展工具面板中单击 "弯曲" 工具按钮，根据指令栏的提示，在Front视图中，以图2-234所示的点为骨干起点和终点弯曲物件，完成操作，如图2-235所示。

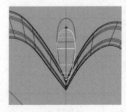
图 2-234

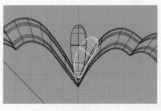
图 2-235

STEP 20

单击⬙"缩放"下三角按钮，在弹出的"缩放"拓展工具面板中单击⬙"单轴缩放"工具按钮，根据指令栏的提示，第一参考点和第二参考点如图2-236所示，进行缩放。

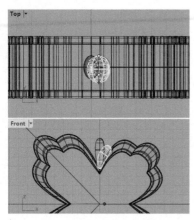

图2-236

STEP 21

单击⬙"变动"下三角按钮，在弹出的"变动"拓展工具面板中单击⬙"镜像"工具按钮，根据指令栏的提示，在Front视图中以Z轴为对称轴镜像物件，完成操作，如图2-237所示。

STEP 22

单击⬙"缩放"下三角按钮，在弹出的"缩放"拓展工具面板中单击⬙"单轴缩放"工具按钮，根据指令栏的提示，在Top视图中按照图2-238所示缩放物件。

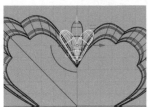 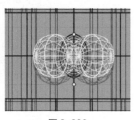

图2-237　　　　　　　　图2-238

STEP 23

选择3个物件，在Top视图中通过操作轴移动物件，完成操作，如图2-239所示。

STEP 24

单击⬙"缩放"下三角按钮，在弹出的"缩放"拓展工具面板中单击⬙"单轴缩放"工具按钮，在Top视图中，根据指令栏的提示，按照图2-240所示缩放物件。

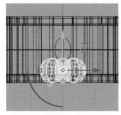 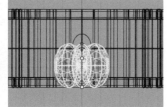

图2-239　　　　　　　　图2-240

STEP 25

单击⬙"变动"下三角按钮，在弹出的"变动"拓展面板中单击⬙"镜像"工具按钮，根据指令栏的提示，在Top视图中以X轴为对称轴镜像物件，完成操作，如图2-241所示。

STEP 26

单击⬙"2D旋转"工具按钮，根据指令栏的提示，从右下向左上框选所有物件，在Front视图中以（0，0）为旋转中心，将选中的物件旋转-45度，完成操作，如图2-242所示。

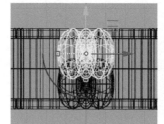 

图2-241　　　　　　　　图2-242

STEP 27

单击⬙"变动"下三角按钮，在弹出的"变动"拓展工具面板中单击⬙"镜像"工具按钮，根据指令栏的提示，在Front视图中以Z轴为对称轴镜像物件，再以X轴为对称轴镜像物件，完成操作，如图2-243所示。

STEP 28

单击⬙"多边形"下三角按钮，在弹出的"多边形"拓展工具面板中单击⬙"多边形:星形"工具按钮，根据指令栏的提示，在Front视图中以（0，0）点为星形中心，在指令栏中单击"边数"并输入"8"，按Enter键完成操作，如图2-244所示。

图2-243　　　　　　　　图2-244

STEP 29

单击⬙"显示物件控制点"工具按钮，选择控制点，如图2-245所示，单击⬙"三轴缩放"工具按钮，根据指令栏的提示，在Front视图中以（0，0）点为三轴缩放中心缩放物件，完成操作，如图2-246所示。

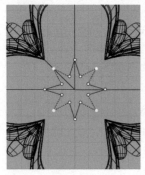
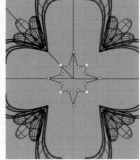

图 2-245　　　　　　　　图 2-246

STEP 30

选择八角星形，在Front视图中通过操作轴进行单轴缩放，完成操如图2-247所示。

STEP 31

单击 "曲线工具" 下三角按钮，在弹出的 "曲线工具" 拓展工具面板中单击 "全部圆角" 工具按钮，根据指令栏的提示，在指令栏的 "圆角半径" 处输入 "0.1"，按Enter键完成操作，如图2-248所示。

图 2-247　　　　　　　　图 2-248

STEP 32

在Top视图中通过操作轴移动八角星形，单击 "控制点曲线" 工具按钮，在Right视图中单击，打开 "四分点"，绘制图2-249所示的曲线。

STEP 33

单击 "建立曲面" 下三角按钮，在弹出的 "曲面" 拓展工具面板中右击 "沿着路径旋转" 工具按钮，根据指令栏的提示，在Perspective视图中将曲面旋转成图2-250所示的曲面。单击 "实体工具" 下三角按钮，在弹出的 "实体工具" 拓展工具面板中单击 "将平面洞加盖" 工具按钮，根据指令栏的提示，选择旋转出的曲面，按Enter键完成操作。

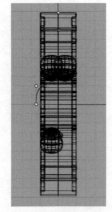

图 2-249

STEP 34

单击 "变动" 下三角按钮，在弹出的 "变动" 拓展工具面板中单击 "镜像" 工具按钮，根据指令栏的提示，在Right视图中以Z轴为对称轴镜像物件，完成操作，如图2-251所示。

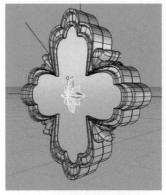
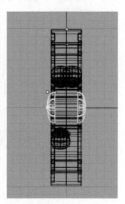

图 2-250　　　　　　　　图 2-251

STEP 35

单击 "控制点曲线" 工具按钮，在Right视图中绘制图2-252所示的曲线。单击 "变动" 下三角按钮，在弹出的 "变动" 拓展工具面板中单击 "镜像" 工具按钮，根据指令栏的提示，在Right视图中以Z轴为对称轴镜像曲线，完成操作，如图2-253所示。单击 "组合" 工具按钮，将曲线组合。

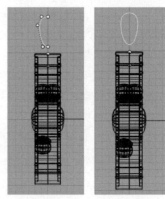

图 2-252　　　　　　　　图 2-253

STEP 36

在Front视图中，通过操作轴移动和旋转曲线，完成操作，如图2-254所示。单击 "变动" 下三角按钮，在弹出的 "变动" 拓展工具面板中单击 "镜像" 工具按钮，根据指令栏的提示，在Front视图中以Z轴为对称轴镜像曲线，完成操作，如图2-255所示。

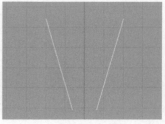

图 2-254　　　　　　　　图 2-255

STEP 37

单击 "控制点曲线" 工具按钮，在Front视图中绘制图2-256所示的曲线。单击 "变动" 下三角按钮，在弹出的 "变动" 拓展工具面板中单击 "镜像" 工具按钮，根据指令栏的提示，在Front视图中以Z轴为对称轴镜像曲线，完成操作，如图2-257所示。单击 "组合" 工具按钮，分别组合曲线。

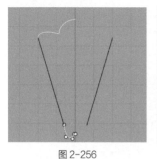 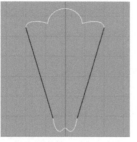

图 2-256　　　　　　　图 2-257

STEP 38

单击 "曲线工具" 下三角按钮，在弹出的 "曲线工具" 拓展工具面板中单击 "偏移曲线" 工具按钮，根据指令栏的提示，选择要偏移的曲线，在指令栏中单击 "距离" 并输入 "0.4"，选择 "加盖" 为 "圆头"，选择方向，完成操作，如图2-258、图2-259所示。

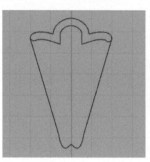 

图 2-258　　　　　　　图 2-259

STEP 39

单击 "曲线工具" 下三角按钮，在弹出的 "曲线工具" 拓展工具面板中单击 "全部圆角" 工具按钮，根据指令栏的提示，选择要创建圆角的曲线，按Enter键，在指令栏的 "圆角半径" 处输入 "0.05"，按Enter键完成操作，如图2-260所示。

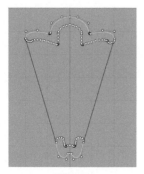

图 2-260

STEP 40

单击 "建立曲面" 下三角按钮，在弹出的 "建立曲面" 拓展工具面板中单击 "双轨扫掠" 工具按钮。根据指令栏的提示，依次选择轨道和断面，按Enter键后打开 "四分点"，调整接缝位置，如图2-261所示。按Enter键，在弹出的 "双轨扫掠选项" 对话框中，勾选 "保持高度" "封闭扫掠" 复选框，单击 "确定" 按钮，完成操作，如图2-262所示。

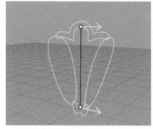 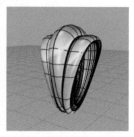

图 2-261　　　　　　　图 2-262

STEP 41

单击 "建立实体" 下三角按钮，在弹出的 "建立实体" 拓展工具面板中单击 "环状体" 工具按钮，根据指令栏的提示，在Front视图中绘制图2-263所示实体。

图 2-263

◆ 延伸和连接曲线

延伸曲线

可以延伸曲线至选取的边界，也可以按指定的长度延伸曲线，还可以拖曳曲线的端点至新位置，延伸的部分会与原来的曲线组合在一起成为同一条曲线。下面对几种延伸曲线的方式进行介绍。

延伸曲线至选取的边缘的操作步骤如下。

单击 "曲线工具" 下三角按钮，在弹出的 "曲线工具" 拓展工具面板中单击 "延伸曲线" 工具按钮，根据指令栏的提示，选择边界物体（这里选择圆），按Enter键后，选择要延伸的曲线，按Enter键完成操作，如图2-264所示。

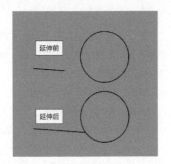

图 2-264

按指定的长度延伸曲线的操作步骤如下。

单击 ⌐ "曲线工具"下三角按钮，在弹出的"曲线工具"拓展工具面板中单击 ╌ "延伸曲线"工具按钮，根据指令栏的提示，直接在指令栏中输入要延伸的长度（这里输入"20"），按Enter键后，再选择要延伸的曲线（这里选择直线），按Enter键完成操作，如图2-265所示。

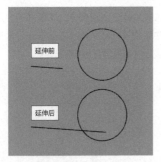

图 2-265

拖曳曲线的端点至新位置的操作步骤如下。

单击 ⌐ "曲线工具"下三角按钮，在弹出的"曲线工具"拓展工具面板中单击 ╌ "延伸曲线"工具按钮，直接按Enter键表示使用动态延伸，根据指令栏的提示选择要延伸的曲线（靠近延伸处），然后移动鼠标指针到要延伸到的位置，单击指定一点，完成操作，如图2-266所示。

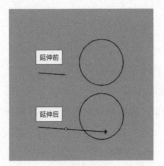

图 2-266

补充说明

由于一条曲线有两个方向，因此延伸过程中需要选择靠近延伸方向的一端，这样才能得到正确的曲线；如果选择另一端，曲线将往相反方向延伸。

指令栏中的选项

型式若选择"原本的"，则直线、多重直线与末端为直线的多重曲线会以直线延伸，圆弧与末端为圆弧的多重曲线会以同样半径的圆弧延伸，其他类型的曲线会平滑延伸；若选择"圆弧"，则以正切的圆弧延伸原来的曲线，如图2-267所示。

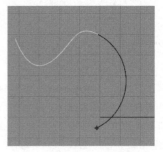

图 2-267

圆弧：若选择"中心点"，则以指定圆弧中心点与终点的方式将曲线以圆弧延伸；若选择"至点"，则以指定圆弧终点的方式将曲线以圆弧延伸；若选择"直线"，则以正切的直线延伸原来的曲线，如图2-268所示；若选择"平滑"，则以曲率连续延伸原来的曲线，如图2-269所示。

延伸长度：输入正数，曲线将延长；输入负数，曲线将缩短。

复原：复原上一个动作。

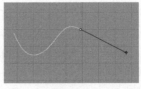

图 2-268   图 2-269

如果要让两条曲线延伸后端点相接，可以使用"连接"工具，连接时多余的部分会自动被修剪。

连接曲线

连接曲线的操作步骤如下。

单击 ⌐ "曲线工具"下三角按钮，在弹出的"曲线工具"拓展工具面板中单击 ╌ "延伸"下三角按钮，在弹出的"延伸"拓展工具面板中单击 ⌐ "连接"工具按钮，根据指令栏的提示，分别选择要延伸交集的第一条曲线和第二条曲线，完成操作，如图2-270所示。

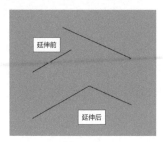

图2-270

指令栏中的选项

组合：组合得到的曲线。

圆弧延伸方式：若选择"圆弧"，则以正切的圆弧延伸曲线；若选择"直线"，则以正切的直线延伸曲线。

◆ **混接曲线**

混接曲线是指在两条曲线或曲面边缘之间建立可以动态调整连续性的曲线，其操作步骤如下。

单击 ↖ "曲线工具"下三角按钮，在弹出的"曲线工具"拓展工具面板中单击 ⌒ "可调式混接曲线"工具按钮，根据指令栏的提示，选择要混接的曲线，在弹出的"调整曲线混接"对话框中选择曲线连续性（这里选择"正切"），如图2-271所示，单击"确定"按钮完成操作，如图2-272所示。

图2-271

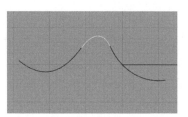

图2-272

指令栏中的选项

曲线：以曲线与边缘的方向混接，此选项为默认选项。

边缘：限制只能选择边缘，以与边缘垂直的方向混接，如图2-273所示。

点：指定要混接至的点，如图2-274所示。

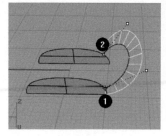

图2-273

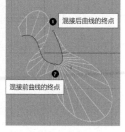

图2-274

补充说明

单击 ⌒ "可调式混接曲线"工具按钮，根据指令栏的提示分别选择要混接的两条曲线后，弹出"调整曲线混接"对话框，勾选"显示曲率图形"复选框，弹出图2-275所示的"曲率图形"对话框，调整"显示缩放比"和"密度"选项，使混接曲线的过程中可以看见黄色的曲率图形的变化。

图2-275

"调整曲线混接"对话框中的选项

位置：设置"连续性1"和"连续性2"都是"位置"，即G0模式，G0模式下黄色曲率图形完全断开，两条曲线仅端点相连，如图2-276所示。

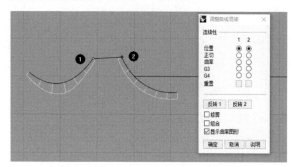

图2-276

正切：设置"连续性1"和"连续性2"都是"正切"，即G1模式，G1模式下黄色曲率图形在交界处保持一条直线垂直于端点，两条曲线的端点相接且切线方向一致，如图2-277所示。

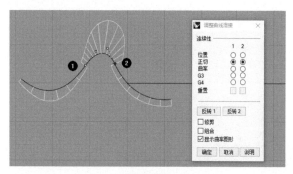

图2-277

曲率：设置"连续性1"和"连续性2"都是"曲率"，即G2模式，G2模式下黄色曲率图形在交接处以一条完整的弧线过渡，两条曲线的端点相接，并且切线方向与曲率半径都一样，不过交接处的黄色曲率图形还是有锐角点，如图2-278所示。

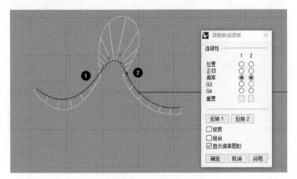

图2-278

G3：设置"连续性1"和"连续性2"为G3模式，G3模式下黄色曲率图形在交接处以一条完整的弧线过渡，两条曲线的端点除了位置、切线方向及曲率半径一致之外，半径的变化率也必须相同，如图2-279所示。

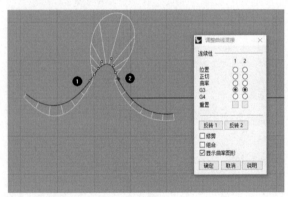

图2-279

G4：设置"连续性1"和"连续性2"为G4模式，G4模式下黄色曲率图形在交接处以一条完整的弧线过渡，G4连续除了需要满足G3连续的所有条件外，在3D空间的曲率变化率也必须相同，如图2-280所示。

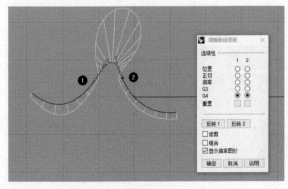

图2-280

反转：反转混接曲线端点的方向。

修剪：用结果曲线修剪输入的曲线。

组合：组合得到的曲线。

显示曲率图形：显示用来分析曲线曲率品质的曲率图形。

◆ **变更曲线阶数**

变更曲线阶数的操作步骤如下。

单击 "曲线工具"下三角按钮，在弹出的"曲线工具"拓展工具面板中，单击 "更改阶数"工具按钮，根据指令栏的提示选择要改变阶数的曲线（或曲面），按Enter键后在指令栏的"新的阶数"处输入"4"，按Enter键完成操作，按F10键显示控制点，如图2-281所示。

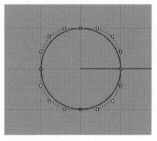

图2-281

指令栏中的选项

可塑形的：若选择"是"，则原来的曲线改变阶数后会稍微变形，但不会产生复节点；若选择"否"，则当原来的曲线（或曲面）的阶数小于变更后的阶数时，新的曲线（或曲面）与原来的曲线（或曲面）有完全一样的形状与参数化，但会产生复节点。复节点数量=原来的节点数量+新阶数-旧阶数。

> **补充说明**
>
> 改变曲线的阶数会保留曲线的节点结构，但会在每一个跨距增加或减少控制点，所以提高曲面的阶数时，控制点会增加，曲面会变得更平滑。
>
> 如果要将几何图形导出到其他软件中，应该尽可能建立阶数较低的曲面，因为有许多CAD软件无法导入3阶以上的曲面。同时，越高阶数的物件，其显示速度越慢，消耗的内存也越多。

◆ **曲线圆角和斜角**

曲线圆角

修剪或延伸两条曲线的端点，再以一个正切的圆弧连接两条曲线的端点，其操作步骤如下。

单击 "曲线圆角"工具按钮，根据指令栏的提示，分别选择建立圆角的第一条曲线第二条曲线，完成操作，如图2-282所示。

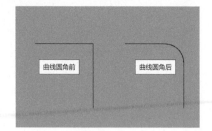

图 2-282

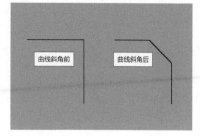

图 2-285

指令栏中的选项

半径：设定圆角半径。

组合：组合得到曲线。

修剪：用结果曲线修剪输入的曲线，如图2-283所示。

圆弧延伸方式：当用来建立圆角或斜角的曲线是圆弧，并且无法与圆角或斜角曲线相接时，以直线或圆弧延伸原来的曲线。

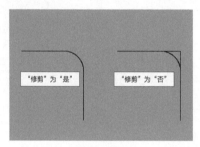

图 2-283

曲线斜角

修剪或延伸两条曲线的端点，再以一条直线连接两条曲线的端点。

建立曲线斜角和建立曲线圆角的方法类似，区别在于曲线圆角是通过半径定义圆角的圆弧，而曲线斜角是通过与两条曲线相关的两个距离定义斜边，如图2-284所示。

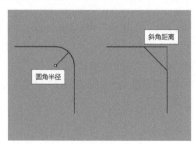

图 2-284

进行曲线斜角操作的步骤如下。

单击 "曲线工具" 下三角按钮，在弹出的 "曲线工具" 拓展面板中单击 "曲线斜角" 工具按钮，根据指令栏的提示，分别选择要建立斜角的第一条曲线和第二条曲线，完成操作，如图2-285所示。

指令栏中的选项

距离显示：两条曲线交点至修剪点的距离。

组合：组合得到曲线。

修剪：用结果曲线修剪输入的曲线。

圆弧延伸方式：当用来建立圆角或斜角的曲线是圆弧，而且无法与圆角或斜角曲线相接时，以直线或圆弧延伸原来的曲线。若选择 "圆弧"，则以同样的半径延伸圆弧；若选择 "直线"，则以正切直线延伸圆弧并组合成多重曲线。

◆ **偏移曲线**

等距离偏移复制一条曲线，其操作步骤如下。

单击 "曲线工具" 下三角按钮，在弹出的 "曲线工具" 拓展工具面板中单击 "偏移曲线" 工具按钮，根据指令栏的提示，选择要偏移的曲线，单击确定方向，完成操作，如图2-286所示。

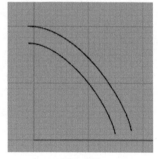

图 2-286

指令栏中的选项

距离：设定偏移的距离。

角：设定角如何偏移，包括 "锐角" "圆角" "平滑" "斜角" 4个选项，如图2-287所示。若选择 "锐角"，则将曲线延伸，以位置连续（G0）填补偏移产生的缺口；若选择 "圆角"，则以正切连续（G1）的圆角曲线填补偏移产生的缺口；若选择 "平滑"，则以曲率连续（G2）的混接曲线填补偏移产生的缺口；若选择 "斜角"，则以直线填补偏移产生的缺口。

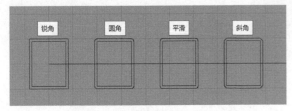

图 2-287

通过点：指定偏移曲线的通过点，而不使用输入数值的方式设定偏移距离。

公差：设定曲线偏移的公差。若输入"0"，则使用预设的公差。

两侧：将曲线往两侧偏移。

与工作平面平行：若选择"否"，则在曲线平面上偏移曲线（仅适用于平面曲线）；若选择"是"，则往与工作平面平行的方向偏移。

加盖：将原来的曲线与偏移曲线的两端封闭，如图2-288所示。若选择"无"，则不封闭曲线的两端，偏移曲线会建立在目前的图层上；若选择"平头"，则以直线将输入的曲线与偏移的曲线的两端组合，得到的多重曲线会建立在输入的曲线的图层上；若选择"圆头"，则以正切的圆弧将输入的曲线与偏移的曲线的两端组合，得到的多重曲线会建立在输入的曲线的图层上。

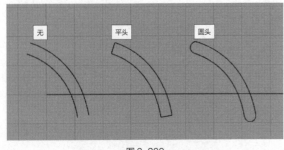

图 2-288

💎 首饰案例：大熊猫胸针建模

本例创建的胸针如图2-289所示。

图 2-289

STEP 01
单击 ⌐ "控制点曲线"工具按钮，在Front视图中绘制图2-290所示的曲线。

STEP 02
框选所有曲线，按Ctrl+C和Ctrl+V组合键将曲线复制，将一组曲线放入图层中，单击 ✎ "图层"下三角按钮，在弹出的"图层"拓展工具面板中单击 ✎ "更改物件图层"工具按钮，在弹出的"物件图层"对话框中，选择"图层02"选项，单击"确定"按钮，完成操作。关闭"图层01"。

STEP 03
单击 ⌐ "曲线工具"下三角按钮，在弹出的"曲线工具"拓展工具面板中单击 ◟ "偏移曲线"工具按钮，根据指令栏的提示，依次选择要偏移的曲线，按Enter键后，选择"距离"选项，在指令栏中输入"0.75"，单击以确定偏移方向，单击"加盖"将其设为"圆头"，完成操作，如图2-291所示。

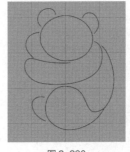

图 2-290   图 2-291

STEP 04
单击 ◐ "建立实体"下三角按钮，在弹出的"建立实体"拓展工具面板中单击 ▣ "挤出封闭的平面曲线"工具按钮，根据指令栏的提示，在Top视图中选择要挤出的平面曲线，按Enter键后，选择指令栏中的"两侧"为"否"，在指令栏的"挤出长度"处输入"4"，按Enter键完成操作，如图2-292所示。

STEP 05
单击 ◓ "可见性"工具按钮，根据指令栏的提示，按住Shift键加选所有实体物件，按Enter键完成操作。打开"图层01"，框选"图层01"中的所有曲线，按Ctrl+C和Ctrl+V组合键，将复制的曲线按照STEP 02的方法放入"图层02"中，并关闭"图层02"。

STEP 06
单击 ◿ "修剪"工具按钮，根据指令栏的提示修剪物件，完成操作，如图2-293所示。

图 2-292   图 2-293

STEP 07

单击 🖾 "组合" 工具按钮, 组合所有曲线。

STEP 08

单击 🢒 "曲线工具" 下三角按钮, 在弹出的 "曲线工具" 拓展工具面板中单击 🢒 "偏移曲线" 工具按钮, 根据指令栏的提示, 依次选择要偏移的曲线, 按Enter键后, 在指令栏中单击 "距离" 并输入 "1.25", 单击以确定偏移方向, 完成操作, 如图2-294所示。

STEP 09

单击 🖾 "建立实体" 下三角按钮, 在弹出的 "建立实体" 拓展工具面板中单击 🖿 "挤出封闭的平面曲线" 工具按钮, 根据指令栏的提示, 选择要挤出的平面曲线, 按Enter键后, 在指令栏的 "挤出长度" 处输入 "0.5", 在Top视图中单击完成操作, 如图2-295所示。

图 2-294   图 2-295

STEP 10

单击 🖾 "建立实体" 下三角按钮, 在弹出的 "建立实体" 拓展工具面板中单击 🖿 "挤出封闭的平面曲线" 工具按钮, 根据指令栏的提示, 选择要挤出的平面曲线, 按Enter键后, 在指令栏的 "挤出长度" 处输入 "2", 在Top视图中单击完成操作, 如图2-296所示。

STEP 11

单击 🖾 "建立实体" 下三角按钮, 在弹出的 "建立实体" 拓展工具面板中单击 🖿 "挤出封闭的平面曲线" 工具按钮, 根据指令栏的提示, 选择要挤出的平面曲线, 按Enter键后, 在指令栏的 "挤出长度" 处输入 "1.5", 在Top视图中单击完成操

作, 如图2-297所示。单击 "锁定格点" 将其打开, 在Top视图中将挤出的实体通过操作轴在Y轴上移动0.5mm, 使其与包边高度一致, 如图2-298所示。

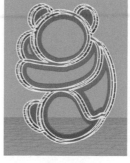 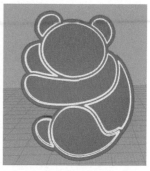

图 2-296   图 2-297

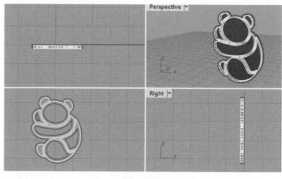

图 2-298

STEP 12

单击 🖾 "图层" 下三角按钮, 在弹出的 "图层" 拓展工具面板中单击 🖾 "更改物件图层" 工具按钮, 根据指令栏的提示, 将挤出的实体依次放进图层, 如图2-299所示。

STEP 13

单击 🢒 "控制点曲线" 工具按钮, 在Front视图中绘制图2-300所示的曲线。

 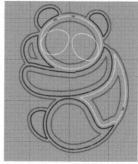

图 2-299   图 2-300

STEP 14

单击 🖾 "建立实体" 下三角按钮, 在弹出的 "建立实体" 拓展工具面板中单击 🖿 "挤出封闭的平面曲线" 工具按钮, 根据指令栏的提示, 选择要挤出的曲线, 按Enter键后, 在指令栏的 "挤出高度" 处输入 "2", 在Top视图中按Enter键完成操

作。单击"锁定格点"将其打开，在Top视图中通过操作轴在Y轴上移动0.5mm，完成操作，如图2-301所示。

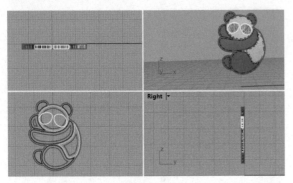

图 2-301

STEP 15

单击 "实体工具"下三角按钮，在弹出的"实体工具"拓展工具面板中单击 "布尔运算差集"工具按钮，根据指令栏的提示，选择要被减去的曲面或多重曲面，按Enter键后，在指令栏中选择"删除输入物件"为"否"，选择要减去其他物件的曲面或多重曲面，按Enter键完成操作，如图2-302所示。

STEP 16

单击 "图层"下三角按钮，在弹出的"图层"拓展工具面板中单击 "匹配物件图层"工具按钮，根据指令栏的提示，选择要改变图层的物件，按Enter键后，选择目标图层中的物件，完成操作，如图2-303所示。

图 2-302　　　　　　图 2-303

STEP 17

单击 "建立实体"下三角按钮，在弹出的"建立实体"拓展工具面板中单击 "球体:中心点、半径"工具按钮，根据指令栏的提示，在Front视图中绘制图2-304所示的球体。

图 2-304

STEP 18

单击 "立方体:角对角、高度"工具按钮，在Top视图中绘制图2-305所示的立方体，单击 "实体工具"下三角按钮，在弹出的"实体工具"拓展工具面板中单击 "布尔运算差集"工具按钮，根据指令栏的提示，选择要被减去的曲面或多重曲面，按Enter键后，在指令栏中选择"删除输入物件"为"是"，选择要减去其他物件的曲面或多重曲面，按Enter键完成操作，如图2-306所示。

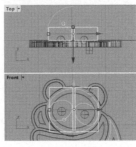

图 2-305　　　　　　图 2-306

STEP 19

单击 "从物件建立曲线"下三角按钮，在弹出的"从物件建立曲线"拓展工具面板中单击"复制边缘"工具按钮，根据指令栏的提示，复制图2-307所示的边缘。

STEP 20

单击 "分割"工具按钮，在指令栏中选择"点"选项，根据指令栏的提示，选择要分割的曲线，在要分割的曲线上单击，选择图2-308所示的两点，完成操作，如图2-308所示。

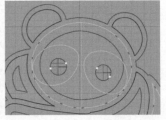

图 2-307　　　　　　图 2-308

STEP 21

单击 "曲线工具"下三角按钮，在弹出的"曲线工具"拓展工具面板中单击 "偏移曲线"工具按钮，根据指令栏的提示，依次选择要偏移的曲线，按Enter键后选择"距离"选项，在指令栏中输入"0.5"，选择"加盖"为"圆头"，单击以确定偏移方向，完成操作，如图2-309所示。

STEP 22

同理，单击 "偏移曲线"工具按钮，根据指令栏的提示，依次选择要偏移的曲线，按Enter键后选择"距离"选项，在指令栏中输入"0.25"，选择"加盖"为"圆头"，单击以确定偏移方向，完成操作，如图2-310所示。

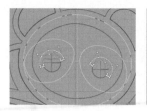
图2-309

图2-310

STEP 23

单击 "建立实体" 下三角按钮，在弹出的 "建立实体" 拓展工具面板中单击 "挤出封闭的平面曲线" 工具按钮，根据指令栏的提示，选择要挤出的曲线，按Enter键后，在指令栏的 "挤出高度" 处输入 "0.75"，按Enter键完成操作，如图2-311所示。

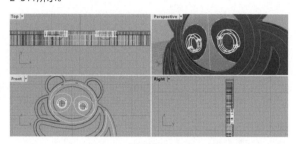
图2-311

STEP 24

单击 "修剪" 工具按钮，根据指令栏的提示完成操作，如图2-312所示。单击 "组合" 工具按钮，将曲线组合。

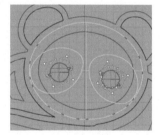
图2-312

STEP 25

单击 "建立实体" 下三角按钮，在弹出的 "建立实体" 拓展工具面板中单击 "挤出封闭的平面曲线" 工具按钮，根据指令栏的提示，选择要挤出的曲线，按Enter键后，在指令栏的 "挤出高度" 处输入 "0.3"，在Top视图中按Enter键盘完成操作，如图2-313所示。

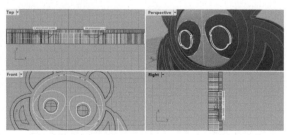
图2-313

STEP 26

选择图2-314所示的物件，在Right视图中通过操作轴将其移动到图2-315所示位置。

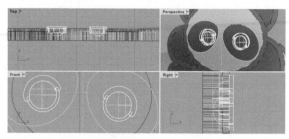
图2-314

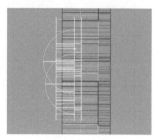
图2-315

STEP 27

选择图2-316所示的物件，按Ctrl+C和Ctrl+V组合键复制和粘贴，单击 "缩放" 下三角按钮，在弹出的 "缩放" 拓展工具面板中单击 "单轴缩放" 工具按钮，打开 "锁定格点"，根据指令栏的提示，在Right视图中以图2-317所示的点为单轴缩放第一参考点，按住Shift键进行缩放操作，完成操作，如图2-318所示。

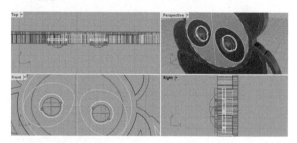
图2-316

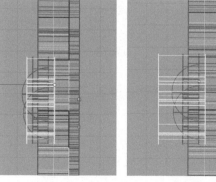

图2-317　　　　图2-318

STEP 28

单击 "实体工具" 下三角按钮，在弹出的 "实体工具" 拓展
工具面板中单击 "布尔运算差集" 工具按钮，根据指令栏的
指示，选择要减去其他物件的曲面，如图2-319所示，按Enter
键后在指令栏中选择 "删
除输入物件" 为 "是"，

图2-319

再选择要减去其他物件的
曲面，如图2-320所示，
按Enter键完成操作，如图
2-321所示。

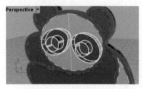 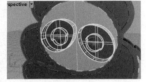

图2-320   图2-321

STEP 29

单击 "锁定格点" 将其打开，单击 "控制点曲线" 工具按
钮，在Front视图中以Z轴为起点和终点绘制图2-322所示的曲
线，单击 "曲线工具" 下三角按钮，在弹出的 "曲线工具"
拓展工具面板中单击 "偏移曲线" 工具按钮，根据指令栏的
提示，在指令栏中单击 "距离" 并输入 "0.3"，完成操作，
如图2-323所示。

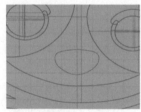 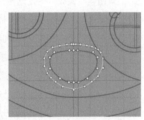

图2-322   图2-323

STEP 30

单击 "建立实体" 下三角按钮，在弹出的 "建立实体" 拓展
工具面板中单击 "挤出封
闭的平面曲线" 工具按钮，
根据指令栏的提示，在指令
栏的 "挤出长度" 处输入
"1"，按Enter键完成操作，
如图2-324所示。同理，挤
出长度为0.5mm的实体，完
成操作，如图2-325所示。

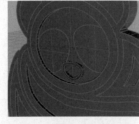

图2-324

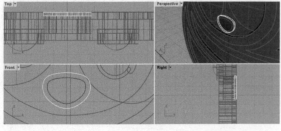

图2-325

STEP 31

勾选 "物件锁点" 中的 "四分点" 复选框，单击 "多重直
线" 工具按钮，在Front视图中绘制图2-326所示的曲线。单击
"曲线工具" 下三角按钮，在弹出的 "曲线工具" 拓展工具
面板中单击 "重建曲线" 工具按钮，根据指令栏的提示选择
曲线，按Enter键后，在弹出的 "重建" 对话框中将 "点数" 修
改为 "6"，如图2-327所示，单击 "确定" 按钮完成操作。

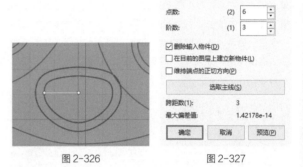

图2-326   图2-327

STEP 32

选择曲线，单击 "显示物件控制点" 工具按钮，在Top视
图中通过操作轴在Y轴移动控制点，如图2-328所示。单击
"变动" 下三角按钮，在弹出的 "变动" 拓展工具面板中单
击 "镜像" 工具按钮，根
据指令栏的提示，在Top视
图中以Y轴为对称轴镜像曲
线，完成操作，如图2-329
所示。在Top视图中将曲线
通过操作轴移动到图2-330
所示位置。

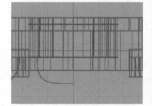

图2-328

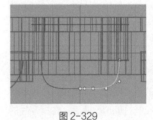 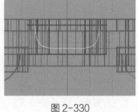

图2-329   图2-330

STEP 33

选择图2-331所示的物件，在Top视图中，通过操作轴在Y轴方
向将物件移动至图2-332所示的位置。

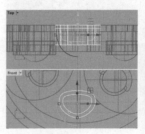 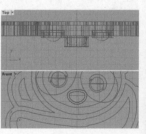

图2-331   图2-332

STEP 34

在Top视图中选择图2-333所示的曲线，通过操作轴在Y轴方向将曲线移动至图2-334所示的位置。单击 "建立曲面" 下三角按钮，在弹出的 "建立曲面" 拓展工具面板中单击 "双轨扫掠" 工具按钮，根据指令栏的提示，完成操作，如图2-335所示。

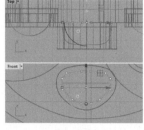
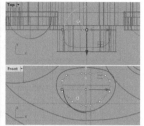

图 2-333   图 2-334

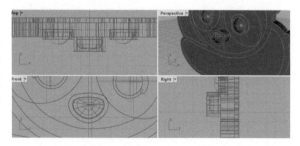

图 2-335

STEP 35

单击 "实体工具" 下三角按钮，在弹出的 "实体工具" 拓展工具面板中单击 "将平面洞加盖" 工具按钮，根据指令栏的提示，将图2-336所示的曲面加盖。单击 "缩放" 下三角按钮，在弹出的 "缩放" 拓展工具面板中单击 "单轴缩放" 工具按钮，根据指令栏的提示，在Top视图中进行缩放操作，完成操作，如图2-336所示。

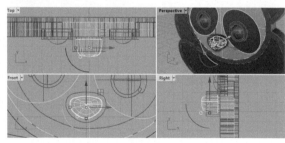

图 2-336

STEP 36

单击 "控制点曲线" 工具按钮，在Front视图中绘制图2-337所示的曲线。打开 "锁定格点"，勾选 "物件锁点" 中的 "交点" 和 "最近点" 复选框，按住Shift键，绘制图2-338所示的曲线。

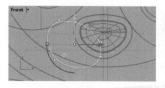
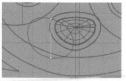

图 2-337   图 2-338

STEP 37

单击 "曲线工具" 下三角按钮，在弹出的 "曲线工具" 拓展工具面板中单击 "重建曲线" 工具按钮，根据指令栏的提示，将 "点数" 修改为 "6"，选择曲线，单击 "显示物件控制点" 工具按钮，在Right视图中调整控制点的位置，完成操作，如图2-339所示。

STEP 38

单击 "分割" 工具按钮，勾选 "物件锁点" 中的 "中点" 复选框，在指令栏中选择 "点" 选项，根据指令栏的提示分割曲线，完成操作，如图2-340所示。

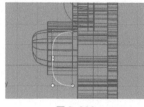
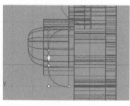

图 2-339   图 2-340

STEP 39

单击 "建立曲面" 工具下三角按钮，在弹出的 "建立曲面" 拓展工具面板中单击 "双轨扫掠" 工具按钮，根据指令栏的提示，完成操作，如图2-341所示。单击 "实体工具" 下三角按钮，在弹出的 "实体工具" 拓展工具面板中单击 "将平面洞加盖" 工具按钮，将曲面加盖。

STEP 40

单击 "变动" 下三角按钮，在弹出的 "变动" 拓展工具面板中单击 "镜像" 工具按钮，根据指令栏的提示，在Front视图中以Z轴为对称轴镜像曲面，完成操作，如图2-342所示。

图 2-341   图 2-342

STEP 41

同理，绘制图2-343所示的曲面。

STEP 42

胸针的背针如图2-344所示，这里不做详细讲解。

图 2-343

图 2-344

◆ 从断面轮廓线建立曲线

建立通过数条轮廓线的断面线，其操作步骤如下。

单击 🔪 "曲线工具"下三角按钮，在弹出的"曲线工具"拓展工具面板中单击 ☷ "从断面轮廓线建立曲线"工具按钮，根据指令栏的提示，依次选择轮廓曲线，选择断面线起点和终点（用来定义断面平面的直线起点和终点），按Enter键完成操作，如图2-345所示。

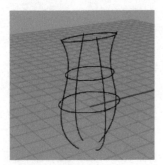

图 2-345

指令栏中的选项

封闭：若选择"是"，则建立封闭的曲线；若选择"否"，则曲线会从第一条曲线的轮廓线开始，在最后一条选择的轮廓线结束。

◆ 从两个视图的曲线建立曲线

从两个视图的平面曲线建立一条3D曲线，其操作步骤如下。

单击 🔪 "曲线工具"下三角按钮，在弹出的"曲线工具"拓展工具面板中单击 ☷ "从两个视图的曲线"工具按钮，根据指令栏的提示，选择第一条曲线和第二条曲线，完成操作，如图2-346所示。

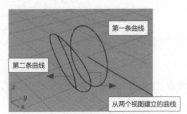

图 2-346

指令栏中的选项

方向：指定两个点设定方向。先指定基准点，再指定第二点决定方向的角度。

> **补充说明**
>
> 当知道模型的一条轮廓线在两个不同方向的效果时，可以使用以下方法建立曲线：使用AlignProfiles指令对齐两个视图中的曲线，如图2-347所示，再根据两条对齐后的曲线建立3D曲线。AlignProfiles指令未在工具列中，可直接在指令栏中输入并按Enter键后执行该指令。使用AlignProfiles指令可以将一条曲线缩放后移动至与另一条曲线对齐，以曲线的边框方块为依据，调整一条曲线的长度使其对齐另一条曲线，其操作步骤如下。
>
> ☐1 在指令栏中输入"AlignProfile"，按Enter键启用该工具。
>
> ☐2 根据指令栏的提示选择要与其对齐的曲线。
>
> ☐3 选择要变更的曲线，该曲线会被移动并缩放，使其边框方块与第一条曲线的边框方块对齐。参与调整的所有曲线必须是平面曲线，且它们所在的平面必须和世界工作平面（世界Top视图、世界Front视图、世界Right视图）平行。曲线的位移和缩放都在世界坐标轴向上。
>
>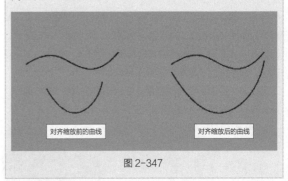
>
> 图 2-347

◆ 符合曲线方向

修改选择的曲线方向至与另一条曲线一致，其操作步骤如下。

☐1 单击 🔪 "曲线工具"下三角按钮，在弹出的"曲线工具"拓展工具面板中单击 ☷ "符合曲线方向"工具按钮，根据指令栏的提示，选择匹配方向的目标曲线，然后选择要改变方向的封闭曲线，按Enter键完成操作。

☐2 单击 ☷ "分析方向"工具按钮，根据指令栏的提示显示曲线的方向，完成操作，如图2-348所示。

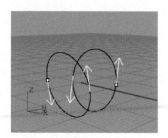

图 2-348

◆ 以公差重新逼近曲线

以设定的阶数与公差重建曲线，重建后的曲线的定义域的起点数值为0，终点数值约等于曲线的长度，节点的分布在曲率大的部分较为密集。

当输入的曲线的结构较为复杂时，得到的曲线的控制点数会比原来的曲线少。当输入的曲线的结构较为简单时，控制点的数目可能会变多。"以公差重新逼近曲线"工具常用于将结构非常复杂的曲线简化为结构较简单的曲线，其操作步骤如下。

单击 "曲线工具" 下三角按钮，在弹出的 "曲线工具" 拓展工具面板中单击 "以公差重新逼近曲线" 工具按钮，根据指令栏的提示，选择要重新逼近的曲线，按Enter键后，在指令栏中输入逼近公差，也可以通过指定两个点来设定公差，按Enter键完成操作，如图2-349所示。

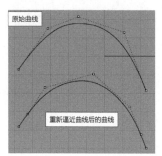

图 2-349

> **补充说明**
>
> 1. 定义域由曲线起点及终点的参数值定义。
>
> 2. 当要重新逼近的曲线为多重直线时，会以合理的控制点数量建立一条通过多重直线每一个顶点的曲线。此工具适用于控制点密集的多重直线。
>
> 3. 当要重新逼近的曲线指令是有很多控制点的曲线时，会建立一条形状与原来的曲线类似但控制点较少的曲线。

指令栏中的选项

删除输入物件：将原来的物件从文件中删除。

阶数：设定曲线或曲面的阶数。建立阶数较高的曲线时，控制点的数目必须比阶数大 1 或以上，这样得到的曲线的阶数才会是设定的阶数。

目的图层：指定指令建立物件的图层。若选择"目前的"，则在目前的图层建立物件；若选择"输入物件"，则在输入物件所在的图层建立物件；若选择"目标物件"，则在目标物件所在的图层建立物件。

◆ 整平曲线

使曲线曲率变化较大的部分变得较平滑，但曲线形状的改变会限制在公差内，其操作步骤如下。

单击 "曲线工具" 下三角按钮，在弹出的 "曲线工具" 拓展工具面板中单击 "整平曲线" 工具按钮，根据指令栏的提示，选择要整平的曲线，按Enter键后，在指令栏中输入公差，按Enter键完成操作，如图2-350所示。

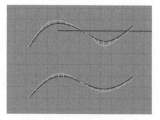

图 2-350

> **补充说明**
>
> 1. 此工具用于阶数为3的曲线时会有比较好的效果。
>
> 2. 有时候需要多次使用此工具改善曲线曲率不良的问题。
>
> 3. 在整平曲线的时候，可以单击 "分析工具" 下三角按钮，在弹出的 "分析工具" 拓展工具面板中单击 "曲率图形" 工具按钮，以便观察曲线的曲率变化。

◆ 简化直线与圆弧

将曲线上近似直线或圆弧的部分用真正的直线或圆弧取代，其操作步骤如下。

单击 "曲线工具" 下三角按钮，在弹出的 "曲线工具" 拓展工具面板中单击H "简化直线与圆弧" 工具按钮，根据指令栏的提示，选择要简化的曲线，按Enter键完成操作，如图2-351所示。

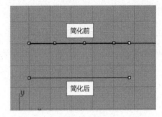

图 2-351

◆ **周期化**

移除曲线的锐角和曲面的锐边，其操作步骤如下。

单击 🗍 "曲线工具"下三角按钮，在弹出的"曲线工具"拓展工具面板中单击 ✧ "周期化"工具按钮，根据指令栏的提示，选择要周期化的曲线或曲面，按Enter键，在指令栏中选择"删除输入物件"为"否"，完成操作，如图2-352所示。

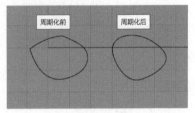

图 2-352

指令栏中的选项

平滑：控制如何移除锐角或锐边。这个选项在预选物件后再单击工具按钮时不会显示。若选择"是"，则移除所有锐角点并移动控制点得到平滑的曲线，如图2-353所示；若选择"否"，则控制点的位置不会改变，曲线的形

状只会稍微改变，只有位于曲线起点的锐角点会被移除，如图2-354所示。

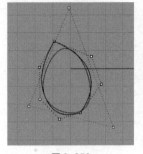

图 2-353

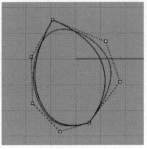

图 2-354

◆ **封闭开放的曲线**

当曲线两端的距离大于模型的绝对公差时，可以加入一条线段将曲线封闭。当曲线的距离小于模型的绝对公差时，可以将一个端点移动至另一个端点以将曲线封闭，其操作步骤如下。

单击 🗍 "曲线工具"下三角按钮，在弹出的"曲线工具"拓展工具面板中单击 ➷ "封闭开放的曲线"工具按钮，根据指令栏的提示，选择要封闭的开放曲线，按Enter键完成操作，如图2-355所示。

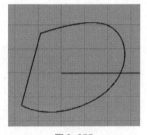

图 2-355

◆ **截断曲线**

移除曲线上两个点之间的部分，其操作步骤如下。

单击 🗍 "曲线工具"下三角按钮，在弹出的"曲线工具"拓展工具面板中单击 ⊶ "截断曲线"工具按钮，根据指令栏的提示，选择要编辑的曲线，再在曲线上选择要删除的起点和终点，完成操作，如图2-356、图2-357所示。

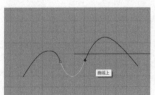

图 2-356

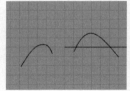

图 2-357

◆ **在曲线上插入直线**

将一条曲线上两个点之间的部分用直线取代，其操作步骤如下。

1 单击 ⌐ "曲线工具"下三角按钮，在弹出的"曲线工具"拓展工具面板中单击 ↶ "在曲线上插入直线"工具按钮。

2 根据指令栏的提示，选择要插入直线的曲线，在曲线上选择直线起点和终点，完成操作，此时两个指定点之间的曲线会被直线取代，且直线会与曲线的其他部分组合在一起，如图2-358所示。

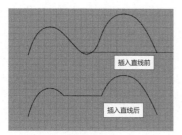

图2-358

◆ **在两条曲线之间建立均分曲线**

在两条曲线之间根据距离等分建立曲线，其操作步骤如下。

1 单击 ⌐ "曲线工具"下三角按钮，在弹出的"曲线工具"拓展工具面板中单击 ⌢ "在两条曲线之间建立均分曲线"工具按钮。

2 根据指令栏的提示，选择起点与终点曲线，在指令栏中单击"数目"并输入相应的数值（这里输入"5"），按Enter键完成操作（必要时可调整曲线的接缝或方向），如图2-359所示。

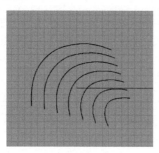

图2-359

指令栏中的选项

数目：设定在两条曲线之间建立的曲线的数量。

符合方式：设定输入的曲线的计算方式。若选择"无"，则以两条曲线相对应的控制点之间的距离均分建立中间的曲线；若选择"重新逼近"，则重新逼近输出的曲线，类似"以公差重新逼近曲线"工具的效果，建立的曲线会比较复杂；若选择"取样点"，则在输入的曲线以设定的数目建立平均分段点，以分段点为参考建立均分曲线。只建立一条均分曲线时，指令会在两条曲线上建立同样数目的平均分段点，从每组相对的点各取得一个距离中点，均分曲线会通过这一连串的点。

◆ **曲线布尔运算**

修剪、分割、组合有重叠区域的曲线，其操作步骤如下。

1 单击 ⌐ "曲线工具"下三角按钮，在弹出的"曲线工具"拓展工具面板中单击 ◌ "曲线布尔运算"工具按钮。

2 根据指令栏的提示，选择曲线，按Enter键后选择要保留的区域内部，按Enter键完成操作，如图2-360、图2-361所示。

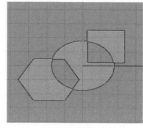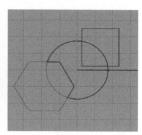

图2-360   图2-361

指令栏中的选项

删除输入物件：若选择"无"，则不删除输入的曲线；若选择"全部"，则删除全部输入的曲线；若选择"使用的"，则只删除输入曲线与新建立的曲线重叠的部分。

结合区域：若选择"是"，则只在选取的区域外围建立多重曲线。

第3章
Rhino中曲面的基本概念和应用

本章主要详细介绍曲面的知识点，并配有首饰建模案例，方便读者理解相关工具的操作方法。曲面部分的重点为曲面的基本知识、曲线与曲面之间关系、创建曲面的方法、编辑和调整曲面的方法，以及检查曲面连续性的方法。

曲面的基本知识

Rhino中的曲面分为两种：一种是NURBS曲面，另一种是Rational（有理）曲面。NURBS曲面是以数学的方式定义的曲面，可以表现简单的造型，也可以表现自由造型，但任何造型的NURBS曲面都有一个原始的矩形结构，如图3-1所示。

NURBS曲面又可分为两种：一种是周期曲面，另一种是非周期曲面。周期曲面是封闭的曲面，移动周期曲面接缝附近的控制点不会产生锐边，用周期曲线建立的曲面通常是周期曲面。非周期曲面同样是封闭的曲面，移动非周期曲面接缝附近的控制点可能会产生锐边，用非周期曲线建立的曲面通常是非周期曲面，如图3-2所示。

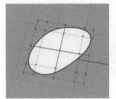

图3-1　　　　　　图3-2

补充说明

1. 周期曲线是接缝处平滑的封闭曲线，编辑接缝处附近的控制点不会产生锐角点；非周期曲线是接缝处（曲线起点和终点的位置）为锐角点的封闭曲线，移动非周期曲线接缝处附近的控制点可能会产生锐角点。

2. Rational曲面包括球体、圆柱体侧面和圆锥体，这种类型的曲面是用圆心及半径定义的，而不是用多项式定义的，如图3-3所示。

无论是NURBS曲面还是Rational曲面，都是由点和线构成的，所以构成面的关键是点和线。构成曲面的五大要素分别为控制点、结构线、曲面边缘、权重、曲面方向，下面分别详细介绍。

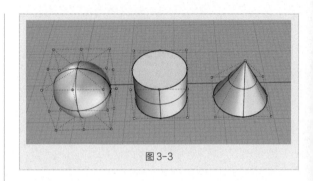

图3-3

◆ 控制点

按快捷键F10键和F11键可打开和关闭曲面控制点。曲面的控制点与曲面有着密切关系，主要体现在控制点的数目、位置及权重上。

◆ 结构线

增加曲面的控制点会相应地增加曲面的结构线，同理，要减少结构线可以移除曲面的控制点。为曲面增加一排控制点后，相应地，曲面增加了结构线，如图3-4所示。

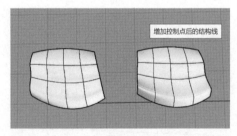

图3-4

◆ 曲面边缘

曲面的边缘是构成曲面的基本要素，调整边缘形态是使曲面成型的关键。

◆ **权重**

曲面控制点的权重是控制点对曲面的牵引力，权重的值（权值）越高，曲面会越接近控制点。在图3-5中，中间突出的控制点的权值为1.0，可以看出曲面的凸起比较低，形态较圆滑；在图3-6中，中间突出的控制点的权值为10，可以看出曲面的凸起比较高，形态较尖锐。

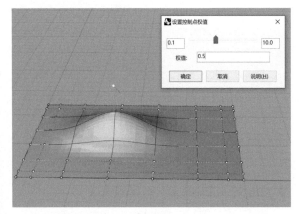

图 3-5

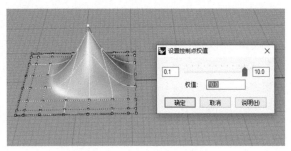

图 3-6

从以上不同权值对应的曲面可以看出，当权值小于1时，曲面形态较为圆滑；当权值大于1时，曲面形态较为尖锐。曲面上的控制点的权重主要用于调整局部的凹凸造型，在编辑上不会影响周围曲率的变化。

◆ **曲面方向**

曲面的方向会影响建立曲面和布尔运算的结果，每一个曲面起始都有矩形的结构，曲面有3个方向，分别为U、V、N（法线），可以使用"分析方向"工具显示曲面的U方向、V方向、N方向，如图3-7所示。

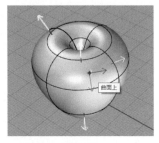

图 3-7

在图3-7中，中间十字线的坐标箭头为曲面的方向，其中U方向以红色箭头显示、V方向以绿色箭头显示、N（法线）方向以白色箭头显示。曲面的U方向、V方向会随着曲面的形状变动。可以将曲面的U方向、V方向、N方向看作一般的X方向、Y方向、Z方向，只是U方向、V方向、N方向是位于曲面的。

◆ **曲率和曲面的关系**

曲线上任何一点都有一条与该点相切的直线，也可以找到与该点相切的圆，这个圆的半径的倒数是该点的曲率。曲线上某一点的相切圆可以位于曲线的左侧或右侧，为了进行区分，将曲率加上正负符号。相切圆位于曲线左侧时，曲率为正数；相切圆位于曲线右侧时，曲率为负数。

曲面的曲率

曲面的曲率主要包括"断面曲率""主要曲率""高斯曲率""平均曲率"这4种。

断面曲率

用一条直线切割曲面时会产生一条断面线，断面线的曲率就是这个曲面在这个位置的断面曲率，如图3-8所示。

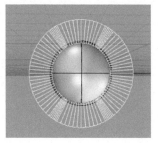

图 3-8

曲面上任意一点的断面曲率不是唯一的，这个曲率有正有负，由通过这一点的断面决定。用不同方向的平面切曲面上的同一点，会产生不同的断面线，每一条断面线在该点的曲率都不相同，但其中必定有一个最大值和一个最小值。

主要曲率

曲面上一个点的最大曲率和最小曲率称为主要曲率，高斯曲率和平均曲率都是通过最大主要曲率与最小主要曲率计算而来的。

高斯曲率

高斯曲率是曲面上一个点的最大主要曲率与最小主要曲率的乘积。当高斯曲率为正数时，代表曲面上该点的最大主要曲率与最小主要曲率的断面线往曲面的同一侧弯曲；当高斯曲率为负数时，代表曲面上该点的最大主要曲率与最小主要曲率的断面线往曲面的不同侧弯曲；当高斯曲率为0时，代表曲面上该点的最大主要曲率与最小主要曲率的断面线之一是直的（曲率为0）。

平均曲率

平均曲率是曲面上一个点的最大主要曲率与最小主要曲率的平均数。当曲面上一个点的平均曲率为0时，该点的高斯曲率可能是负数或0。一个曲面上任何点的平均曲率都是0的曲面称为极小曲面，一个曲面上任何点的平均曲率都是固定值的曲面称为定值平均曲率（CMC）曲面。CMC曲面上任一点的平均曲率都一样，极小曲面是CMC曲面的一种，也就是曲面上任何点的曲率都是0的曲面。

曲面的连续性

Rhino曲面建模包括由线到面的过程，所以曲线之间的关系直接决定了曲面建模的结果。曲线的连续性分为G0、G1和G2这3种，因此曲面的连续性也分为以下3种。

曲面连续

如果两个曲面相接的边缘处的斑马纹相互错开，代表两个曲面以G0（位置）连续性相接，如图3-9所示。

相切但曲率不同

如果两个曲面相接边缘处的斑马纹相接但有锐角，两个曲面的相接边缘位置相同，切线方向也一样，意味着两个曲面以G1（位置+相切）连续性相接，如图3-10所示。

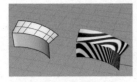 

图3-9 图3-10

相切且位置和曲率相同

如果两个曲面相接边缘处的斑马纹平顺地连接，两个曲面的相接边缘除了位置和切线方向相同以外，曲率也相同，意味着两个曲面以G2（位置+相切+曲率）连续性相接，如图3-11所示。

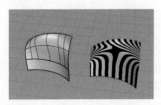

图3-11

◆ 曲面的控制点与曲面的关系

曲面的控制点也叫CV，是曲面的基础，因此调节曲面最直观的方法就是调节曲面的控制点。控制点的使用主要体现在以下两个方面。

调节曲面的控制点的数量

通过移动控制点来调节曲面形态的前提条件是曲面的控制点不能过多也不能过少，否则无法进行调节。曲面的控制点的多少需要根据曲面的具体形态而定，设计师需要有一定的操作经验。

利用控制点调节曲面形态

和曲线相同，可以通过移动控制点来调节曲面形态。但这种方法对曲面控制点有一定要求，如果控制点太多，调节将会复杂，不建议初学者尝试。另外还要注意，通过移动控制点来调节曲面形态时，将删除曲面的建构历史。

◆ 曲面控制点的权重与曲面的关系

曲面控制点权重与曲线的权重一样，只要打开控制点，就可以对需要编辑的点进行权重调节。曲面控制点的权重的作用与曲线类似，都能在不改变控制点的数量和排列的基础上改变曲面的形态。一般情况下不需要调节曲面的控制点的权重，因为曲面的控制点一般都不在曲面上。调节控制点对曲面的曲率影响较大，很多时候都会使曲面发生无法控制的形变。

◆ 曲面的阶数与曲面的关系

曲面的阶数与曲线的阶数类似，但曲面的阶数更复杂。一条曲线只有一个阶数，而一个曲面有两个阶数，分别为U方向、V方向的阶数。两个方向可以独立确定阶数，互不影响，所以排列组合的可能就很多。因为曲面主要分为1~3阶，所以暂时就是1阶、2阶、3阶来组合。两个方向都是1阶，这个面就是平面；如果两个方向中有1个方向是1阶，另一个方向是2阶以上，这个面就是单曲面；两个方向都是2阶以上，这个面就是双曲面。与曲线类似，当改变曲面的阶数时，曲面有可能发生变化。阶数上升时，曲面不发生变化，只是曲面的控制点会增加；阶数下降时，每降一阶，曲面就变化一次，直至变成平面。

建立曲面

建立曲面的方法主要有由点建面、由线建面，以及挤出成曲面等，下面将做详细讲解。

◆ 由点建面

在Rhino中，由点建面的方式主要有通过3个或4个角建立曲面、建立矩形平面、建立垂直平面和通过数个点建立平面。

通过3个或4个角建立曲面

指定3个或4个角来建立曲面。三角形的曲面必然位于同一平面内，但四角形的曲面可位于不同的平面内。操作步骤如下。

单击 "指定3个或4个角建立曲面" 工具按钮，根据指令栏的提示，指定曲面的第一角、第二角、第三角和第四角，完成操作，如图3-12所示。

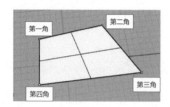

图3-12

建立矩形平面

建立矩形平面有两种方式：一种是指定矩形的对角点，也就是使用 "矩形平面:角对角" 工具，如图3-13所示；另一种是指定矩形一条边的两个端点和对边上的一点，也就是使用 "矩形平面:三点" 工具，如图3-14所示。

图3-13

图3-14

矩形平面：角对角

通过指定对角的方式来建立矩形平面的操作步骤如下。

单击 "建立曲面" 下三角按钮，在弹出的 "建立曲面" 拓展工具面板中单击 "矩形平面:角对角" 工具按钮，根据指令栏的提示，指定平面的第一角和另一角或长度，完成操作，如图3-15所示。

指令栏中的选项

可塑形的：设定平面U方向、V方向的阶数与点数。

阶数：设定曲线或曲面的阶数。建立阶数较高的曲面时，控制点的数目必须比阶数大 1 或以上，这样得到的曲面的阶数才会是设定的阶数。

点数：设定控制点的数目。

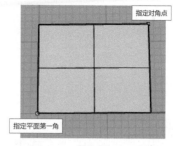

图3-15

矩形平面：三点

通过指定三个点的方式来建立矩形平面的操作步骤如下。

单击 "建立曲面" 下三角按钮，在弹出的 "建立曲面" 拓展工具面板中单击 "矩形平面:三点" 工具按钮，根据指令栏的提示，指定边缘起点、终点和宽度，完成操作，如图3-16所示。

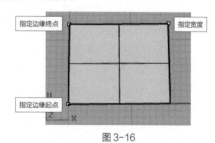

图3-16

建立垂直平面

如果要建立一个与工作平面垂直的矩形，可以使用 "垂直平面" 工具，其操作步骤如下。

单击 "建立曲面" 下三角按钮，在弹出的 "建立曲面" 拓展工具面板中单击 "垂直平面" 工具按钮，根据指令栏的提示，指定边缘起点、终点和高度，完成操作，如图3-17所示。

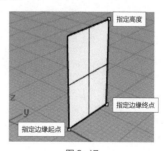

图3-17

通过数个点建立曲面

通过3个点可以建立曲面，因此在Rhino中，当视图中存在3个或以上点物件时，可以使用"逼近数个点的平面"工具来建立一个逼近数个点物件、控制点、网格顶点或点云的平面，其操作步骤如下。

单击 "建立曲面"下三角按钮，在弹出的"建立曲面"拓展工具面板中单击 "逼近数个点的平面"工具按钮，根据指令栏的提示，选择平面要逼近的点、点云或网格，按Enter键完成操作，如图3-18所示。

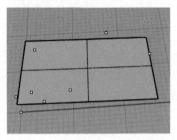

图3-18

补充说明

无论有多少个点或点的排布多么不规律，Rhino会自动选取上、下、左、右4个方向上最靠外的点创建矩形平面。

◆ **由线建面**

由线建立曲面时主要使用两个工具：一个是"以平面曲线建立曲面"工具，另一个是"以二、三或四个边缘曲线建立曲面"工具。下面依次介绍这两种工具。

以平面曲线建立曲面

以一条或数条可以形成封闭的平面区域的曲线为边界建立平面，其操作步骤如下。

单击 "建立曲面"下三角按钮，在弹出的"建立曲面"拓展工具面板中单击 "以平面曲线建立曲面"工具按钮，根据指令栏的提示，选择用于建立曲面的平面曲线，按Enter键完成操作，如图3-19所示。

图3-19

补充说明

1. 如果曲线有部分重叠，则每条曲线都会建立一个平面。

2. 如果一条曲线完全位于另一条曲线内，则会建立一个中间有洞的平面，如图3-20所示。

图3-20

以二、三或四个边缘曲线建立曲面

以两条、三条或四条曲线建立曲面，其操作步骤如下。

单击 "建立曲面"下三角按钮，在弹出的"建立曲面"拓展工具面板中单击 "以二、三或四个边缘曲线建立曲面"工具按钮，根据指令栏的提示，单击选取两、三或四条开放的曲线，完成操作，如图3-21所示。

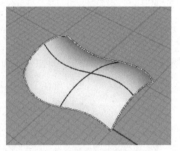

图3-21

补充说明

1. 可以使用曲面的边缘作为建立新曲面的曲线。

2. 用封闭的平面曲线建立曲面，可以使用"以平面曲线建立曲面"工具。

◆ **挤出成曲面**

挤出主要分为挤出曲线和挤出曲面。下面主要介绍挤出曲线，包括直线挤出、沿着曲线挤出、挤出带状曲面。

直线挤出

将曲线往单一方向挤出建立曲面，其操作步骤如下。

单击 "建立曲面"下三角按钮，在弹出的"建立曲面"拓展工具面板中单击 "直线挤出"工具按钮，根据指令栏的提示，选择要挤出的曲线，按Enter键，在指令栏的"挤出长度"处输入"5"，按Enter键完成操作，如图3-22所示。

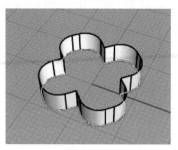

图 3-22

补充说明

1. 非平面曲线可以使用工作视窗的工作平面Z轴作为预设的挤出方向。平面曲线的挤出方向则为与曲线平面垂直的方向。

2. 使用此工具挤出曲线时挤出方向不会改变。

3. 如果输入的是非平面的多重曲线，或是平面的多重曲线但挤出的方向未与曲线平面垂直，建立的会是多重曲面而不是挤出物件。

指令栏中的选项

设定基准点：指定一个点，这个点是以两个点设定挤出距离的第一个点。

方向：指定两个点设定方向。

两侧：在起点的两侧建立物件，建立的物件长度为指定长度的两倍，如图3-23所示。

实体：如果挤出的曲线是封闭的平面曲线，挤出后的曲面两端会各建立一个平面，并将挤出的曲面与两端的平面组合为封闭的多重曲面，如图3-24所示。

至边界：挤出至边界曲面。

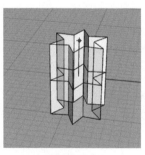   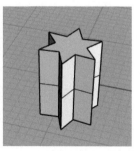

图 3-23   图 3-24

沿着曲线挤出

将曲线沿着另一条曲线挤出建立曲面，其操作步骤如下。

单击 "建立曲面"下三角按钮，在弹出的"建立曲面"拓展工具面板中单击 "沿着曲线挤出"工具按钮，

根据指令栏的提示，选择要挤出的曲线，按Enter键后选择路径曲线，路径曲线要靠近起点的位置，完成操作，如图3-25所示。

靠近起点的位置

图 3-25

指令栏中的选项

实体：如果挤出的曲线是封闭的平面曲线，挤出后的曲面两端会各建立一个平面，并将挤出的曲面与两端的平面组合为封闭的多重曲面。

删除输入物件：将原来的物件从文件中删除。

子曲线：在路径曲线上指定两个点为曲线挤出的范围。曲线是由它所在的位置为挤出的原点，而不是从路径曲线的起点开始挤出，在路径曲线上指定的另一点只决定沿着路径曲线挤出的距离，如图3-26所示。

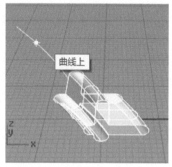

曲线上

图 3-26

补充说明

1. 非平面的曲线使用工作视窗的工作平面Z轴作为预设的挤出方向。平面曲线的挤出方向则是与曲线所在平面垂直的方向。

2. 使用此工具挤出曲线时挤出方向不会改变。

3. 如果输入的是非平面的多重曲线或是平面的多重曲线但挤出的方向未与曲线平面垂直，建立的会是多重曲面而非挤出物件。

挤出带状曲面

将曲线偏移，并在两条曲线之间建立规则的曲面，其操作步骤如下。

单击 ✏ "建立曲面"下三角按钮，在弹出的"建立曲面"拓展工具面板中单击 ✏ "彩带"工具按钮，根据指令栏的提示，选择要建立彩带的曲面，选择偏移侧，完成操作，如图3-27所示。

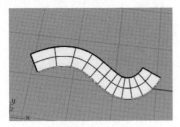

图3-27

指令栏中的选项

距离：设定偏移的距离。

角：设定角如何偏移。若选择"锐角"，则将曲线延伸，以位置连续（G0）填补偏移产生的缺口；若选择"圆角"，则以正切连续（G1）的圆角曲线填补偏移产生的缺口；若选择"平滑"，则以曲率连续（G2）的混接曲线填补偏移产生的缺口；若选择"斜角"，则以直线填补偏移产生的缺口。

通过点：指定偏移曲线的通过点，而不使用输入数值的方式设定偏移距离。

公差：设定曲线偏移的公差。

两侧：将曲线往两侧偏移。

与工作平面平行：若选择"否"，则在曲线平面上偏移曲线（仅适用于平面曲线）；若选择"是"，则往与工作平面平行的方向偏移曲线。

◆ **旋转成形和沿着路径旋转**

旋转成形

用一条轮廓曲线绕着旋转轴旋转建立曲面，其操作步骤如下。

1️⃣ 单击 ✏ "建立曲面"下三角按钮，在弹出的"建立曲面"拓展工具面板中单击 ♟ "旋转成形"工具按钮。

2️⃣ 根据指令栏的提示，选择要旋转的曲线，按Enter键后选择旋转轴的起点和终点，在指令栏的"起始角度"处输入"0"，按Enter键，在指令栏的"旋转角度"处输入"360"，按Enter键完成操作，如图3-28所示。

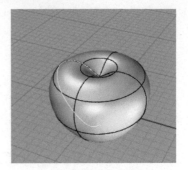

图3-28

指令栏中的选项

删除输入物件：将原来的物件从文件中删除。

可塑形的：若选择"否"，则以圆旋转建立曲面，建立的曲面为有理曲面，这个曲面在四分点的位置是完全重数节点，这样的曲面在编辑控制点时可能会产生锐边。若选择"是"，则重建旋转成形曲面的环绕方向为3阶，为非有理曲面，这样的曲面在编辑控制点时可以平滑地变形。

点数：设定控制点的数目。

360度：快速设定旋转角度为360度，而不必输入角度值。使用这个选项以后，下次再执行这个指令时，预设的旋转角度为360度。

设定起始角度：若选择"否"，则从0度（输入曲线的位置）开始旋转；若选择"是"，则指定旋转的起始角度（从输入曲线的位置开始算的角度）。

沿着路径旋转

用一条轮廓曲线沿着一条路径曲线，同时绕着中心轴旋转建立曲面，其操作步骤如下。

1️⃣ 单击 ✏ "建立曲面"下三角按钮，在弹出的"建立曲面"拓展工具面板中右击 ♟ "沿着路径旋转"工具按钮。

2️⃣ 根据指令栏的提示，依次选择轮廓曲线和路径曲线，如图3-29所示。根据指令栏的提示指定路径旋转轴起点和终点（这里指Right视图中的Z轴），完成操作，如图3-30所示。

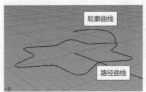

图3-29　　　　　　　　　图3-30

指令栏中的选项

缩放高度：轮廓曲线除了沿着路径旋转以外，同时会以中心轴的起点为基准点进行缩放。如果路径曲线是平面曲线，而且与中心轴垂直，那么使用"缩放高度"与否得到的结果是一样的，这也是以沿着路径旋转建立曲面常见的情形。如果路径曲线不是平面曲线，而且需要轮廓曲线在沿着路径旋转时靠着中心轴的端点高度固定，则可以使用"缩放高度"选项。使用"缩放高度"选项时，旋转轴起点的位置非常重要，因为这个点是轮廓曲线垂直缩放的基准点。轮廓曲线必须放在路径曲线的起点才能得到正确的结果，因为路径曲线的起点是轮廓曲线水平缩放的第一参考点。图3-31所示为"缩放高度"选"是"的效果，图3-32所示为"缩放高度"选"否"的效果。

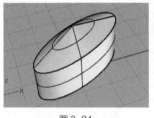 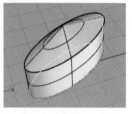

图 3-31　　　　　　　　　　图 3-32

💎 首饰案例：孔雀石镶嵌锁骨链建模

本例创建的锁骨链如图3-33所示。

图 3-33

STEP 01

单击"锁定格点"将其打开，单击 "控制点曲线"工具按钮，在Front视图中以Z轴为中心点绘制圆形，单击 "阵列"下三角按钮，在弹出的"阵列"拓展工具面板中单击 "环形阵列"工具按钮，根据指令栏的提示，在Front视图中以（0，0）点为阵列中心、4为阵列数进行阵列，完成操作，如图3-34所示。

STEP 02

单击 "修剪"工具按钮，根据指令栏的提示，修剪出图3-35所示的曲线，单击 "组合"工具按钮，将曲线组合。

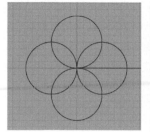 

图 3-34　　　　　　　　　　图 3-35

STEP 03

单击 "显示物件控制点"工具按钮，单击 "三轴缩放"工具按钮，根据指令栏的提示，选择图3-36所示的控制点，在Front视图中以（0，0）点为缩放中心，将曲线缩放至图3-37所示效果。

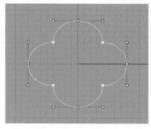 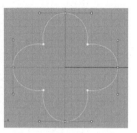

图 3-36　　　　　　　　　　图 3-37

STEP 04

勾选"物件锁点"中的"四分点"复选框，单击 "显示物件控制点工具"按钮，在Right视图中绘制图3-38所示的曲线。

STEP 05

单击 "建立曲面"下三角按钮，在弹出的"建立曲面"拓展工具面板中右击 "沿着路径旋转"工具按钮，根据指令栏的提示，完成操作，如图3-39所示。

 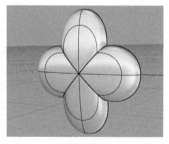

图 3-38　　　　　　　　　　图 3-39

STEP 06

单击 "变动"下三角按钮，在弹出的"变动"拓展工具面板中单击 "镜像"工具按钮，根据指令栏的提示，在Right视图中以Z轴为对称轴镜像物件，完成操作，如图3-40所示。

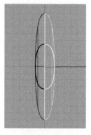

图 3-40

STEP 07

单击 🔧 "组合"工具按钮，将图3-40所示的两部分组合，单击 🔧 "图层"下三角按钮，在弹出的"图层"拓展工具面板中单击 🔧 "更改物件图层"工具按钮，根据指令栏的提示，将组合好的曲面放入图层，完成操作，如图3-41所示。

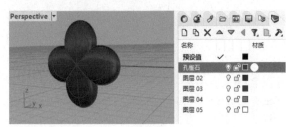

图 3-41

STEP 08

单击 🔧 "圆:中心点、半径"工具按钮，在Front视图中绘制图3-42所示的圆形。

STEP 09

单击 🔧 "建立曲面"下三角按钮，在弹出的"建立曲面"拓展工具面板中右击 🔧 "沿着路径旋转"工具按钮，根据指令栏的提示，完成操作，如图3-43所示。

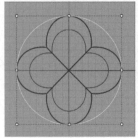 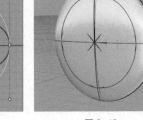

图 3-42　　　　　　　　　图 3-43

STEP 10

单击 🔧 "隐藏物件"工具按钮，根据指令栏的提示将STEP 09中建立的曲面隐藏。单击 🔧 "三轴缩放"工具按钮，根据指令栏的提示，选择要缩放的曲线，如图3-44所示，按Enter键，在指令栏中选择"复制"为"是"，在Front视图中以（0，0）点为缩放中心将曲线缩放至图3-45所示效果。

 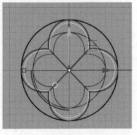

图 3-44　　　　　　　　　图 3-45

STEP 11

右击 🔧 "显示物件"工具按钮，再单击 🔧 "修剪"工具按钮，根据指令栏的提示，完成操作，如图3-46所示。

STEP 12

单击 🔧 "变动"下三角按钮，在弹出的"变动"拓展工具面板中单击 🔧 "镜像"工具按钮，根据指令栏的提示，在Right视图中以Z轴为对称轴镜像物件，如图3-47所示。单击 🔧 "组合"工具按钮，将镜像的两部分组合。

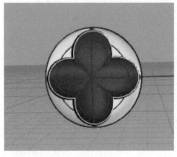 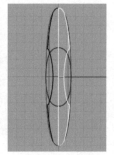

图 3-46　　　　　　　　　图 3-47

STEP 13

单击 🔧 "曲面工具"下三角按钮，在弹出的"曲面工具"拓展工具面板中单击 🔧 "偏移曲面"工具按钮，根据指令栏的提示，单击"距离"并输入"0.5"，选择"实体"为"是"，完成操作，如图3-48所示。

STEP 14

单击 🔧 "建立实体"下三角按钮，在弹出的"建立实体"拓展工具面板中单击 🔧 "球体:中心点、半径"工具按钮，在Front视图中以（0，0）为球心、1.25mm为半径绘制球体；在Right视图中通过操作轴在Y轴上单轴缩放球体，如图3-49所示。

 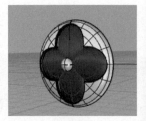

图 3-48　　　　　　　　　图 3-49

STEP 15

单击 🔧 "变动"下三角按钮，在弹出的"变动"拓展工具面板中单击 🔧 "镜像"工具按钮，根据指令栏的提示，在Right视图中以Z轴为对称轴镜像球体，完成操作，如图3-50所示。

STEP 16

单击 🔧 "建立实体"下三角按钮，在弹出的"建立实体"拓展工具面板中单击 🔧 "圆柱体"工具按钮，根据指令栏的提示，在Front视图中以（0，0）为圆心、0.4mm为半径，在指令栏中选择"两侧"为"是"，将"高度"设为"3mm"，绘制圆柱，如图3-51所示。

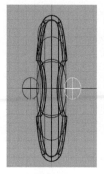
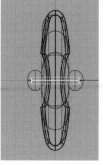

图 3-50 图 3-51

STEP 17

执行"文件"｜"导入"菜单命令，在弹出的"导入"对话框中，选择宝石文件将其导入，如图3-52所示。

STEP 18

单击"正交"将其打开，在Right视图中，通过操作轴将宝石旋转90度，单击"多重直线"工具按钮，在Top视图中绘制图3-53所示的曲线。

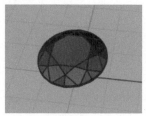
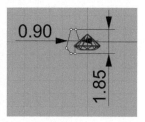

图 3-52 图 3-53

STEP 19

单击"建立曲面"工具下三角按钮，在弹出的"建立曲面"拓展工具面板中单击"旋转成形"工具按钮，根据指令栏的提示，在Top视图中以Y轴为旋转轴旋转出图3-54所示的曲面。

STEP 20

单击"控制点曲线"工具按钮，在Front视图中绘制图3-55所示的曲线。选择曲线，在指令栏中输入"length"，按Enter键后指令栏会显示曲线的长度，如图3-56所示。

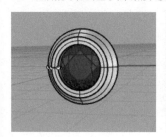
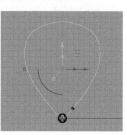

图 3-54 图 3-55

曲线的积累长度 = 467.06 毫米 (共 2 条曲线)

图 3-56

STEP 21

单击"建立实体"下三角按钮，在弹出的"建立实体"拓展工具面板中单击"环状体"工具按钮，在Front视图中绘制第一半径为0.3mm、第二半径为0.15mm的环状体，完成操作，如图3-57所示。

STEP 22

绘制O字链，如图3-58所示。

图 3-57 图 3-58

◆ 单轨扫掠

沿着一条路径扫掠通过数条定义曲面形状的断面曲线建立曲面，其操作步骤如下。

1 单击"建立曲面"下三角按钮，在弹出的"建立曲面"拓展工具面板中单击"单轨扫掠"工具按钮。

2 根据指令栏的提示，依次选择路径和断面曲线（依照曲面通过的顺序选择数条断面曲线），如图3-59所示，按Enter键，根据指令栏的提示调整曲线接缝点。

3 在弹出的"单轨扫掠选项"对话框中进行相关设置，单击"确定"按钮完成操作，如图3-60所示。

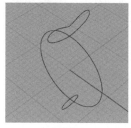
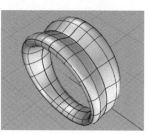

图 3-59 图 3-60

调整曲线接缝

选择封闭曲线的接缝标记点，沿着曲线移动接缝，调整每一条封闭曲线的接缝，将所有接缝对齐，按Enter键完成操作，如图3-61所示。

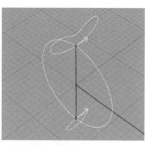

图 3-61

调整接缝选项

反转：反转曲线的方向。

自动：自动调整曲线接缝的位置及曲线的方向。

原本的：按原来的曲线接缝位置及曲线方向运行。

指令栏中的选项

连锁边缘：连锁选取曲线或边缘，在可以使用连锁选取的工具（例如"组合"工具）的指令栏中输入"chain"，根据指令栏的提示选择第一个连锁段。

连锁边缘选项

自动连锁：选择一条曲线或曲面边缘可以自动选取所有与它以"连锁连续性"选项设定的连续性相接的线段。

连锁连续性：设定"自动连锁"选项使用的连续性。

方向：若选择"向前"，则选择第一个连锁段正方向的曲线或边缘段；若选择"向后"，则选择第一个连锁段负方向的曲线或边缘段；若选择"两方向"，则选择第一个连锁段正、负两个方向的曲线或边缘段。

接缝公差：如果两条曲线或两个边缘的端点距离比这个数值小，连锁选择会忽略这个接缝，继续选择下一个连锁段，如图3-62所示。

角度公差：如果"连锁连续性"为"正切"，则两条曲线或两个边缘段接点的差异角度小于这个设定值时会被视为正切，如图3-63所示。

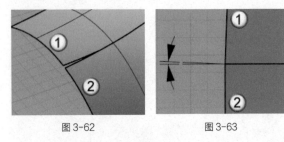

图 3-62　　　　　　　图 3-63

复原：依序复原最后选择的线段。

下一个：选择下一个线段。

全部：选择所有线段。

"单轨扫掠选项"对话框中的选项

自由扭转：扫掠建立的曲面会随着路径曲线扭转，如图3-64所示。

走向Top：断面曲线在扫掠时与Top视图工作平面的角度维持不变，如图3-65所示。

走向Right：断面曲线在扫掠时与Right视图工作平面的角度维持不变。

走向Front：断面曲线在扫掠时与Front视图工作平面的角度维持不变。

封闭扫掠：当路径为封闭曲线时，曲面扫掠过最后一条断面曲线后会再回到第一条断面曲线，至少需要选择两条断面曲线才能使用这个选项。

整体渐变：曲面断面的相撞以线性渐变的方式从起点的断面曲线扫掠至终点的断面曲线。使用这个选项时，曲面的断面形状在起点与终点附近的形状变化较小，在路径中段的变化较大。选择"打开"的效果如图3-66所示，选择"关闭"的效果如图3-67所示。

对齐曲面：路径曲线为曲面边缘时，断面曲线扫掠时相对于曲面的角度维持不变。如果断面曲线与边缘路径的曲面正切，建立的扫掠曲面也会与该曲面正切。选择"打开"的效果如图3-68所示，选择"关闭"的效果如图3-69所示。

未修剪斜接：如果建立的曲面是多重曲面，多重曲面中的个别曲面都是未修剪的曲面，选择"打开"的效果如图3-70所示，选择"关闭"的效果如图3-71所示。

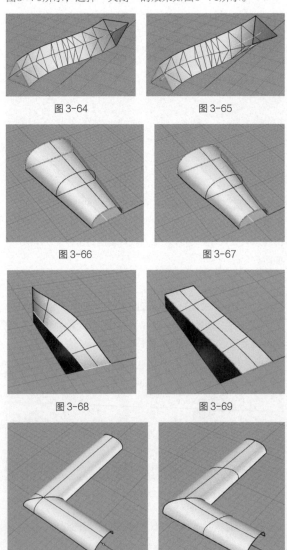

图 3-64　　　　　　　图 3-65

图 3-66　　　　　　　图 3-67

图 3-68　　　　　　　图 3-69

图 3-70　　　　　　　图 3-71

对齐断面：反转曲面扫掠过断面曲线的方向。

不要简化：建立曲面之前不对断面曲线做简化。

重建点数：建立曲面之前以设定的控制点数重建所有的断面曲线。如果断面曲线是有理曲线，重建后会成为非有理曲线，使"连锁连续性"选项可以使用。

重新逼近公差：建立曲面之前以设定的公差重新逼近所有的断面曲线。如果断面曲线是有理曲线，重建后会成为非有理曲线，使"连锁连续性"选项可以使用。

最简扫掠：当所有的断面曲线都放在路径曲线的编辑点上时，可以使用这个选项建立结构最简单的曲面，曲面的路径方向的结构会与路径曲线完全一致。

正切点不分割：将路径曲线重新逼近，功能类似"重新逼近曲线"工具。

预览：在工作视窗里预览结果。

补充说明

1. 只有每条断面曲线的结构都相同，才可以建立良好的扫掠曲面。使用"重新逼近公差"选项时，所有的断面曲线会以3阶曲线重新逼近。未使用"重新逼近公差"选项时，所有断面曲线的阶数与节点一致，但形状不会改变。也可以使用"重新逼近公差"选项设定断面曲线重新逼近的公差，但逼近路径曲线是由文件属性>单位>绝对公差控制的。

2. 以封闭的路径曲线建立封闭的扫掠曲面时，选择的第一条断面曲线也是最后一条断面曲线。

◆ 首饰案例：对戒建模

本例创建的对戒如图3-72所示。

图3-72

STEP 01

单击"锁定格点"将其打开，单击⊘"圆:中心点、半径"工具按钮，在Front视图中以（0，0）为圆心绘制半径为8.5mm的圆，如图3-73所示。

STEP 02

单击✄"分割"工具按钮，在指令栏中选择"点"选项，并勾选"物件锁点"中的"四分点"复选框，根据指令栏的提示，将圆分割为图3-74所示的半圆。

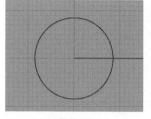 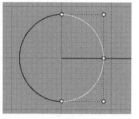

图3-73   图3-74

STEP 03

单击▢"矩形"下三角按钮，在弹出的"矩形"拓展工具面板中单击▢"圆角矩形"工具按钮，在指令栏中选择"中心点"选项，在Right视图中绘制图3-75所示的圆角矩形。

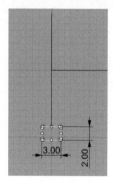

图3-75

STEP 04

单击⌇"控制点曲线"工具按钮，在Right视图中以Z轴为起点和终点绘制图3-76所示的曲线。单击⋀"多重直线"工具按钮，绘制图3-77所示的线段。单击⛓"组合"工具按钮将曲线组合。

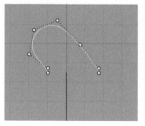 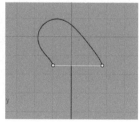

图3-76   图3-77

STEP 05

单击 "曲线工具" 下三角按钮，在弹出的 "曲线工具" 拓展工具面板中单击 "全部圆角" 工具按钮，根据指令栏的提示调整曲线圆角，如图3-78所示。

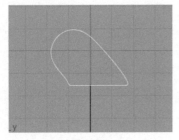

图 3-78

STEP 06

勾选 "物件锁点" 中的 "四分点" 复选框，单击 "2D旋转" 工具按钮，根据指令栏的提示，选择要旋转的物件，如图3-79所示。按Enter键，根据指令栏的提示，在Right视图中选择旋转中心，将物件旋转至图3-80所示位置。

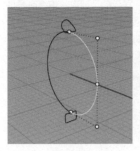

图 3-79   图 3-80

STEP 07

单击 "2D旋转" 工具按钮，根据指令栏的提示，选择要旋转的物件，如图3-81所示。按Enter键，根据指令栏的提示，在Front视图中选择旋转中心，将物件旋转至图3-82所示位置。

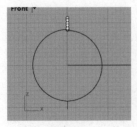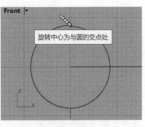

图 3-81   图 3-82

STEP 08

单击 "建立曲面" 下三角按钮，在弹出的 "建立曲面" 拓展工具面板中单击 "单轨扫掠" 工具按钮，根据指令栏的提示，分别选择路径曲线和断面曲线，调整接缝方向和位置，如图3-83所示。按Enter键完成操作，如图3-84所示。

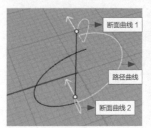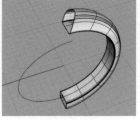

图 3-83   图 3-84

STEP 09

同理，绘制图3-85所示的曲面。

STEP 10

单击 "组合" 工具按钮，将曲面组合。单击 "实体工具" 下三角按钮，在弹出的 "实体工具" 拓展工具面板中单击 "将平面洞加盖" 工具按钮，根据指令栏的提示完成操作，如图3-86所示。

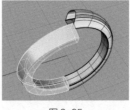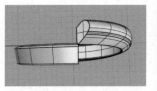

图 3-85   图 3-86

STEP 11

同理，绘制图3-87所示的曲线。单击 "建立曲面" 下三角按钮，在弹出的 "建立曲面" 拓展工具面板中单击 "单轨扫掠" 工具按钮，根据指令栏的提示分别完成操作，如图3-88所示。单击 "组合" 工具按钮，将曲面组合。

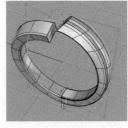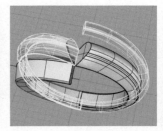

图 3-87   图 3-88

STEP 12

单击 "实体工具" 下三角按钮，在弹出的 "实体工具" 拓展工具面板中单击 "将平面洞加盖" 工具按钮，根据指令栏的提示完成操作，如图3-89所示。

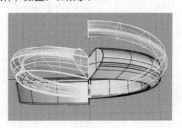

图 3-89

◆ 双轨扫掠

沿着两条路径扫掠通过数条定义曲面形状的断面曲线建立曲面，其操作步骤如下。

单击 ✎ "建立曲面"下三角按钮，在弹出的"建立曲面"拓展工具面板中单击 ♪ "双轨扫掠"工具按钮，根据指令栏的提示，依次选择第一条路径、第二条路径，再依次选择断面曲线，按Enter键，移动曲线接缝点，按Enter键完成操作，如图3-90所示。

调整曲线接缝

选择封闭曲线的接缝标记点，沿着曲线移动接缝。调整每一条封闭曲线的接缝，将所有接缝对齐，按Enter键完成操作，如图3-91所示。

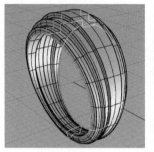 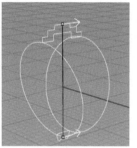

图 3-90　　　　　图 3-91

调整接缝选项

反转：反转曲线的方向。

自动：自动调整曲线接缝的位置及曲线的方向。

原本的：按原来的曲线接缝位置及曲线方向运行。

指令栏中的选项

点：建立以点开始或结束的曲面，这个选项只能用于曲面开始或结束的位置。

"双轨扫掠选项"对话框中的选项

不要更改断面：在不更改断面线形状的前提下创建扫掠。

重建断面点数：在扫掠之前重建断面曲线的控制点。

重新逼近断面公差：建立曲面之前以设定的公差重新逼近所有的断面曲线。如果断面曲线是有理曲线，重建后会成为非有理曲线，使"边缘连续性"选项可以使用。

维持第一个断面形状：使用正切或曲率连续计算扫掠曲面边缘的连续性时，建立的曲面可能会脱离输入的断面曲线，勾选这个复选框可以强迫扫掠曲面的开始边缘符合第一条断面曲线的形状。

维持最后一个断面形状：使用正切或曲率连续计算扫掠曲面边缘的连续性时，建立的曲面可能会脱离输入的断面曲线，勾选这个复选框可以强迫扫掠曲面的开始边缘符合最后一条断面曲线的形状。

保持高度：在预设的情形下，扫掠曲面的断面会随着两条路径曲线的间距调整宽度和高度，勾选"保持高度"复选框，可以固定扫掠曲面的断面高度不随着两条路径曲线的间距变化。选择"打开"的效果如图3-92所示，选择"关闭"的效果如图3-93所示。

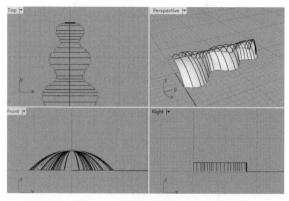

图 3-92

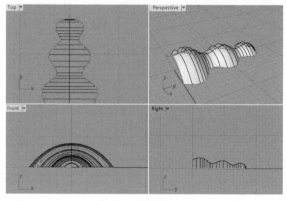

图 3-93

边缘连续性：此选项只有在断面曲线为非有理（所有控制点的权值都为 1）曲线时才可以使用。有圆弧或椭圆结构的曲线为有理曲线。

> **补充说明**
>
> 只有当路径是曲面边缘且断面曲线是非有理时才可用，即所有控制点的权重都是1时，才能使用此选项。精确的圆弧及椭圆形都是有理曲线。该选项只适用于支持的断面线结构（控制点数量、有理/非有理）。如图3-94、图3-95、图3-96所示。
>
>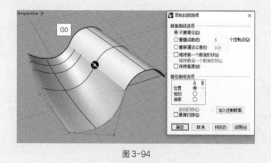
>
> 图 3-94

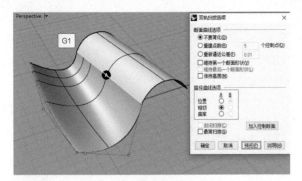

图 3-95

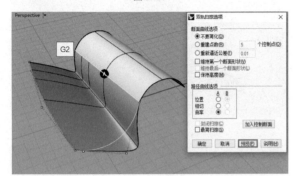

图 3-96

封闭扫掠：当路径为封闭曲线时，曲面扫掠过最后一条断面曲线后会再回到第一条断面曲线，至少需要选择两条断面曲线才能使用这个选项。

最简扫掠：当输入的曲线完全符合要求时，可以建立结构最简单的扫掠曲面，建立的曲面会沿用输入曲线的结构。当断面为单一断面曲线时，勾选"最简扫掠"复选框的效果如图3-97所示；当断面为数条断面曲线时，勾选"最简扫掠"复选框的效果如图3-98所示；取消勾选"最简扫掠"复选框的效果如图3-99所示。

补充说明：以数条断面曲线做最简扫掠时，每一条断面曲线都必须放置于两条路径曲线相对的编辑点上。

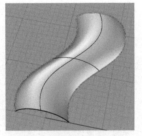

图 3-97

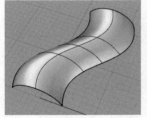

图 3-98

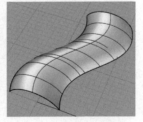

图 3-99

加入控制断面：加入额外的断面曲线，控制曲面断面结构线的方向，如图3-100、图3-101所示。

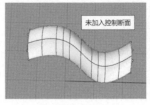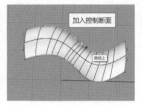

图 3-100　　　　　　　图 3-101

预览：在工作视窗里预览结果。

◆ 首饰案例：褶皱素圈戒指建模

本例创建的戒指如图3-102所示。

图 3-102

STEP 01

单击"锁定格点"将其打开，单击 ⊘ "圆:中心点、半径"工具按钮，在Front视图中以（0，0）为圆心绘制半径为8.5mm的圆形。在Right视图中通过操作轴移动圆形，完成操作，如图3-103所示。

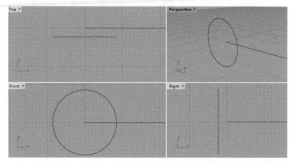

图 3-103

STEP 02

勾选"物件锁点"中的"四分点"复选框，单击 ⇨ "2D旋转"工具按钮，在Right视图中，根据指令栏的提示，旋转圆形曲线至图3-104所示位置。

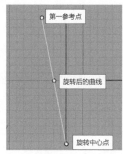

图 3-104

STEP 03

单击 ⊿ "变动"下三角按钮，在弹出的"变动"拓展工具面板中单击 ⚏ "镜像"工具按钮，根据指令栏的提示，在Right视图中以Z轴为对称轴镜像曲线，如图3-105所示。

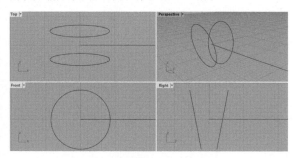

图 3-105

STEP 04

单击 ⋏ "多重直线"工具按钮，在Right视图中绘制图3-106所示的多重直线，单击 ⚏ "镜像"工具按钮，根据指令栏的提示，在Right视图中以Z轴为对称轴镜像多重直线，如图3-107所示。单击 ⚏ "组合"工具按钮，将镜像的组合。

 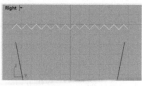

图 3-106　　　　　　　　图 3-107

STEP 05

单击 ⇱ "控制点曲线"工具按钮，在Right视图中绘制图3-108所示的曲线，单击 ⚏ "镜像"工具按钮，根据指令栏的提示，在Right视图中以Z轴为对称轴镜像曲线，如图3-109所示。单击 ⚏ "组合"工具按钮，将镜像的曲线组合。

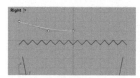

图 3-108　　　　　　　　图 3-109

STEP 06

单击 ⋏ "多重直线"工具按钮，在Right视图中绘制图3-110所示的线段，单击 ⊘ "变形工具"下三角按钮，在弹出的"变形工具"拓展工具面板中单击 ⬰ "沿着曲线流动"工具按钮，根据指令栏的提示，完成操作，如图3-111所示。

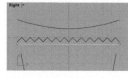

图 3-110　　　　　　　　图 3-111

STEP 07

移动STEP 06中流动的曲线，删除其他曲线。单击 ⇱ "控制点曲线"工具按钮，在Front视图中绘制图3-112所示的曲线，单击 ⚏ "镜像"工具按钮，根据指令栏的提示，在Right视图中以Z轴为对称轴镜像曲线，如图3-113所示。单击 ⚏ "组合"工具按钮，将曲线组合。

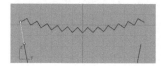 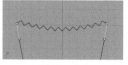

图 3-112　　　　　　　　图 3-113

STEP 08

单击 ⌐ "曲线工具"下三角按钮，在弹出的"曲线工具"拓展工具面板中单击 ⌐ "全部圆角"工具按钮，根据指令栏的提示，选择要全部圆角的曲线，在指令栏的"圆角半径"处输入"0.1"，按Enter键完成操作，如图3-114所示。

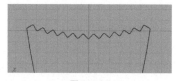

图 3-114

STEP 09

勾选"物件锁点"中的"交点"复选框，单击 🔧 "控制点曲线"工具按钮，在Right视图中绘制图3-115所示的曲线，单击 🔧 "镜像"工具按钮，根据指令栏的提示，在Right视图中以Z轴为对称轴镜像曲线，如图3-116所示。单击 🔧 "组合"工具按钮，将曲线组合，如图3-117所示。

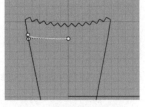

图 3-115

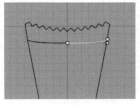

图 3-116

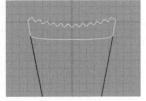

图 3-117

STEP 10

同理，绘制图3-118所示的曲线。

图 3-118

STEP 11

单击 🔧 "建立曲面"下三角按钮，在弹出的"建立曲线"拓展工具面板中单击 🔧 "双轨扫掠"工具按钮，根据指令栏的提示，依次选择轨道和断面，按Enter键后调整接缝位置，如图3-119所示。按Enter键完成操作，如图3-120所示。

图 3-119

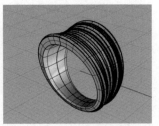

图 3-120

◆ 放样

通过曲线之间的过渡来生成曲面，放样曲面主要由放样的轮廓曲线组成。操作步骤如下。

单击 🔧 "建立曲面"下三角按钮，在弹出的"建立曲面"拓展工具面板中单击 🔧 "放样"工具按钮，根据指令栏的提示，选择要放样的曲线，按Enter键后调整曲线接缝点，再按Enter键完成操作，如图3-121所示。

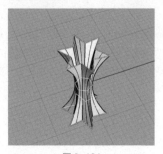

图 3-121

调整曲线接缝

选择封闭的曲线的接缝标记点，沿着曲线移动接缝，调整每一条封闭曲线的接缝，将所有接缝对齐，按Enter键完成操作，如图3-122所示。

调整接缝选项

反转：反转曲线的方向。

自动：自动调整曲线接缝的位置及曲线的方向。

原本的：按原来的曲线接缝位置及曲线方向运行。

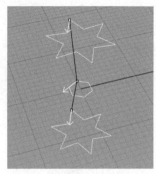

图 3-122

指令栏中的选项

点：放样的开始断面与结束断面可以是指定的点，如图3-123所示。

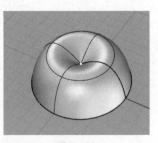

图 3-123

"放样选项"对话框中的选项

造型：设定曲面的节点和控制点结构。放样时如果有断面的端点相接，则放样的造型可能会被限制为"平直区段"或"可展开的"，避免建立自我相交的曲面。该下拉列表包括"可展开的""松弛""标准""平直区段""紧绷""均匀"6个选项，下面分别介绍。

可展开的：以每一对断面曲线建立可展开的曲面或多重曲面。"可展开的"选项适用于建立的放样曲面需要使用"摊平可展开的曲面"工具（平面化）的情形，这样的放样曲面在展开时不会有延展的问题。并不是所有的曲线都可以建立这样的放样曲面，有可能无法建立曲面或只建立部分曲面。另外，两条不平行的直线是无法展开的，如图3-124所示。

松弛：放样曲面的控制点会放在断面曲线的控制点上，可以建立比较平滑、容易编辑的曲面，但该曲面不会通过所有断面曲线，如图3-125所示。

标准：断面曲线之间的曲面以均量延展，当要建立的曲面是比较平缓或断面曲线之间的距离比较大时，可以使用这个选项，如图3-126所示。

平直区段：放样曲面在断面曲线之间是平直的曲面，如图3-127所示。

紧绷：放样曲面更紧绷地通过断面曲线，适用于建立转角处的曲面，如图3-128所示。

均匀：使用一致的参数间距，如图3-129所示。

图3-124

图3-125

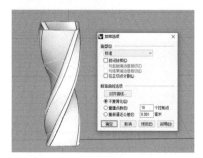

图3-126

图3-127

图3-128

图3-129

封闭放样：建立封闭的曲面，曲面在通过最后一条断面曲线后会回到第一条断面曲线，这个选项只有在有3条或以上的断面曲线时才可以使用。

与起始端边缘相切：如果第一条断面曲线是曲面的边缘，放样曲面可以与该边缘所属的曲面正切，这个选项只有在有3条或以上的断面曲线时才可以使用。

与结束端边缘相切：如果最后一条断面曲线是曲面的边缘，放样曲面可以与该边缘所属的曲面正切，这个选项只有在有3条或以上的断面时曲线时才可以使用。

对齐曲线：当放样曲面发生扭转时，点选断面曲线的端点处可以反转曲线的对齐方向。

不要简化：不重建断面曲线。

重建点数：放样前先以设定的控制点数重建断面曲线。

重新逼近公差：以设定的公差重新逼近断面曲线。

💎 首饰案例：弹簧线吊坠建模

本例创建的吊坠如图3-130所示。

图 3-130

STEP 01

单击 ⊘ "圆：中心点、半径" 工具按钮，在Front视图中以（0，0）点为中心绘制半径为6mm的圆形。

STEP 02

单击 ☌ "曲线" 下三角按钮，在弹出的 "曲线" 拓展工具面板中单击 ✎ "弹簧线" 工具按钮，在指令栏中选择 "环绕曲线" 选项，根据指令栏的提示选择曲线，在指令栏中选择 "圈数" 选项并输入 "10"，按Enter键，在指令栏中输入 "0.75" 作为半径，按Enter键，单击以确定弹簧线的起点，完成操作，如图3-131所示。

STEP 03

选择弹簧线，按Ctrl+C和Ctrl+V组合键进行复制和粘贴，选择其中一条弹簧线，利用操作轴旋转弹簧线，完成操作，如图3-132所示。

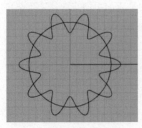

图 3-131　　　　　　图 3-132

STEP 04

单击 ☌ "建立曲面" 下三角按钮，在弹出的 "建立曲面" 拓展工具面板中单击 ☌ "放样" 工具按钮，根据指令栏的提示，选择要放样的两条弹簧线，按Enter键后调整曲线接缝点，再按Enter键完成操作，如图3-133 所示。

STEP 05

单击 ☌ "曲线工具" 下三角按钮，在弹出的 "曲线工具" 拓展工具面板中单击 ☌ "偏移曲面" 工具按钮，根据指令栏的提示，选择要偏移的曲面，按Enter键，在指令栏中选择 "距离" 选项并输入 "0.75"，选择 "实体" 为 "是"，按Enter键完成操作，如图3-134所示。

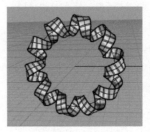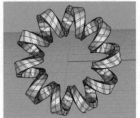

图 3-133　　　　　　图 3-134

STEP 06

单击 ☌ "实体工具" 下三角按钮，在弹出的 "实体工具" 拓展工具面板中单击 ☌ "边缘圆角" 工具按钮，在指令栏中选择 "下一个半径" 选项并输入 "0.1"，按Enter键，选择要创建圆角的边缘，按Enter键完成操作，如图3-135所示。

STEP 07

绘制O字链，如图3-136所示。

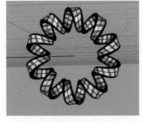

图 3-135　　　　　　图 3-136

◆ 嵌面

建立逼近曲线、网格、点物件或点云的曲面，其操作步骤如下。

单击 ☌ "建立曲面" 下三角按钮，在弹出的 "建立曲面" 拓展工具面板中单击 ☌ "嵌面" 工具按钮，根据指令栏的提示，选择曲面要逼近的曲线、点物件、点云或网格，按Enter键，弹出 "嵌面曲面选项" 对话框，单击 "确定" 按钮完成操作，如图3-137所示。

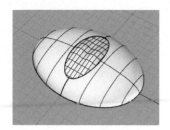

图 3-137

"嵌面曲面选项"对话框中的选项

取样点间距：放置于输入曲线上间距的取样点，最少为一条曲线放置8个取样点。

曲面的U方向跨距数：设定曲面U方向的跨距。当起始曲面为U方向、V方向都是一阶的平面时，指令栏会使用这个设定。

曲面的V方向跨距数：设定曲面V方向的跨距。当起始曲面为U、V方向都是一阶的平面时，指令栏也会使用这个设定。

硬度：Rhino 在建立嵌面的第一个阶段会找出与选择的点和曲线上的取样点最符合的平面（逼近数个点的平面），再将平面变形逼近选择的点与取样点。此选项用于设定平面的变形程度，设定的数值越大，曲面"越硬"，得到的曲面越接近平面。可以使用非常小或非常大（>1000）的数值测试这个设定，并预览结果。

调整切线：如果输入的曲线为曲面的边缘，则建立的曲面可以与周围的曲面正切。

自动修剪：试着找到封闭的边界曲线，并修剪边界以外的曲面。

选取起始曲面：选择一个起始曲面，可以事先建立一个与想建立的曲面形状类似的曲面作为起始曲面，如图3-138、图3-139所示。

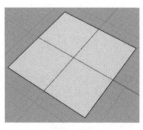

图 3-138

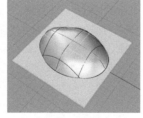

图 3-139

起始曲面拉力：与"硬度"设定类似，但是作用于起始曲面，设定的数值越大，起始曲面的抗拒力越大，得到的曲面形状越接近起始曲面。

维持边缘：固定起始曲面的边缘。这个选项适用于以现有的曲面逼近选择的点或曲线，但不会移动起始曲面的边缘。

删除输入物件：在新的曲面建立以后删除起始曲面。

预览：在工作视窗里预览结果。

> **补充说明**
>
> 1. 如果使用这个工具无法得到需要的效果，需要改用"双轨扫掠"工具。
>
> 2. 当选取的曲线形成一个封闭的边界时，曲面才可以被自动修剪，依序选取曲线，以确保目前选取的曲线与已选取的曲线相接。
>
> 3. 以额外的曲线影响曲面的形状。例如，在曲面中有内凹或凸出时，这些额外的曲线并不需要相接在一起。
>
> 4. 用这个工具建立的曲面可能无法精确地通过所有的输入曲线。

◆ 从网线建立曲面

用网状的曲线建立曲面。一个方向的曲线必须跨越另一个方向的曲线，而且同方向的曲线不可以相互跨越。操作步骤如下。

单击 ✂ "建立曲面"下三角按钮，在弹出的"建立曲面"拓展工具面板单击 ▨ "从网线建立曲面"工具按钮，根据指令栏的提示，选取网线中的曲线，按Enter键完成操作，如图3-140所示。

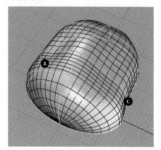

图 3-140

指令栏中的选项

不自动排序：关闭自动排序，以想要的顺序选取曲线。

"从网线建立曲面选项"对话框中的选项

边缘曲线：设定边缘曲线的公差，建立的曲面的边缘与输入的边缘曲线之间的误差会小于这个设定值。

内部曲线：设定内部曲线的公差，建立的曲面与输入的内部曲线之间的误差会小于这个设定值。输入的边缘曲线与内部曲线的位置差异较大时会折中计算建立曲面。

角度：如果输入的边缘曲线是曲面的边缘，而且选择让建立的曲面与相邻的曲面以正切或曲率连续相接时，两个曲面在相接边缘的法线方向的角度误差会小于这个设定值。

边缘设定：设定建立的曲面边缘如何符合输入的边缘曲线。

松弛：建立的曲面的边缘较松弛地逼近输入的边缘曲线。

位置/正切/曲率：设定边缘的连续性。

💎 首饰案例：图章戒指建模

本例创建的戒指如图3-141所示。

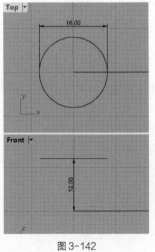

图3-141

STEP 01

单击 ⊘ "圆:中心点、半径"工具按钮，在Top视图中以（0，0）点为圆心8mm为半径绘制圆形，再通过操作轴在Front视图中沿Z轴将圆形移动至图3-142所示位置。同理，在Front视图中以（0，0）点为圆心、8.5mm为半径绘制圆形，如图3-143所示。

图3-142   图3-143

STEP 02

单击 ⌐ "曲线工具"下三角按钮，在弹出的"曲线工具"拓展工具面板中单击 ⌐ "偏移曲线"工具按钮，在Front视图中，根据指令栏的提示，选择要偏移的曲线，选择"距离"选项并输入"2.25"，按Enter键，选择向外偏移，完成操作，如图3-144所示。

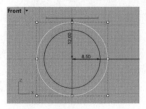

图3-144

STEP 03

单击"锁定格点"将其打开，单击 ⌐ "控制点曲线"工具按钮，在Right视图中绘制图3-145所示的曲线，单击 ✎ "变动"下三角按钮，在弹出的"变动"拓展工具面板中单击 ⚎ "镜像"工具按钮，在Right视图中以Z轴为对称轴镜像曲线，如图3-146所示。

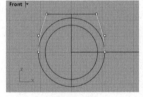

图3-145   图3-146

STEP 04

同理，在Front视图中绘制图3-147所示的曲线。

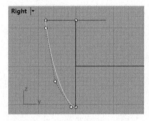

图3-147

STEP 05

单击 ✄ "修剪"工具按钮，根据指令栏的提示，选择修剪用的物件，按Enter键，选择要修剪的物件，按Enter键完成操作，如图3-148、图3-149所示。

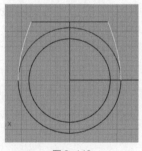
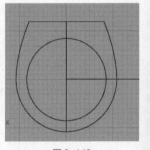

图3-148   图3-149

STEP 06

勾选"物件锁点"中的"四分点"复选框，单击 "分割"工具按钮，在指令栏中选择"点"选项，根据指令栏的提示，选择要分割的曲线，选择要分割的四分点，如图3-150所示。按Enter键完成操作，如图3-151所示。

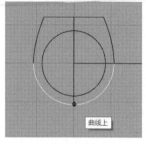
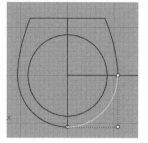

图 3-150   图 3-151

STEP 07

单击 "组合"工具按钮，将曲线组合，完成操作，如图3-152、图3-153所示。

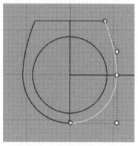
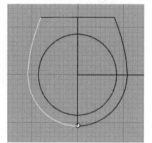

图 3-152   图 3-153

STEP 08

单击 "建立曲面"下三角按钮，在弹出的"建立曲面"拓展工具面板中单击 "从网线建立曲面"工具按钮，根据指令栏的提示，选择网线中的曲线，按Enter键完成操作，如图3-154所示。

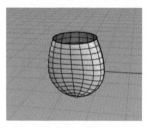

图 3-154

STEP 09

单击 "修剪"工具按钮，根据指令栏的提示，选择修剪用的物件，如图3-155所示。按Enter键，在Perspective视图中选择要修剪的部分，按Enter键完成操作，如图3-156所示。

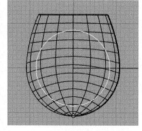
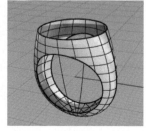

图 3-155   图 3-156

STEP 10

单击 "从物件建立曲线"下三角按钮，在弹出的"从物件建立曲线"拓展工具面板中单击 "复制边缘"工具按钮，根据指令栏的提示，在Perspective视图中选择要复制的边缘，按Enter键完成操作，如图3-157所示。

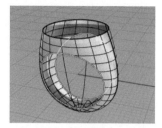

图 3-157

STEP 11

勾选"物件锁点"中的"四分点"复选框，单击 "控制点曲线工具"按钮，在Right视图中绘制图3-158所示的曲线。单击 "变动"下三角按钮，在弹出的"变动"拓展工具面板中单击 "镜像"工具按钮，在Right视图中以Z轴为对称轴镜像曲线，如图3-159所示。单击 "组合"工具按钮，将曲线组合。

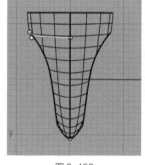
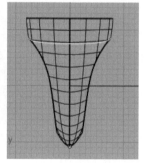

图 3-158   图 3-159

STEP 12

同理，绘制图3-160所示的曲线。

STEP 13

单击 "建立曲面"下三角按钮，在弹出的"建立曲面"拓展工具面板中单击 "双轨扫掠"工具按钮，在Perspective视图中根据指令栏的提示分别选择路径曲线和断面曲线，按Enter键，在弹出的"双轨扫掠选项"对话框中，勾选"封闭扫掠"复选框，单击"确定"按钮完成操作，如图3-161所示。

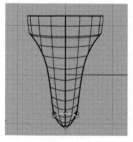
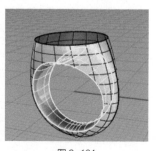

图 3-160   图 3-161

STEP 14

单击 "建立曲面"下三角按钮,在弹出的"建立曲面"拓展工具面板中单击 "以平面曲线建立曲面"工具按钮,根据指令栏的提示,选择要建立曲面的平面曲线,按Enter键完成操作,如图3-162所示。单击 "组合"工具按钮,将所有曲面组合。

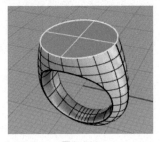

图 3-162

STEP 15

单击 "曲线工具"下三角按钮,在弹出的"曲线工具"拓展工具面板中单击 "偏移曲线"工具按钮,在指令栏中选择"距离"选项并输入"1.25",根据指令栏的提示,在Top视图中偏移图3-163所示的曲线,再通过操作轴在 Front视图中将圆形移动至图3-164所示位置。

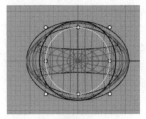

图 3-163　　　　　　　　图 3-164

STEP 16

勾选 "物件锁点"中的"四分点"复选框,单击 "椭圆:从中心点"工具按钮,根据指令栏的提示,在Top视图中绘制图3-165所示的椭圆。

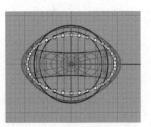

图 3-165

STEP 17

同理,绘制图3-166所示的曲线,单击 "镜像"工具按钮,在Front视图中以Z轴为对称轴镜像曲线,如图3-167所示。单击 "组合"工具按钮,将曲线组合。

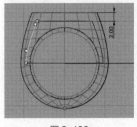
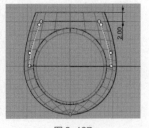

图 3-166　　　　　　　　图 3-167

STEP 18

单击 "隐藏物件"工具按钮,根据指令栏的提示,将STEP 16中组合的曲面隐藏。

STEP 19

单击 "建立曲面"下三角按钮,在弹出的"建立曲面"拓展工具面板中单击 "双轨扫掠"工具按钮,在Perspective视图中根据指令栏的提示分别选择路径曲线和断面曲线,按Enter键,在弹出的"双轨扫掠选项"对话框中,勾选"封闭扫掠"复选框,单击"确定"按钮完成操作,如图3-168所示。

STEP 20

单击 "实体工具"下三角按钮,在弹出的"实体工具"拓展工具面板中单击 "将平面洞加盖"工具按钮,根据指令栏的提示,选择要加盖的曲面,按Enter键完成操作,如图3-169所示。

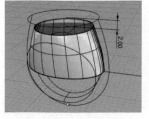
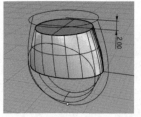

图 3-168　　　　　　　　图 3-169

STEP 21

右击 "显示物件"工具按钮,单击 "实体工具"下三角按钮,在弹出的"实体工具"拓展工具面板中单击 "布尔运算差集"工具按钮,根据指令栏的提示选择要被减去的曲面(STEP 16中组合的曲面),按Enter键,选择要减去其他物件的曲面(STEP 19建立的曲面),按Enter键完成操作,如图3-170所示。

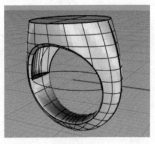

图 3-170

STEP 22

单击 "建立实体"下三角按钮,在弹出的"建立实体"拓展工具面板中单击 "圆柱体"工具按钮,根据指令栏的提示,在Top视图中以(0,0)点为圆柱底面中心、7mm为半径、2mm为高度绘制圆柱。在Front视图中,利用操作轴在Z轴上移动圆柱至图3-171所示位置。

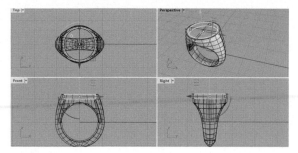

图 3-171

STEP 23

单击 ✏ "实体工具"下三角按钮，在弹出的"实体工具"拓展工具面板中单击 ✏ "布尔运算差集"工具按钮，根据指令栏的提示，选择要被减去的曲面（STEP 13中组合的曲面），按Enter键，在指令栏中选择"删除输入物件"为"否"，选择要减去其他物件的曲面（STEP 20建立的圆柱），按Enter键完成操作，如图3-172所示。

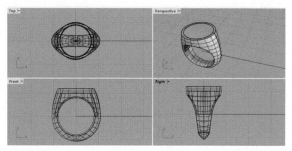

图 3-172

STEP 24

单击 ✏ "图层"下三角按钮，在弹出的"图层"拓展工具面板中单击 ✏ "更改物件图层"工具按钮，根据指令栏的提示，将STEP 20建立的圆柱放置于"图层01"，如图3-173所示。

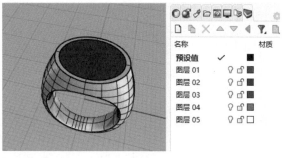

图 3-173

STEP 25

单击 ✏ "隐藏物件"工具按钮，根据指令栏的提示，将全部物件隐藏。

STEP 26

单击 ✏ "椭圆:从中心点"工具按钮，根据指令栏的提示，在Top视图中，以（0，0）点为圆心绘制图3-174所示的椭圆。

STEP 27

单击 ✏ "多重直线"工具按钮，根据指令栏的提示，在Front视图中绘制图3-175所示封闭的平面曲线。

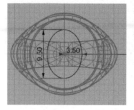 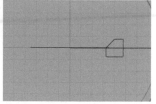

图 3-174　　　　　　　　　图 3-175

STEP 28

单击 ✏ "建立曲面"下三角按钮，在弹出的"建立曲面"拓展工具面板中单击 ✏ "单轨扫掠"工具按钮，根据指令栏的提示，完成操作，如图3-176所示。

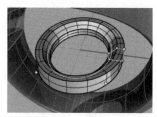

图 3-176

STEP 29

单击 ✏ "建立实体"下三角按钮，在弹出的"建立实体"拓展工具面板中单击 ✏ "球体:中心点、半径"工具按钮，根据指令栏的提示，在Front视图中绘制图3-177所示的球体。

STEP 30

单击 ✏ "阵列"下三角按钮，在弹出的"阵列"拓展工具面板中单击 ✏ "沿着曲线阵列"工具按钮，根据指令栏的提示，选择要阵列的球体，按Enter键，选择路径曲线（椭圆），按Enter键，在弹出的"沿着曲线阵列选项"对话框中，将"项目数"设为"30"，单击"确定"按钮，完成操作，如图3-178所示。

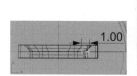 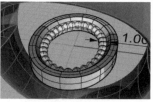

图 3-177　　　　　　　　　图 3-178

STEP 31

单击 ✏ "群组物件"工具按钮，将单轨扫掠的多重曲面与阵列的物体群组。

STEP 32

单击 ✏ "控制点曲线"工具按钮，在Top视图中绘制图3-179

所示的曲线，单击 ⊕ "椭圆:中心点"工具按钮，在Front视图
中绘制图3-180所示的椭圆。

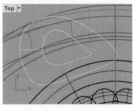
图 3-179

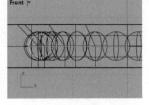
图 3-180

STEP 33

单击 ◢ "建立曲面"下三角按钮，在弹出的"建立曲面"拓展
工具面板中单击 ⌔ "双轨扫掠"工具按钮，根据指令栏的提
示，选择路径曲线和断面曲线，在弹出的"双轨扫掠选项"
对话框中勾选"保持高度"复选框，单击"确定"按钮完成
操作，如图3-181所示。

STEP 34

单击 ✐ "变动"下三角按钮，在弹出的"变动"拓展工具面板
中单击 ◍ "镜像"工具按钮，根据指令栏的提示，在Top视图
中以Y轴为对称轴镜像物件，完成操作，如图3-182所示。

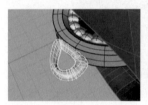
图 3-181

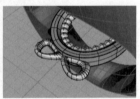
图 3-182

STEP 35

单击 ◔ "隐藏物件"工具按钮，根据指令栏的提示，隐藏所有
物件。单击 ♔ "控制点曲线"工具按钮，绘制图3-183所示的
曲线。

STEP 36

单击 ⌒ "曲线工具"下三角按钮，在弹出的"曲线工具"拓展
工具面板中单击 ♖ "重建曲线"工具按钮，根据指令栏的提示
将曲线重建，再单击 ⚲ "显示物件控制点"工具按钮，如图
3-184所示。

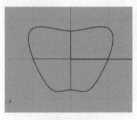
图 3-183

图 3-184

STEP 37

选择控制点，在Front视图中利用操作轴移动控制点至图3-185
所示位置。

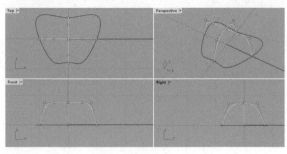
图 3-185

STEP 38

单击 ⬚ "分割"工具按钮，根据指令栏的提示分割曲线，如图
3-186所示。

STEP 39

单击 ⚲ "显示物件控制点"工具按钮，将曲线的控制点打开，
勾选"物件锁点"中的"点"复选框，单击 ✥ "移动"工具按
钮，在Front视图中将控制点A移动到B的位置（在移动的过程
中要按住Shift键），完成操作，如图3-187所示。

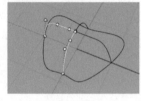
图 3-186

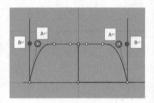
图 3-187

STEP 40

同理，在Right视图中移动控制点，如图3-188所示。

STEP 41

单击 ◢ "建立曲面"下三角按钮，在弹出的"建立曲面"拓展
工具面板中单击 ⬡ "从网线建立曲面"工具按钮，根据指令栏
的提示，选择网线中的曲线，按Enter键完成操作，如图3-189
所示。

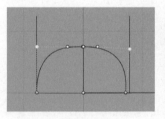
图 3-188

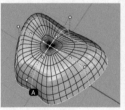
图 3-189

STEP 42

单击 ✥ "变动"下三角按钮,在弹出的"变动"拓展工具面板中单击 ⬢ "镜像"工具按钮,根据指令栏的提示,在Front视图中以X轴为对称轴镜像曲面,单击 ⬢ "组合"工具按钮,将曲面组合,如图3-190所示。利用操作轴将组合了的多重曲面移动至图3-191所示位置。

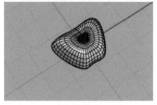 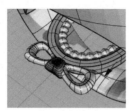

图 3-190   图 3-191

STEP 43

单击 ⬢ "控制点曲线"工具按钮,在Top视图中绘制图3-192所示的曲线。

STEP 44

单击 ⬢ "分割"工具按钮,在指令栏中选择"点"选项,根据指令栏的提示,选择曲线的分割点,按Enter键完成操作,如图3-193所示。

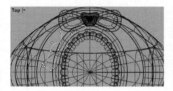 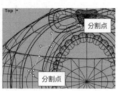

图 3-192   图 3-193

STEP 45

单击 ⬢ "椭圆:从中心点"工具按钮在Front视图中绘制图3-194所示的椭圆。

STEP 46

在Top视图中,利用操作轴将椭圆移动和旋转为图3-195所示的效果。

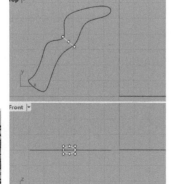

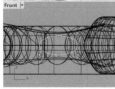

图 3-194   图 3-195

STEP 47

单击 ⬢ "建立曲面"下三角按钮,在弹出的"建立曲面"拓展工具面板中单击 ⬢ "双轨扫掠"工具按钮,根据指令栏的提示,完成操作,如图3-196所示。单击 ⬢ "组合"工具按钮,将双轨扫掠的两部分曲面组合。

STEP 48

单击 ✥ "变动"下三角按钮,在弹出的"变动"拓展工具面板中单击 ⬢ "镜像"工具按钮,根据指令栏的提示,在Top视图中将多重曲面以Y轴为对称轴镜像,完成操作,如图3-197所示。

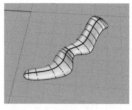 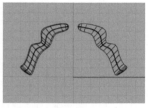

图 3-196   图 3-197

STEP 49

在Top和Front视图中利用操作轴旋转和移动各部分,如图3-198所示。

STEP 50

单击 ⬢ "实体工具"下三角按钮,在弹出的"实体工具"拓展工具面板中单击 ⬢ "边缘圆角"工具按钮,根据指令栏的提示,在指令栏中选择"下一个半径"选项并输入"0.2",选择要建立圆角的边缘,按Enter键完成操作,如图3-199所示。

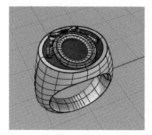 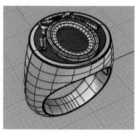

图 3-198   图 3-199

◆ 在物体上产生布帘曲面

在物体上产生布帘曲面指将矩形的点物件阵列后往使用中工作平面的方向投影到物件上,以投影到物件上的点作为曲面的控制点建立曲面。形象地说,就是在某个物件上方有一块布,将这块布垂直向下展开,以产生自然包裹物件的效果,其操作步骤如下。

单击 ⬢ "建立曲面"下三角按钮,在弹出的"建立曲面"拓展工具面板中单击 ⬢ "在物体上产生布帘曲面"工具按钮，根据指令栏的提示，设置要产生布帘的范围，完成操作，如图3-200所示。

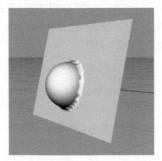

图3-200

补充说明

1. 这个工具可以作用于网格、曲面及实体。

2. 这个工具以渲染 Z 缓冲区（Z-Buffer）取样得到点物件，再以这些点物件作为曲面的控制点建立曲面。因此，建立的曲面会比原来的物件内缩一点。

3. 这个工具使用视图中最深的一个点为布帘曲面的基准高度，而且只对可以产生渲染网格的物件有作用。

指令栏中的选项

自动间距：若选择"是"，则布帘曲面的控制点以"间距"选项的设定值平均分布，这个选项的值越小，曲面结构线的密度越大；若选择"否"，则自定控制点的间距，可选"U"或"V"设定布帘曲面的U方向、V方向和控制点数。

自动侦测最大深度：若选择"是"，则自动判断矩形范围内布帘曲面的最大深度；若选择"否"，则自定深度，可选择"最大深度"设定布帘曲面的最大深度，最大深度可以是远离摄像机（1，0）或靠近摄像机（0，0），让布帘曲面可以完全或部分覆盖物件。

◆ **以图片灰阶高度创建曲面**

以图片灰阶高度创建曲面指参考图片的灰阶数值建立NURBS曲面，其操作步骤如下。

1 单击 "建立曲面"下三角按钮，在弹出的"建立曲面"拓展工具面板中单击 "以图片灰阶高度创建曲面"工具按钮。

2 在弹出的对话框中选择并打开位图，根据指令栏的提示在视图中选择第一角和第二角，在弹出的图3-201所示的"灰阶高度"对话框中，可以指定取样点的数目、曲面的高度和建立方式等，单击"确定"按钮即可自动根据图片的灰阶数值建立NURBS曲面，如图3-202所示。

图3-201

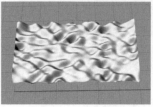

图3-202

"灰阶高度"对话框中的选项

取样点数目：点阵图的"高度"以U、V两个方向设定的数目取样。

高度：设定结果曲面的高度。

将图片设为贴图：将位图图片以材质贴于创建的曲面，如图3-203所示。

加入顶点色：将位图顶点的颜色贴于创建的曲面。

控制点在取样位置的曲面：根据每一个取样位置得到的高度值放置曲面的控制点。

通过取样点的内插曲面：建立的曲面会通过每一个取样位置得到的高度值对应的点。

图3-203

💎 **编辑曲面**

一般在完成复杂模型时，用曲线建立曲面后往往还需要对曲面进行编辑和修改，把不同的曲面融合在一起。

◆ **编辑曲面的控制点**

移动 / 插入 / 移除控制点

与曲线一样，曲面的控制点也可以进行移动、插入或移除操作。

变更曲面阶数

单击 "曲面工具"下三角按钮，在弹出的"曲面工具"拓展工具面板中单击 "更改曲面阶数"工具按钮，可以改变曲面的阶数，从而在整体上改变某一曲面的控制点数目，有利于简化复杂曲面的编辑操作。该工具的用法比较简单，根据指令栏的提示选择曲面，依次指定U、V两个方向的阶数即可。

编辑控制点的权值

单击 ✎ "点的编辑"下三角按钮，在弹出的"点的编辑"拓展工具面板中单击 ✦ "编辑控制点权值"工具按钮，选择需要编辑的控制点，在弹出的"设置控制点权值"对话框中，既可以通过滑块调整选择的控制点的权值，也可以直接输入新的数值，如图3-204所示。

图3-204

补充说明

曲线或曲面控制点的权值是控制点对曲线或曲面的牵引力，权值越高，曲线或曲面会越接近控制点。如果需要将曲线或曲面导出至其他软件，则最好保持所有控制点的权值都是1。权值=0.5的效果如图3-205所示，权值=1的效果如图3-206所示，权值=10的效果如图3-207所示。

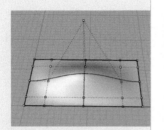

图3-205

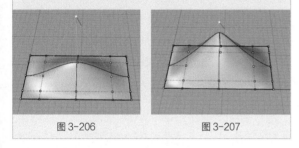

图3-206　　　　　图3-207

◆ 编辑曲面的边

控制曲面的边缘是控制曲面形态的一种方式，下面主要介绍复制曲面的边缘、调整曲面的边缘、分析曲面的边缘。

复制曲面的边缘

复制曲面的边缘使用的工具主要有"复制边缘/复制网格边缘"工具、"复制边框"工具、"复制面的边框"工具，如图3-208所示。

图3-208

这一部分内容的具体操作步骤可参考前面相关内容。

调整曲面的边缘

使用"调整曲面边缘转折"工具可以调整曲线端点或曲面未修剪边缘处的形状，其操作步骤如下。

1 单击选择 ✎ "曲面工具"下三角按钮，在弹出的"曲面工具"拓展工具面板中单击 ✦ "调整曲面边缘转折"工具按钮，根据指令栏的提示，选择要调整的曲面边缘。

2 根据指令栏的提示，在曲面边缘指定一点，调整曲面时，指定点处受到最大的影响，影响往编辑范围两端递减至0。若未设定编辑范围，则会把整个曲面边缘当作编辑范围。

3 指定曲面边缘上编辑范围的起点，或按Enter键以整个曲面边缘为编辑范围。

4 指定编辑范围的终点。

5 移动调整点以编辑曲面边缘的形状，如图3-209和图3-210所示。

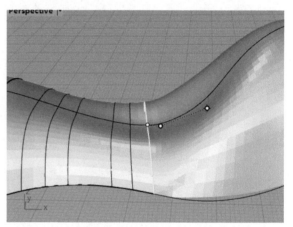

图3-209

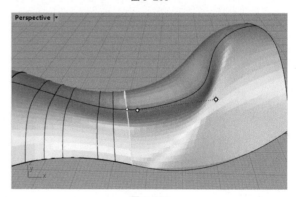

图3-210

补充说明

1. 如图3-211所示的两个模型造型一致，其中一个模型使用了"斑马纹分析"工具分析曲面质量，可以看到斑马纹连续。将另一个曲面控制点打开，选择曲面边缘的控制点并移动，曲面之间会出现裂缝，如图3-212所示。

图3-211　　　　　　图3-212

2. 如果移动了第二列控制点，如图3-213所示，曲面上的斑马纹发生了变化，这表示原本连续的曲面因直接移动控制点而改变了曲面的连续性，连续性变为G0，如图3-214所示。

图3-213　　　　　　图3-214

3. 单击 "曲面工具"下三角按钮，在弹出的"曲面工具"拓展工具面板中单击 "调整曲面边缘转折"工具按钮，根据指令栏的提示，选择两个曲面相接的位置，弹出"候选列表"，如图3-215所示。选择右侧曲面的边缘，如图3-216所示。在选择的边上指定一个点，此时视图中会出现图3-217所示的3个控制点，在这3个控制点中，曲面边上的控制点不能移动，否则会出现裂缝，移动其他两个控制点会直接改变曲面造型，但不会改变该曲面与相接曲面之间的连续性，如图3-218、图3-219所示。选择并移动第二个控制点，按Enter键后曲面造型会发生改变，完成操作后使用"斑马纹分析"工具检查曲面的连续性，可以看出曲面上的斑马线连续、流畅，曲面的连续性没有发生改变，如图3-220所示。

图3-215　　　　　　图3-216

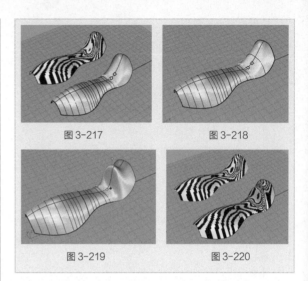

图3-217　　　　　　图3-218

图3-219　　　　　　图3-220

分析曲面的边缘

分析曲面的边缘使用的工具主要有"显示边缘"工具、"分割边缘/合并边缘"工具、"组合两个外露边缘"工具、"选取开放的多重曲面"工具和"重建边缘"工具。

显示边缘

显示曲面与多重曲面的边缘。曲面的边缘可以是修剪过的或未修剪的，其操作步骤如下。

单击 "曲面工具"下三角按钮，在弹出的"曲面工具"拓展工具面板中单击 "显示边缘"工具按钮，根据指令栏的提示，选择要显示边缘的曲面，按Enter键，在弹出的图3-221所示的"边缘分析"对话框中，选择要显示的边缘，要显示的边缘会出现醒目的颜色作为提示，如图3-222所示。

 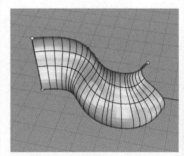

图3-221　　　　　　图3-222

"边缘分析"对话框中的选项

全部边缘：显示所有的曲面和多重曲面的边缘。

外露边缘：显示组合的曲面和多重曲面的边缘。

放大：放大外露边缘。

边缘颜色：设置显示边缘的颜色。

新增物件：新增要显示边缘的物件。

移除物件：关闭物件的边缘显示。

分割边缘 / 合并边缘

在指定点分割或合并曲面的边缘，其操作步骤如下。

单击 🔧 "曲面工具"下三角按钮，在弹出的"曲面工具"拓展工具面板中单击 🔧 "边缘工具"下三角按钮，在弹出的"边缘工具"拓展工具面板中，单击 🔧 "分割边缘"工具按钮，根据指令栏的提示，选择要分割的边缘，选择在边缘上的分割点，按Enter键完成操作，如图3-223所示。

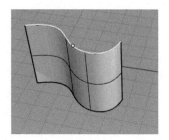

图 3-223

> **补充说明**
>
> 分割边缘只需在选择曲面的边缘后指定分割点；而合并边缘（右击 🔧 "合并边缘"工具按钮），选择相接的两个边缘即可。不过要注意的是，要合并的边缘必须是外露边缘，必须属于同一个曲面，且必须是相邻的边缘，两个边缘的共享点必须平滑没有锐角。图3-224所示为没有分割边缘挤出曲面的效果；图3-225所示为分割边缘后其中一段被挤出的效果。

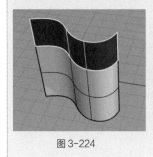

图 3-224　　　　　图 3-225

组合两个外露边缘

强制组合两个距离大于绝对公差的外露边缘，其操作步骤如下。

单击 🔧 "曲面工具"下三角按钮，在弹出的"曲面工具"拓展工具面板中单击 🔧 "组合两个外露边缘"工具按钮，根据指令栏的提示，选择两个未组合的边缘，在弹出

的"组合边缘"对话框中单击"是"按钮，完成操作，如图3-226、图3-227所示。

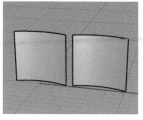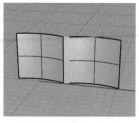

图 3-226　　　　　图 3-227

> **补充说明**
>
> 1. "组合两个外露边缘"工具不能填充任何曲面的间隙，当曲面不能用"组合"工具组合的时候，需要解决间隙、重叠及其他导致不能组合的问题。
>
> 2. 如果两个距离大于绝对公差的曲面边缘被强制组合，在之后的某些建模运行时可能会出现问题。

选取开放的多重曲面

单击 🔧 "曲面工具"下三角按钮，在弹出的"曲面工具"拓展工具面板中单击 🔧 "边缘工具"下三角按钮，在弹出的"边缘工具"拓展工具面板中单击 🔧 "选取开放的多重曲面"工具按钮，根据指令栏的提示，可以选择所有开放的多重曲面。

重建边缘

"重建边缘"工具用于复原因其他编辑操作而离开原来位置的曲面边缘。将多重曲面炸开成单一曲面后，可以用此工具复原曲面的边缘，其操作步骤如下。

单击 🔧 "曲面工具"下三角按钮，在弹出的"曲面工具"拓展工具面板中单击 🔧 "边缘工具"下三角按钮，在弹出的"边缘工具"拓展工具面板中单击 🔧 "重建边缘"工具按钮，根据指令栏的提示，选择要重建边缘的曲面，按Enter键完成操作。图3-228所示为组合了外露边缘后，选择全部边缘显示的边缘，可以看到两个平面中间的边缘线发生了断裂。图3-229所示为炸开曲面并重建边缘后，选择全部边缘显示的边缘。

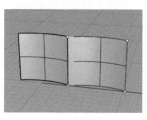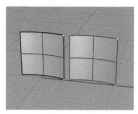

图 3-228　　　　　图 3-229

◆ 编辑曲面的方向

"分析方向"工具可以用于显示曲线、曲面及多重曲面的方向，其操作步骤如下。

单击 ▱ "分析方向"工具按钮，根据指令栏的提示，选择要显示方向的物件，此时箭头会指出法线方向，如图3-230所示。将鼠标指针移动到物件上时会显示动态的方向箭头，单击可以反转法线方向，按Enter键完成操作。

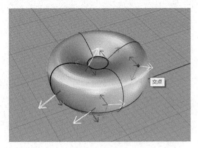

图 3-230

指令栏中的选项

反转U/反转V：反转曲面的U方向或V方向。

对调UV：对调曲面的U方向与V方向。

反转：反转物件的方向。

> **补充说明**
>
> 下面举例说明曲面方向的重要性。图3-231所示为两个曲面，其中一个曲面朝上，另一个朝下。使用"布尔运算差集"工具对两个面进行差集运算，如图3-232所示，可以看出两个曲面实际进行了并集运算。如果右击 ▱ "反转方向"工具按钮，将其中一个曲面的方向反转，然后再进行差集运算，则会得到图3-233所示的结果。
>
>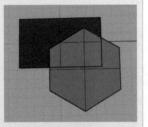
>
> 图 3-231
>
>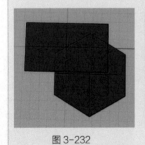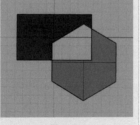
>
> 图 3-232　　　　　　图 3-233

◆ 曲面延伸

移动曲面的边缘将曲面延长。如果曲面是修剪过的，延伸曲面时会暂时显示完整的曲面，其操作步骤如下。

单击 ▱ "曲面工具"下三角按钮，在弹出的"曲面工具"拓展工具面板中单击 ▱ "延伸曲面"工具按钮，根据指令栏的提示，选择要延伸的边缘，指定要延伸至的位置，如图3-234、图3-235所示。

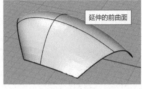 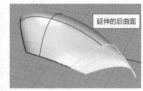

图 3-234　　　　　　　　　图 3-235

指令栏中的选项

类型：若选择"平滑"，则从边缘平滑地延伸曲面；若选择"直线"，则以直线形式延伸曲面。

设定基准点：指定一个点，这个点是以两个点设定延伸距离的第一个点。

合并：若选择"是"，则延伸部分将与原始曲面合并；若选择"否"，则延伸部分将成为单独的曲面。

> **补充说明**
>
> 1. 可以在边缘上单击并拖曳到目标位置。
> 2. 可以输入负值来"收缩"曲面。
> 3. "距离"指的是曲面上的弧长。

◆ 曲面圆角与斜角

曲面圆角

在两个曲面之间建立半径固定的圆角曲面，其操作步骤如下。

单击 ▱ "曲面圆角"工具按钮，根据指令栏的提示，选择要建立圆角的第一个曲面，再选择第二个曲面（选择在圆角完成后想保留的那一侧，圆角曲面并不会与其他曲面组合），完成操作，如图3-236、图3-237所示。

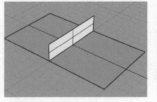 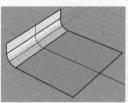

图 3-236　　　　　　　　图 3-237

指令栏中的选项

半径：设定圆角半径。

延伸：当输入的两个曲面长度不同时，圆角曲面会基于较长的曲面的整个边缘延伸，当"延伸"为"是"时，曲面圆角如图3-238所示。

修剪：若选择"是"，则以结果曲面修剪原来的曲面；若选择"否"，则不修剪；若选择"分割"，则以结果曲面分割原来的曲面，如图3-239所示。

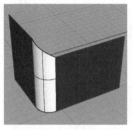 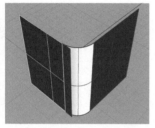

图 3-238　　　　　　　　图 3-239

曲面斜角

在两个曲面之间建立斜角曲面，其操作步骤如下。

单击 "曲面工具"下三角按钮，在弹出的"曲面工具"拓展工具面板中单击 "曲面斜角"工具按钮，根据指令栏的提示，选择要建立斜角的第一个曲面，再选择要建立斜角的第二个曲面，（选择曲面在斜角完成后想保留的一侧，斜角曲面并不会与其他曲面组合），完成操作，如图3-240、图3-241所示。

 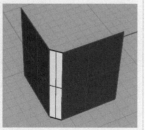

图 3-240　　　　　　　　图 3-241

指令栏中的选项

距离：两个曲面的交线至斜角曲面边缘的距离。

延伸：两个曲面长度不一样时延伸斜角曲面，当"延伸"选择为"是"时，曲面斜角如图3-242所示。

修剪：若选择"是"，则以结果曲面修剪原来的曲面；若选择"否"，则不修剪；若选择"分割"，则以结果曲面分割原来的曲面，如图3-243所示。

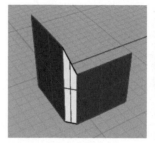 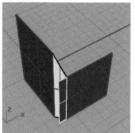

图 3-242　　　　　　　　图 3-243

◆ 混接曲面

在两个曲面之间建立混接曲面，其操作步骤如下。

单击 "曲面工具"下三角按钮，在弹出的"曲面工具"拓展工具面板中单击 "混接曲面"工具按钮，根据指令栏的提示，依次选择第一个边缘和第二个边缘，移动曲线接点，按Enter键，在弹出的"调整曲面混接"对话框中选择指定的曲面混接选项，单击"确定"按钮完成操作，如图3-244所示。

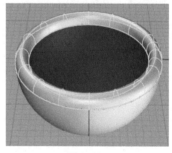

图 3-244

指令栏中的选项

自动连锁：若选择"是"，则选择一条曲线或曲面边缘可以自动选择所有与它以"连锁连续性"选项设定的连续性相接的线段。

连锁连续性：设定"自动连锁"选项使用的连续性。

方向：若选择"向前"，则选择第一个连锁段正方向的曲线/边缘段；若选择"向后"，则选择第一个连锁段负方向的曲线/边缘段；若选择"两方向"，则选择第一个连锁段正、负两个方向的曲线/边缘段。

接缝公差：如果两条曲线或两个边缘的端点距离比这个数值小，连锁选择会忽略这个接缝继续选择下一个连锁段，如图3-245所示。

角度公差：如果"锁连续性"设为"正切"，则两条曲线或两个边缘段接点的差异角度小于这个设定值时会被视为正切，如图3-246所示。

 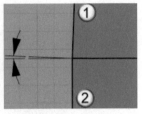

图 3-245　　　　　　　　　　图 3-246

复原：依序复原最后选择的线段。

下一个：选择下一个线段。

全部：选择所有线段。

移动曲线接缝选项

移动曲线接缝指选取封闭曲线的接缝标记点，沿着曲线移动接缝，调整每一条封闭曲线的接缝，将所有接缝对齐，如图3-247所示。

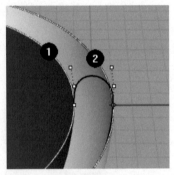

图 3-247

反转：反转曲线的方向。

自动：自动调整曲线接缝的位置及曲线的方向。

原本的：按原来的曲线接缝位置及曲线方向运行。

调整曲面混接选项

锁定：单击"锁定"按钮，混接曲面两侧转折可以做对称调整。

滑杆：用于分别调整混接曲面两侧的转折大小。

连续性选项：设定混接曲面边缘的连续性。

加入断面：加入额外的断面以控制混接曲面的形状。当混接曲面过于扭曲时，可以使用这个功能控制混接曲面

更多位置的形状。在混接曲面的两侧边缘上各指定一个点加入控制面，如图3-248、图3-249所示。

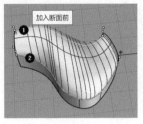 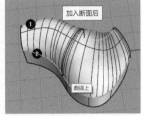

图 3-248　　　　　　　　　　图 3-249

平面断面：强制混接曲面的所有断面为平面，并与指定的方向平行，如图3-250、图3-251、图3-252所示。

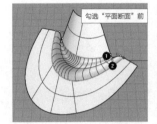

图 3-250

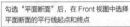
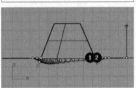

图 3-251　　　　　　　　　　图 3-252

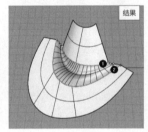

相同高度：当做混接的两个曲面边缘之间的距离有变化时，可以让混接曲面的高度维持不变，如图3-253、图3-254所示。

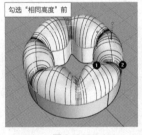 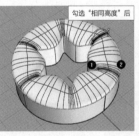

图 3-253　　　　　　　　　　图 3-254

补充说明

1. 当用来建立混接曲面的曲面边缘与另一个曲面上的洞大小相同时，混接曲面会向内凹陷，可以平滑地接两个曲面边缘，如图3-255、图3-256所示。

| 洞的大小与圆管半径相同 | 洞的大小大于圆管半径 |

图 3-255　　　　　　　图 3-256

2. 当要建立混接的两个曲面的边缘相接时，"混接曲面"工具会把两个曲面边缘视为同一侧的边缘。为避免这种情况，可以在选择混接曲面一侧的曲面边缘后按Enter键，再选择另一侧曲面边缘。

3. 有时混接曲面与其他曲面在渲染时会有缝隙，这是因为渲染网格设定得不够精细，渲染网格只是真正曲面的形状近似，并不完全一样。

4. 使用"组合"工具将混接曲面与其他曲面组合成为一个多重曲面，可使不同曲面的渲染网格之间在接缝处的顶点完全对齐，避免出现缝隙。

◆ 偏移曲面

以等距离偏移复制曲面或多重曲面，其操作步骤如下。

单击 🖱 "曲面工具"下三角按钮，在弹出的"曲面工具"拓展工具面板中单击 🖱 "偏移曲面"工具按钮，根据指令栏的提示，选择要建立圆角的第一个曲面，按Enter键完成操作，如图3-257所示。

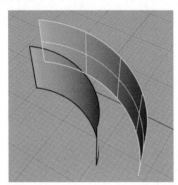

图 3-257

指令栏中的选项

距离：设定偏移的距离。

角：若选择"圆角"，则偏移产生的缝隙以圆角填补；若选择"锐角"，则偏移时曲面延伸相互修剪。

全部反转：反转所有选择的曲面的偏移方向，曲面中箭头的方向为正的偏移方向，如图3-258、图3-259所示。

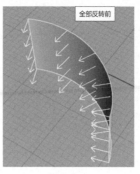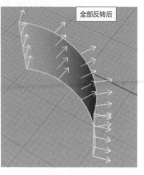

| 全部反转前 | 全部反转后 |

图 3-258　　　　　　　图 3-259

实体：将原来的曲面与偏移后的曲面边缘放样并组合成封闭的实体，如图3-260所示。

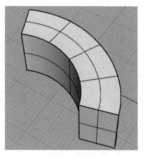

图 3-260

松弛（仅适用曲面）：偏移后的曲面的结构与原来的曲面相同，如图3-261、图3-262所示。

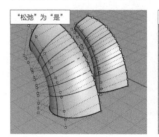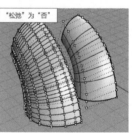

| "松弛"为"是" | "松弛"为"否" |

图 3-261　　　　　　　图 3-262

公差：设定偏移曲面的公差，若输入"0"，则表示为使用预设公差。

两侧：同时往两侧偏移，如图3-263所示。

图 3-263

删除输入物件：将原来的物件从文件中删除。

补充说明

1. 距离为正数则往箭头的方向偏移，距离为负数则往箭头的反方向偏移。

2. 平面、环状体、球体、开放的圆柱曲面或开放的圆锥曲面偏移的结果不会有误差，自由造型的曲面偏移后的误差会小于"公差"选项的设定值。

3. 当偏移的曲面为多重曲面时，偏移后的曲面会分散开来。例如，偏移一个有6个面的立方体，偏移后得到的是6个分散的平面。

4. 用"偏移曲面"工具偏移的多重曲面并不会保留曲面与曲面之间的关系，所以多重曲面偏移后会分散成为数个曲面。

◆ 首饰案例：珐琅戒指建模

本例创建的戒指如图3-264所示。

图 3-264

STEP 01

单击"锁定格点"将其打开，单击□"矩形:角对角"工具按钮，在指令栏中选择"中心点"选项，在Top视图中以（0，0）点为中心点，绘制边长为30mm的正方形，如图3-265所示。单击∧"多重直线"工具按钮，绘制图3-266所示的线段。

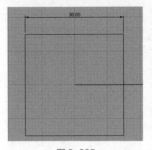
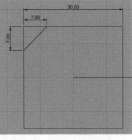

图 3-265　　　　　　　图 3-266

STEP 02

单击▦"阵列"下三角按钮，在弹出的"阵列"拓展工具面板中单击✧"环形阵列"工具按钮，根据指令栏的提示，在Top视图中以（0，0）点为阵列中心、4为阵列数阵列线段。单击✄"修剪"工具按钮，根据指令栏的提示修剪正方形，完成操作，如图3-267所示。单击⬡"组合"工具按钮，将曲线组合。

STEP 03

单击●"建立实体"下三角按钮，在弹出的"建立实体"拓展工具面板中单击▱"挤出封闭的平面"工具按钮，根据指令栏的提示，在Front视图中根据指令栏的提示，挤出高度为2mm的实体，如图3-268所示。

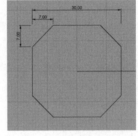
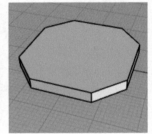

图 3-267　　　　　　　图 3-268

STEP 04

执行"文件"｜"导入"菜单命令，在弹出的"导入"对话框中选择宝石文件并导入，如图3-269所示。单击⬚"三轴缩放"工具按钮，对钻石进行缩放，并利用操作轴将钻石的尺寸调整为图3-270所示的尺寸。

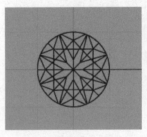
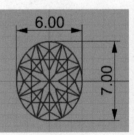

图 3-269　　　　　　　图 3-270

STEP 05

单击 ⊕ "椭圆:从中心点" 工具按钮，在Top视图中以（0，0）点为中心绘制图3-271所示的椭圆。在Front视图中通过操作轴移动钻石和椭圆，单击 ⚐ "多重直线" 工具按钮，在Front视图中绘制图3-272所示的断面线。

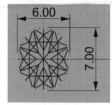 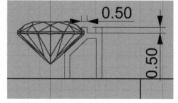

图 3-271 　　　　　　 图 3-272

STEP 06

单击 ⚐ "建立曲面" 下三角按钮，在弹出的 "建立曲面" 拓展工具面板中单击 ⚐ "单轨扫掠" 工具按钮，根据指令栏的提示，完成操作，如图3-273所示。

STEP 07

单击 ⚐ "实体工具" 下三角按钮，在弹出的 "实体工具" 拓展工具面板中单击 ⚐ "边缘斜角" 工具按钮，根据指令栏的提示，选择 "下一个斜角半径" 选项并输入 "0.1"，按Enter键，选择要创建边缘斜角的边缘，按Enter键完成操作，如图3-274所示。

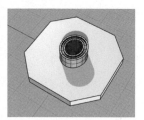 

图 3-273 　　　　　　 图 3-274

STEP 08

选择所有物件，单击 ⚐ "隐藏物件" 工具按钮，将所有物件隐藏。

STEP 09

执行 "文件" ｜ "导入" 菜单命令，在弹出的 "导入" 对话框中选择宝石文件并导入。单击 ⚐ "三轴缩放" 工具按钮，根据指令栏的提示，选择要缩放的物件，按Enter键，在Top视图中选择（0，0）点为基准点，在指令栏中设置缩放比为 "0.4"，按Enter键完成操作，如图3-275所示。

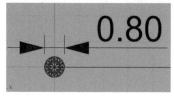

图 3-275

STEP 10

单击 ⚐ "多重直线" 工具按钮，在Front视图中绘制图3-276所示的曲线。单击 ⚐ "建立曲面" 下三角按钮，在弹出的 "建立曲面" 拓展工具面板中单击 ⚐ "旋转成形" 工具按钮，根据指令栏的提示，将曲线旋转成图3-277所示的多重曲面。

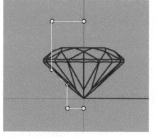 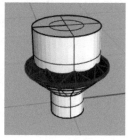

图 3-276 　　　　　　 图 3-277

STEP 11

右击 ⚐ "显示物件" 工具按钮，将STEP 09绘制的钻石和多重曲面通过操作轴移动至图3-278所示位置。

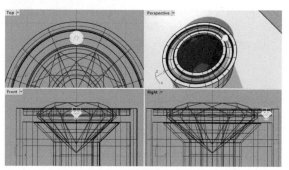

图 3-278

STEP 12

单击 ⚐ "从物件建立曲线" 下三角按钮，在弹出的 "从物件建立曲线" 拓展工具面板中单击 ⚐ "抽离结构线" 工具按钮，勾选 "物件缩点" 中的 "交点" 复选框，根据指令栏的提示，依次选择要抽离结构线的曲面和要抽离的结构线，按Enter键完成操作，如图3-279所示。

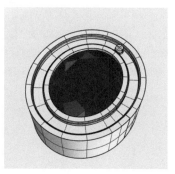

图 3-279

STEP 13

单击 ▦ "阵列"下三角按钮，在弹出的"阵列"拓展工具面板中单击 ⁙ "沿着曲线阵列"工具按钮，根据指令栏的提示，选择要阵列的物件，按Enter键，选择路径曲线，在弹出的"沿着曲线阵列选项"对话框中，将"项目数"设为"24"，同时确保"项目间的距离"不小于"1"（使得宝石之间的距离不小于0.2mm），选择"自由扭转"单选项，单击"确定"按钮，完成操作，如图3-280、图3-281所示。

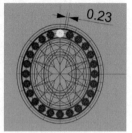

图 3-280 　　　　　　　图 3-281

STEP 14

单击"Rds_03"图层右侧的 ▩ "关闭图层"工具按钮，将"Rds_03"图层暂时关闭，如图3-282所示。

图 3-282

STEP 15

单击 ▱ "实体工具"下三角按钮，在弹出的"实体工具"拓展工具面板中单击 ◐ "布尔运算差集"工具按钮，根据指令栏的提示，选择要被减去的曲面或多重曲面，按Enter键后选择要减去其他物件的曲面或多重曲面，按Enter键完成操作，如图3-283所示。

STEP 16

单击 ▱ "建立实体"下三角按钮，在弹出的"建立实体"拓展工具面板中单击 ▯ "圆柱体"工具按钮，在Top视图中绘制半径为0.2mm、高度为0.65mm的圆柱体，如图3-284所示。

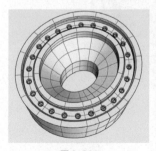

图 3-283 　　　　　　　图 3-284

STEP 17

单击 ▱ "实体工具"下三角按钮，在弹出的"实体工具"拓展工具面板中单击 ◐ "边缘圆角"工具按钮，根据指令栏的提示，选择"下一个半径"选项并输入"0.1"，再选择要建立圆角的边缘，按Enter键完成操作，如图3-285所示。

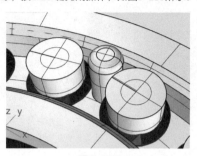

图 3-285

STEP 18

单击"Rds_03"图层右侧的 ▩ "打开图层"工具按钮，将"Rds_03"图层打开，如图3-286所示。

图 3-286

STEP 19

按Ctrl+C和Ctrl+V组合键对STEP 16中建立的圆柱体进行复制和粘贴，利用操作轴将圆柱体移动至图3-287所示位置。单击 ▦ "阵列"下三角按钮，在弹出的"阵列"拓展工具面板中单击 ⁙ "沿着曲线阵列"工具按钮，根据指令栏的提示，选择要阵列的物件，按Enter键后选择路径曲线，在弹出的"沿着曲线阵列选项"对话框中，将"项目数"设为"24"，单击"确定"按钮完成操作，如图3-288所示。

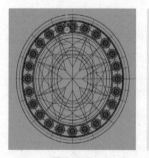

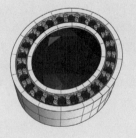

图 3-287 　　　　　　　图 3-288

STEP 20

单击 "群组" 工具按钮，将所有工作界面中的钻石和钻石镶嵌爪进行群组。单击 "锁定物件" 工具按钮，根据指令栏的提示，框选要锁定的物体，按Enter键完成操作。单击 "多重直线" 工具按钮，在Top视图中绘制图3-289所示的线段，单击 "2D旋转" 工具按钮，根据指令栏的提示，在Top视图中以（0，0）点为圆心将线段旋转45度，如图3-290所示。

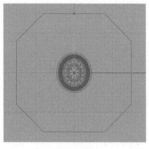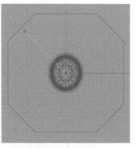

图 3-289   图 3-290

STEP 21

勾选 "物件锁点" 中的 "最近点" 复选框，单击 "多重直线" 工具 按钮，在Top视图中绘制图3-291所示的折线。

STEP 22

单击 "变动" 下三角按钮，在弹出的 "变动" 拓展工具面板中单击 "镜像" 工具按钮，根据指令栏的提示，在Top视图中以Y轴为对称轴镜像曲线，如图3-292所示。单击 "组合" 工具按钮，组合镜像的两部分曲线。

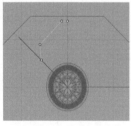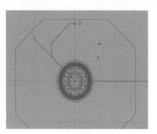

图 3-291   图 3-292

STEP 23

取消勾选 "最近点" 复选框，单击 "阵列" 下三角按钮，在弹出的 "阵列" 拓展工具面板中单击 "环形阵列" 工具按钮，根据指令栏的提示，在Top视图中以（0，0）点为阵列中心、4为阵列数进行阵列，如图3-293所示。

STEP 24

单击 "建立曲面" 下三角按钮，在弹出的 "建立曲面" 拓展工具面板中单击 "以平面曲线建立曲面" 工具按钮，根据指令栏的提示，建立图3-294所示的曲面。

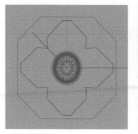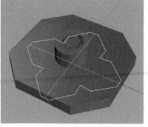

图 3-293   图 3-294

STEP 25

单击 "曲面工具" 下三角按钮，在弹出的 "曲面工具" 拓展工具面板中单击 "重建曲面" 工具按钮，根据指令栏的提示，选择要重建的曲面，按Enter键，在弹出的 "重建曲面" 对话框中，将 "U" "V" 的点数都修改为 "5"，单击 "确定" 按钮，如图3-295所示。

图 3-295

STEP 26

按Ctrl+C和Ctrl+V组合键对STEP 24中建立的曲面进行复制和粘贴，并利用操作轴将曲面移动至图3-296所示位置。

STEP 27

单击 "显示物件控制点" 工具按钮，根据指令栏的提示显示其中一个曲面的控制点，完成操作，如图3-297所示。

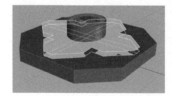

图 3-296   图 3-297

STEP 28

分别在Front视图和Right视图中框选控制点，如图3-298和图3-299所示，利用操作轴移动控制点至图3-300所示位置（保持Front视图和Right视图中移动的控制点在Z轴的位置相同）。

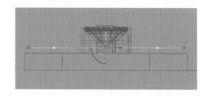

图 3-298

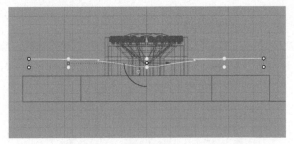

图 3-299

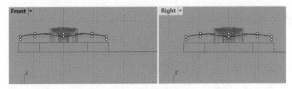

图 3-300

STEP 29

单击 "从物件建立曲线" 下三角按钮,在弹出的 "从物件建立曲线" 拓展工具面板中单击 "复制边框" 工具按钮,根据指令栏的提示,在Perspective视图中选择要复制边框的多重曲面,按Enter键完成操作,如图3-301所示。

STEP 30

单击 "建立曲面" 下三角按钮,在弹出的 "建立曲面" 拓展工具面板中单击 "放样" 工具按钮,根据指令栏的提示,在Perspective视图中选择要放样的曲线,按Enter键后根据指令栏的提示调整曲线接缝点位置(保证两个接缝点位置和方向一致),按Enter键,在弹出的 "放样选项" 对话框中单击 "确定" 按钮,完成操作,如图3-302所示。

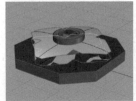

图 3-301

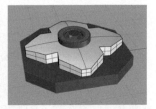

图 3-302

STEP 31

单击 "组合" 工具按钮,将图3-302中未锁定的曲面组合。

STEP 32

按Ctrl+C和Ctrl+V组合键对STEP 31组合的多重曲面进行复制和粘贴,单击 "图层" 下三角按钮,在弹出的 "图层" 拓展工具面板中单击 "更改物件图层" 工具按钮,根据指令栏的提示,选择要改变图层的物件(这里是复制的多重曲面),按Enter键,在弹出的 "物体的图层" 对话框中选择图3-303所示的图层,单击 "确定" 按钮完成操作。

图 3-303

STEP 33

单击 "1" 图层右侧的 "关闭图层" 工具按钮,将 "1" 图层关闭,如图3-304所示。

图 3-304

STEP 34

右击 "抽离曲面" 工具按钮,在Perspective视图中,根据指令栏的提示选择要抽离的曲面,按Enter键完成操作,删除其他曲面,完成操作,如图3-305所示。

STEP 35

单击 "曲线工具" 下三角按钮,在弹出的 "曲线工具" 拓展工具面板中单击 "偏移曲线" 工具按钮,根据指令栏的提示,在Perspective视图中选择要偏移的曲线,在指令栏中选择 "距离" 选项并输入 "0.4",选择朝内的方向,完成操作,如图3-306所示。

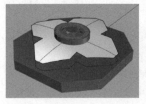

图 3-305

图 3-306

STEP 36

在Front视图中,利用操作轴,将STEP 35中的曲线移动至X轴上,如图3-307、图3-308所示。

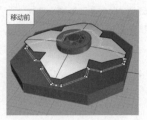

图 3-307

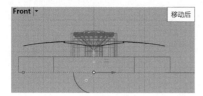

图3-308

STEP 37

单击◐"椭圆:从中心点"工具按钮，在Top视图中绘制图
3-309所示的椭圆。单击✎"多重直线"工具按钮，在Top视
图中绘制图3-310所示的线段。

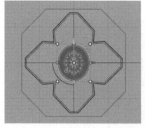

图3-309

图3-310

STEP 38

单击▦"阵列"下三角按钮，在弹出的"阵列"拓展工具面
板中单击➶"直线阵列"工具 按钮，在Top视图中，根据指令
栏的提示选择要阵列的曲线，按Enter键，在指令栏的"阵列
数"处输入"5"，按Enter键，选择第一参考点（原点）和第
二参考点（Y轴上的点），完成操作，如图3-311所示。

STEP 39

单击◞"曲线工具"下三角按钮，在弹出的"曲线工具"拓
展工具面板中单击◝"偏移曲线"工具按钮，根据指令栏的
提示，在Top视图中依次选择要偏移的曲线，在指令栏中选
择"距离"选项并输入"0.2"，选择"两侧"选项，完成操
作，如图3-312所示。

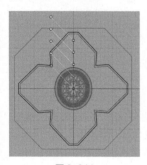

图3-311

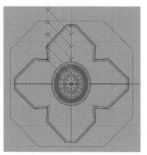

图3-312

STEP 40

单击◿"变动"下三角按钮，在弹出的"变动"拓展工具面板
中单击◓"镜像"工具按钮，根据指令栏的提示，在Top视图
中将图3-313所示的曲线以Y轴为对称轴镜像，完成操作，如
图3-314所示。

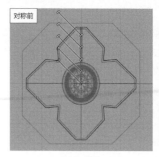

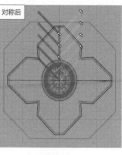

图3-313

图3-314

STEP 41

单击▦"阵列"下三角按钮，在弹出的"阵列"拓展工具面板
中单击✥"环形阵列"工具按钮，根据指令栏的提示，选择要
阵列的物件，如图3-315所示。按Enter键，在Top视图中选择
环形阵列中心点（这里选择原点），在指令栏的"阵列数"
处输入"4"，按Enter键完成操作，如图3-316所示。

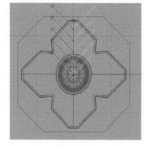

图3-315

图3-316

STEP 42

单击◔"选取"下三角按钮，在弹出的"选取"拓展工具面板
中单击◔"选取曲线"工具按钮，单击◿"修剪"工具按钮，
根据指令栏的提示在Top视图中完成修剪，如图3-317所示。
单击◔"组合"工具按钮，将曲线组合。

STEP 43

单击◈"投影曲线"工具按钮，根据指令栏的提示，在
Perspective视图中将STEP 42中的曲线投影至曲面，如图3-318
所示。

图3-317

图3-318

STEP 44

选择STEP 43中所有投影至曲面的曲线，单击 "修剪" 工具按钮，根据指令栏的提示，在Perspective视图中选择要修剪的物件，按Enter键完成操作，如图3-319所示。

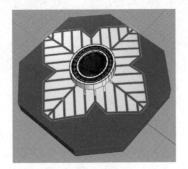

图 3-319

STEP 45

按Ctrl+C和Ctrl+V组合键复制和粘贴曲面，选择其中的一组，单击 "图层" 下三角按钮，在弹出的 "图层" 拓展工具面板中单击 "更改物件图层" 工具按钮，在弹出的 "物件图层" 对话框中，选择 "2" 图层，单击 "确定" 按钮（也可以单击 "新增" 按钮，将复制的曲面放置于新增的图层）。单击 "2" 图层右侧的 "关闭图层" 工具按钮，将图层关闭，如图3-320所示。

图 3-320

STEP 46

单击 "曲面工具" 下三角按钮，在弹出的 "曲面工具" 拓展工具面板中单击 "偏移曲面" 工具按钮，根据指令栏的提示，选择要偏移的曲面，按Enter键，在指令栏中选择 "距离" 选项并输入 "0.4"，选择 "实体" 为 "是"，选择 "两侧" 为 "是"，按Enter键完成操作，如图3-321所示。

图 3-321

STEP 47

单击 "1" 图层右侧的 "打开图层" 工具按钮，如图3-322所示。

图 3-322

STEP 48

单击 "实体工具" 下三角按钮，在弹出的 "实体工具" 拓展工具面板中单击 "布尔运算差集" 工具按钮，根据指令栏的提示，选择要被减去的曲面或多重曲面，按Enter键后选择要减去其他物件的曲面或多重曲面，按Enter键完成操作，如图3-323所示。

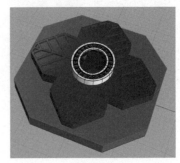

图 3-323

STEP 49

单击 "可见性" 下三角按钮，在弹出的 "可见性" 拓展工具面板中单击 "隔离物件" 工具按钮，根据指令栏的提示，选择要隔离的物件，如图3-324所示。按Enter键完成操作，如图3-325所示。

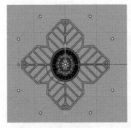 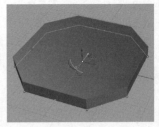

图 3-324   图 3-325

STEP 50

右击 "解除锁定物件" 工具按钮，根据指令栏的提示将多重曲面解锁。按Ctrl+C和Ctrl+V组合键复制和粘贴图3-325中的多重曲面，单击 "图层" 下三角按钮，在弹出的 "图层" 拓展工具面板中单击 "更改物件图层" 工具按钮，根据指令栏的提示，将复制的多重曲面放置于 "图层03" 中（也可放置于新增的图层），单击 "图层03" 右侧的 "关闭图层" 工具按钮，如图3-326、图3-327所示。

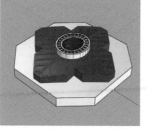

图 3-326　　　　　　　　图 3-327

STEP 51

右击 "抽离曲面" 工具按钮，在Perspective视图中，根据指令栏的提示抽离出图3-328所示的曲面。删除除抽离曲面之外的曲面。

图 3-328

STEP 52

单击 "锁定物件" 工具按钮，将图3-329所示的物件锁定。勾选 "最近点" 复选框，单击 "多重直线" 工具按钮，在Top视图中绘制图3-330所示的线段。

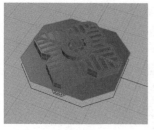

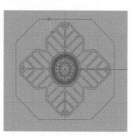

图 3-329　　　　　　　　图 3-330

STEP 53

单击 "变动" 下三角按钮，在弹出的 "变动" 拓展工具面板中单击 "镜像" 工具按钮，根据指令栏的提示，在Top视图中以Y轴为对称轴镜像线段，如图3-331所示。单击 "阵列" 下三角按钮，在弹出的 "阵列" 拓展工具面板中单击 "环形阵列" 工具按钮，在Top视图中，根据指令栏的提示将绘制的线段以（0，0）点为阵列中心、4为阵列数进行阵列，如图3-332所示。

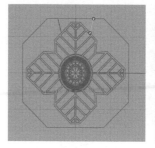

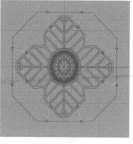

图 3-331　　　　　　　　图 3-332

STEP 54

单击 "曲线工具" 下三角按钮，在弹出的 "曲线工具" 拓展工具面板中单击 "偏移曲线" 工具按钮，根据指令栏的提示，分别将图3-333所示的曲线以0.4mm的距离进行偏移，如图3-334所示。

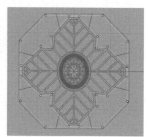

图 3-333　　　　　　　　图 3-334

STEP 55

单击 "多重直线" 工具按钮，勾选 "物件锁点" 中的 "交点" 复选框，在Top视图中绘制图3-335所示的两条线段。

STEP 56

单击 "点" 下三角按钮，在弹出的 "点" 拓展工具面板中右击 "依线段数目分段曲线" 工具按钮，根据指令栏的提示，将STEP 55中绘制的线段平均分为6段，完成操作，如图3-336所示。

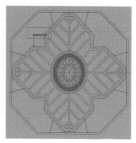

图 3-335　　　　　　　　图 3-336

STEP 57

单击 "曲线工具" 下三角按钮，在弹出的 "曲线工具" 拓展工具面板中单击 "偏移曲线" 工具按钮，根据指令栏的提示，将图3-337所示的线段向内偏移0.4mm，如图3-338所示。

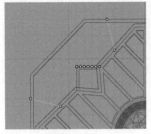
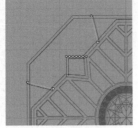

图 3-337　　　　　　　　图 3-338

STEP 58

勾选"物件锁点"中的"最近点""中点""点"复选框，绘制图3-339所示的线段。单击 ✎ "曲线工具"下三角按钮，在弹出的"曲线工具"拓展工具面板中单击 ✎ "偏移曲线"工具按钮，根据指令栏的提示，在指令栏中选择"距离"选项并输入"0.2"，选择"两侧"为"是"，选择"加盖"为"圆头"，完成操作，如图3-340所示。

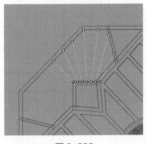
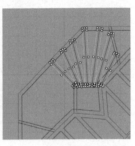

图 3-339　　　　　　　　图 3-340

STEP 59

单击 ✎ "变动"下三角按钮，在弹出的"变动"拓展工具面板中单击 ✎ "镜像"工具按钮，根据指令栏的提示，以图3-341所示的线段为对称轴将STEP 58中的曲线镜像，完成操作，如图3-342所示。

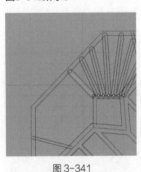
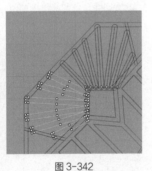

图 3-341　　　　　　　　图 3-342

STEP 60

单击 ✎ "修剪"工具按钮，修剪图3-343所示的曲线，如图3-344所示。

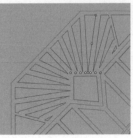

图 3-343　　　　　　　　图 3-344

STEP 61

选择所有的点并删除，单击 ✎ "显示物件控制点"工具按钮，根据指令栏的提示将STEP 59中的曲线的控制点打开，删除图3-345所示的控制点。

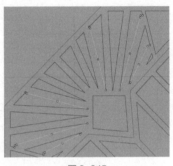

图 3-345

STEP 62

单击 ✎ "组合"工具按钮，将STEP 61中的曲线组合。单击 ✎ "阵列"下三角按钮，在弹出的"阵列"拓展工具面板中单击 ✎ "环形阵列"工具按钮，根据指令栏的提示，选择要阵列的物件，如图3-346所示。按Enter键，在Top视图中以（0，0）点为阵列中心、4为阵列数进行阵列，完成操作，如图3-347所示。

图 3-346　　　　　　　　图 3-347

STEP 63

单击 ✎ "修剪"工具按钮，根据指令栏的提示，修剪图3-348所示的曲线，如图3-349所示。

图 3-348 　　　　　　　　 图 3-349

STEP 64

右击 🔓 "解除锁定物件"工具按钮,再单击 🖉 "投影曲线"工具按钮,根据指令栏的提示,将图3-350所示的曲线投影至曲面,如图3-351所示。

图 3-350 　　　　　　　　 图 3-351

STEP 65

框选图3-352所示的物件,单击 🔒 "锁定物件"工具按钮,将所选物件锁定。单击 🪚 "分割"工具按钮,根据指令栏的提示,将图3-351所示的曲面分割,如图3-353所示。

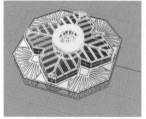 

图 3-352 　　　　　　　　 图 3-353

STEP 66

选择图3-354所示的曲面,按Ctrl+C和Ctrl+V组合键进行复制和粘贴。单击 ◈ "图层"下三角按钮,在弹出的"图层"拓展面板中单击 ◈ "更改物件图层"工具按钮,根据指令栏的提示,将复制得到的曲面放置到"图层04"中,并关闭"图层04",如图3-355所示。

图 3-354

名称	打开		材质
预设值	✓		■
1	💡	🔓	■
2	💡	🔓	■
图层 03	💡	🔓	■
图层 04	💡	🔓 ☐	■

图 3-355

STEP 67

单击 🖉 "曲面工具"下三角按钮,在弹出的"曲面工具"拓展工具面板中单击 🖉 "偏移曲面"工具按钮,根据指令栏的提示选择要偏移的曲面,在指令栏中选择"距离"选项并输入"0.4",选择"实体"为"是",选择"两侧"为"是",按Enter键完成操作,如图3-356所示。

图 3-356

STEP 68

打开"图层03",如图3-357所示。单击 🖉 "实体工具"下三角按钮,在弹出的"实体工具"拓展工具面板中单击 🖉 "布尔运算差集"工具按钮,根据指令栏的提示,删除分割出来的多余曲面,如图3-358所示。

图 3-357 　　　　　　　　 图 3-358

STEP 69

单击 🪝 "曲线工具"下三角按钮,在弹出的"曲线工具"拓展工具面板中单击 🪝 "偏移曲线"工具按钮,根据指令栏的提示,选择要偏移的曲线,如图3-359所示,在指令栏中选择"距离"选项并输入"0.5",选择方向,完成操作,如图3-360所示。

图 3-359 　　　　　　　　 图 3-360

STEP 70

选择STEP 69中的曲线,按Ctrl+C和Ctrl+V组合键复制和粘贴曲线,在Front视图中将复制得到的曲线通过操作轴移动至图3-361所示位置。

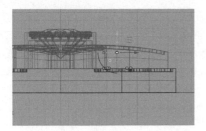

图 3-361

STEP 71

右击 "解除锁定物件" 工具按钮，单击 "2D旋转" 工具按钮，根据指令栏的提示，在Top视图中以（0，0）点为旋转中心、45度为旋转角度，将图3-362所示的所有物件旋转。在Right视图中利用操作轴将STEP 70中的曲线旋转至图3-363所示位置。

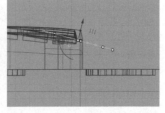

图 3-362　　　　　　　　图 3-363

STEP 72

单击 "建立曲面" 下三角按钮，在弹出的 "建立曲面" 拓展工具面板中单击 "放样" 工具按钮，根据指令栏的提示，在Perspective视图中将STEP 69中和STEP 71中的曲线分别放样成图3-364所示的曲面。单击 "建立曲面" 下三角按钮，在弹出的 "建立曲面" 拓展工具面板中单击 "以平面曲线建立曲面" 工具按钮，根据指令栏的提示，完成操作，如图3-365所示。单击 "组合" 工具按钮，将曲面组合为多重曲面。

图 3-364　　　　　　　　图 3-365

STEP 73

同理，将图3-366所示的曲线放样，单击 "实体工具" 下三角按钮，在弹出的 "实体工具" 拓展工具面板中单击 "将平面洞加盖" 工具按钮，根据指令栏的提示完成操作，如图3-367所示。

图 3-366　　　　　　　　图 3-367

STEP 74

单击 "图层" 下三角按钮，在弹出的 "图层" 拓展工具面板中单击 "更改物件图层" 工具按钮，根据指令栏的提示，将STEP 73中的多重曲面放置到 "图层05" 中。

STEP 75

单击 "阵列" 下三角按钮，在弹出的 "阵列" 拓展工具面板中单击 "环形阵列" 工具按钮，根据指令栏的提示，选择要阵列的物件，如图3-368所示，按Enter键，在Top视图中以（0，0）点为阵列中心、4为阵列数阵列物件，按Enter键完成操作，如图3-369所示。

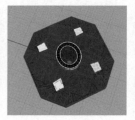

图 3-368　　　　　　　　图 3-369

STEP 76

框选所有物件，单击 "2D旋转" 工具按钮，根据指令栏的提示，在Top视图中以（0，0）点为旋转中心、45度为旋转角度进行旋转，如图3-370所示。打开 "2" 和 "图层04"，如图3-371所示。

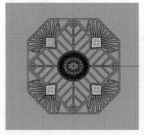
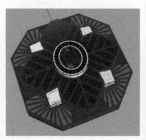

图 3-370　　　　　　　　图 3-371

STEP 77

单击 "多重直线" 工具按钮，在Top视图中绘制图3-372所示的曲线。单击 "变动" 下三角按钮，在弹出的 "变动" 拓展工具面板中单击 "镜像" 工具按钮，根据指令栏的提示，在Top视图中以Y轴为对称轴镜像曲线，单击 "组合" 工具按钮，将曲线组合，如图3-373所示。

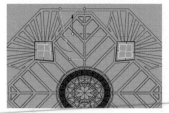

图 3-372   图 3-373

STEP 78

单击 🔵 "建立实体"下三角按钮,在弹出的"建立实体"拓展
工具面板中单击 🔲 "挤出封闭的平面曲面"工具按钮,根据指
令栏的提示,在Front视图中挤出图3-374所示的多重曲面。

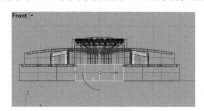

图 3-374

STEP 79

单击 ▦ "阵列"下三角按钮,在弹出的"阵列"拓展工具面
板中单击 🔵 "环形阵列"工具按钮,根据指令栏的提示,选
择要阵列的物件,按Enter键后在Top视图中以(0,0)点为
阵列中心、4为阵列数阵列物件,按Enter键完成操作,如图
3-375所示。

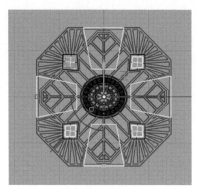

图 3-375

STEP 80

单击 🔵 "实体工具"下三角按钮,在弹出的"实体工具"拓
展工具面板中单击 🔵 "布尔运算差集"工具按钮,根据指令
栏的提示,选择要被减去的物件,按Enter键,在指令栏中选
择"删除输入物件"为"否",如图3-376所示。选择要减去
的物件(STEP 79中阵列的4个多重曲面),按Enter键完成操
作,如图3-377所示。

选取要减去其它物件的曲面或多重曲面 (删除输入物件(<u>D</u>) = 否):

图 3-376

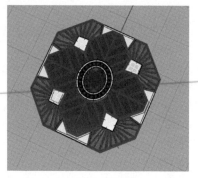

图 3-377

STEP 81

单击 🔵 "图层"下三角工具按钮,在弹出的"图层"拓展面板
中单击 🔵 "更改物件图层"工具按钮,根据指令栏的提示,将
STEP 79中的多重曲面放置到"图层05"中。

STEP 82

单击 🔵 "从物件建立曲面"下三角按钮,在弹出的"从物
立曲面"拓展工具面板中单击 🔵 "复制边缘"工具按钮,根据
指令栏的提示,在Perspective视图中选择要复制的边缘,按
Enter键完成操作。单击 🔵 "组合"工具按钮,将复制的曲线
组合,如图3-378所示。

STEP 83

单击 ↘ "曲线工具"下三角按钮,在弹出的"曲线工具"拓展
工具面板中单击 ↘ "偏移曲线"工具按钮,根据指令栏的提
示,选择要偏移的曲线,在指令栏中选择"距离"选项并输
入"0.4",选择方向完成操作,如图3-379所示。

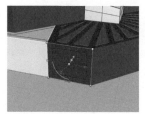

图 3-378   图 3-379

STEP 84

单击 🔵 "建立实体"工具下三角按钮,在弹出的"建立实体"
拓展工具面板中单击 🔲 "挤出封闭的平面曲面"工具按钮,根
据指令栏的提示,选择要挤出的曲线(STEP 83偏移的曲线),
按Enter键,在指令栏中选择"两侧"为"是",设置挤出长度
为"0.5",按Enter键完成操作,如图3-380所示。

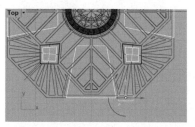

图 3-380

STEP 85

单击 "变动" 下三角按钮，在弹出的 "变动" 拓展工具面板中单击 "镜像" 工具按钮，根据指令栏的提示，在Top视图中以Y轴为对称轴镜像曲线，如图3-381所示。单击 "阵列" 下三角按钮，在弹出的 "阵列" 拓展工具面板中单击 "环形阵列" 工具按钮，根据指令栏的提示，选择要阵列的物件，按Enter键，在Top视图中以（0，0）点为阵列中心、4为阵列数阵列物件，按Enter键完成操作，如图3-382所示。

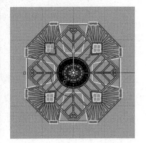

图 3-381   图 3-382

STEP 86

同理，绘制图3-383所示的多重曲面。在Top视图中以（0，0）点为环形阵列中心，阵列出4个多重曲面，如图3-384所示。

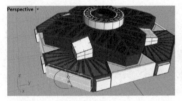

图 3-383   图 3-384

STEP 87

单击 "实体工具" 下三角按钮，在弹出的 "实体工具" 拓展工具面板中单击 "布尔运算差集" 工具按钮，根据指令栏的提示，在Perspective视图中选择要被减去的曲面或多重曲面，按Enter键后选择要减去其他物件的曲面或多重曲面，在指令栏中选择 "删除输入物件" 为 "是"，按Enter键完成操作，如图3-385所示。

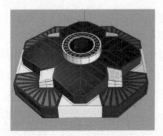

图 3-385

STEP 88

执行 "文件" ｜ "导入" 菜单命令，在弹出的 "导入" 对话框中选择宝石文件并导入，在Front视图中绘制图3-386所示的曲线。单击 "建立曲面" 下三角按钮，在弹出的 "建立曲面" 拓展工具面板中单击 "旋转成形" 工具按钮，根据指令栏的提示，在Front视图中以Z轴为旋转轴旋转出图3-387所示的曲面。

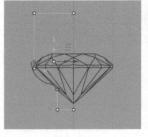
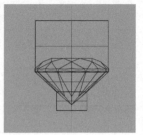

图 3-386   图 3-387

STEP 89

单击 "三轴缩放" 工具按钮，根据指令栏的提示，选择要缩放的物件，按Enter键后在Front视图中选择钻石圆心为基准点，在指令栏中设置缩放比为 "0.7"，按Enter键完成操作。在Right视图中利用操作轴将钻石和旋转成形的曲面旋转90度，再在Front视图和Top视图中移动至图3-388所示位置。

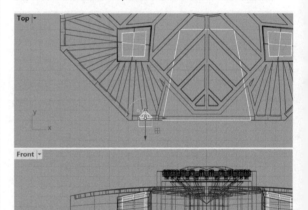

图 3-388

STEP 90

单击 "建立实体" 下三角按钮，在弹出的 "建立实体" 拓展工具面板中单击 "圆柱体" 工具按钮，根据指令栏的提示，在Front视图中绘制半径为0.4mm、高为1.5mm的圆柱体。单击 "实体工具" 下三角按钮，在弹出的 "实体工具" 拓展工具面板中单击 "边缘圆角" 工具按钮，根据指令栏的提示，选择 "下一个半径" 选项并输入 "0.1"，在Perspective视图中选择要建立圆角的边缘，按Enter键完成操作，如图3-389所示。

STEP 91

单击 "2D旋转" 工具按钮，根据指令栏的提示，在Front视图中将STEP 90绘制的圆柱体以钻石圆心为旋转中心旋转45度。单击 "阵列" 下三角按钮，在弹出的 "阵列" 拓展工具面板中单击 "环形阵列" 工具按钮，根据指令栏的提示，选择要阵列的物件，按Enter键后在Front视图中以钻石圆心点为阵列中心、4为阵列数阵列物件，按Enter键完成操作，如图3-390所示。

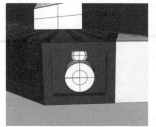 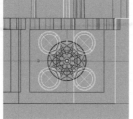

图 3-389　　　　　　　　　图 3-390

STEP 92

单击 "变动" 下三角按钮，在弹出的 "变动" 拓展工具面板中单击 "镜像" 工具按钮，根据指令栏的提示，在Top视图中以Y轴为对称轴镜像物件，如图3-391所示。

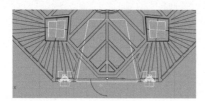

图 3-391

STEP 93

单击 "阵列" 下三角按钮，在弹出的 "阵列" 拓展工具面板中单击 "环形阵列" 工具按钮，根据指令栏的提示，选择要阵列的物件，按Enter键，在Top视图中以（0，0）点为阵列中心、4为阵列数阵列物件，按Enter键完成操作，如图3-392所示。

图 3-392

STEP 94

按Ctrl+C和Ctrl+V组合键复制和粘贴其中一组钻石、旋转成形的曲面和4个圆柱，在Top视图中利用操作轴将其移动至图3-393所示位置。

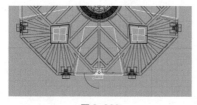

图 3-393

STEP 95

框选图3-394所示的物件，单击 "2D旋转" 工具按钮，根据指令栏的提示，在Top视图中以（0，0）点为旋转中心、45度为旋转角度旋转物件，如图3-395所示。

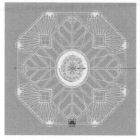 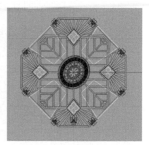

图 3-394　　　　　　　　　图 3-395

STEP 96

利用操作轴移动图3-392所示物件至图3-396所示位置。单击 "阵列" 下三角按钮，在弹出的 "阵列" 拓展工具面板中单击 "直线阵列" 工具按钮，根据指令栏的提示，在指令栏的 "阵列数" 处输入 "3" 在Top视图中进行直线阵列，如图3-397所示。

 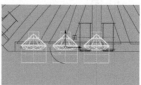

图 3-396　　　　　　　　　图 3-397

STEP 97

在Front视图中利用操作轴分别移动图3-398所示圆柱至图3-399所示位置。单击 "阵列" 下三角按钮，在弹出的 "阵列" 拓展工具面板中单击 "直线阵列" 工具按钮，根据指令栏的提示，在指令栏的 "阵列数" 处输入 "3"，在Top视图中进行直线阵列，如图3-400所示。

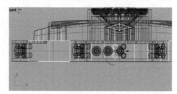

图 3-398

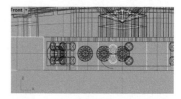

图 3-399

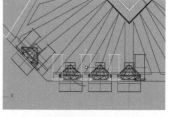

图 3-400

STEP 98

单击 "变动" 下三角按钮，在弹出的 "变动" 拓展工具面板中单击 "镜像" 工具按钮，根据指令栏的提示，在Top视图中以Y轴为对称轴镜像物件，如图3-401所示。删除多余圆柱体。

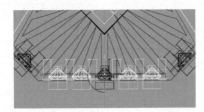

图 3-401

STEP 99

单击 "阵列" 下三角按钮，在弹出的 "阵列" 拓展工具面板中单击 "环形阵列" 工具按钮，根据指令栏的提示，选择要阵列的物件，按Enter键，在Top视图中以（0，0）点为阵列中心、4为阵列数阵列物件，按Enter键完成操作，如图3-402所示。

STEP 100

框选所有物件，单击 "2D旋转" 工具按钮，根据指令栏的提示，在Top视图中以（0，0）点为旋转中心、45度为旋转角度旋转物件。单击 "实体工具" 下三角按钮，在弹出的 "实体工具" 拓展工具面板中单击 "布尔运算差集" 工具按钮，根据指令栏的提示，在Perspective视图中选择要被减去的曲面或多重曲面，按Enter键，选择要减去其他物件的曲面或多重曲面，在指令栏中选择 "删除输入物件" 为 "是"，按Enter键完成操作，如图3-403所示。

图 3-402

图 3-403

STEP 101

框选所有物件，单击 "群组" 工具按钮，将所有物件群组，并利用操作轴在Front视图中移动群组物件。

STEP 102

单击 "圆:中心点、半径" 工具按钮，在Front视图中以（0，0）点为圆心、8.5mm为半径绘制圆形。单击 "多重直线" 工具按钮，在Right视图中绘制图3-404所示的封闭曲线。

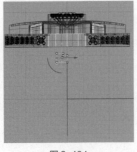

图 3-404

STEP 103

单击 "建立曲面" 下三角按钮，在弹出的 "建立曲面" 拓展工具面板中单击 "单轨扫掠" 工具按钮，根据指令栏的提示，在Perspective视图中完成扫掠，如图3-405所示。单击 "变动" 下三角按钮，在弹出的 "变动" 拓展工具面板中单击 "镜像" 工具按钮，根据指令栏的提示，在Right视图中以Z轴为对称轴镜像扫掠出的曲面，完成操作，如图3-406所示。

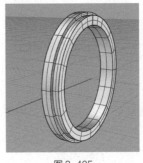

图 3-405　　　　　　　图 3-406

STEP 104

单击 "实体工具" 下三角按钮，在弹出的 "实体工具" 拓展工具面板中单击 "边缘圆角" 工具按钮，根据指令栏的提示，在指令栏中选择 "下一个半径" 选项并输入 "0.5"，按Enter键后选择要建立圆角的边缘，按Enter键完成操作，如图3-407所示。

STEP 105

单击 "实体工具" 下三角按钮，在弹出的 "实体工具" 拓展工具面板中单击 "边缘斜角" 工具按钮，根据指令栏的提示，在指令栏中选择 "下一个斜角距离" 选项并输入 "0.2"，按Enter键后选择要建立斜角的边缘，按Enter键完成操作，如图3-408所示。

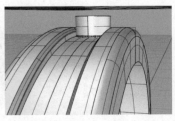

图 3-407　　　　　　　图 3-408

STEP 106

绘制图3-409所示的钻石和打孔物件（参考STEP 88和STEP 89），并在Front视图中通过操作轴将其放置于图3-410所示位置。

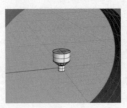

图 3-409　　　　　　　图 3-410

STEP 107

参考STEP 骤88、STEP 89和STEP 90绘制钻石圆爪，并在Top视图中通过操作轴将其移动至图3-411所示位置。单击 "2D旋转" 工具按钮，根据指令栏的提示，在Front视图中以（0，0）点为旋转中心、6度为旋转角度（360除以30再除以2）旋转物件，如图3-412所示。

图3-411

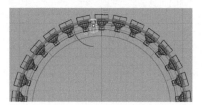

图3-412

STEP 108

单击 "变动" 下三角按钮，在弹出的 "变动" 拓展工具面板中单击 "镜像" 工具按钮，根据指令栏的提示，在Top视图中以X轴为对称轴镜像物件，完成操作，如图3-413所示。

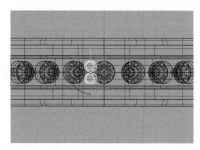

图3-413

STEP 109

单击 "阵列" 下三角按钮，在弹出的 "阵列" 拓展工具面板中单击 "环形阵列" 工具按钮，根据指令栏的提示，选择要阵列的物件，按Enter键，在Front视图中以（0，0）点为阵列中心、30为阵列数阵列物件，按Enter键完成操作，如图3-414所示。

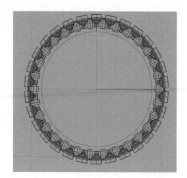

图3-414

STEP 110

删除不需要镶嵌的部分，如图3-415所示。单击 "实体工具" 下三角按钮，在弹出的 "实体工具" 拓展工具面板中单击 "布尔运算差集" 工具按钮，根据指令栏的提示，在Perspective视图中选择要被减去的曲面或多重曲面，按Enter键后选择要减去其他物件的曲面或多重曲面，在指令栏中选择 "删除输入物件" 为 "是"，按Enter键完成操作，如图3-416所示。

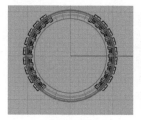

图3-415　　　　　　　　图3-416

STEP 111

在Front视图中通过操作轴移动戒指上面的部分至合适位置，如图3-417、图3-418所示。

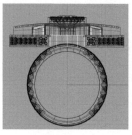
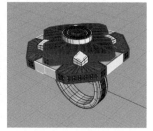

图3-417　　　　　　　　图3-418

◆ 衔接曲面

调整曲面的边缘，与其他曲面形成位置、正切或曲率连续，其操作步骤如下。

单击 "曲面工具" 下三角按钮，在弹出的 "曲面工具" 拓展工具面板中单击 "衔接曲面" 工具按钮，根据指令栏的提示，选择要改变的未修剪曲面边缘，再选择要衔接的曲线或边缘（两个曲面边缘必须选取同一侧，目标曲面的边缘可以是修剪的或未修剪的边缘），在弹出的"衔接曲面"对话框中，设置"连续性"等选项，单击"确定"按钮完成操作，如图3-419、图3-420所示。

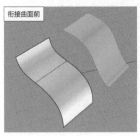
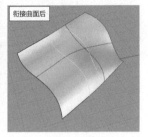

图 3-419　　　　　　　　图 3-420

指令栏中的选项

多重衔接：同时衔接一个以上的边缘，如图3-421、图3-422所示。

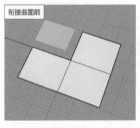
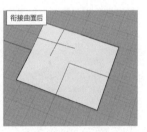

图 3-421　　　　　　　　图 3-422

靠近曲面的曲线：选择"打开"时，可以选择一条曲面上或靠近曲面的曲线，然后曲面将衔接到这条曲线，如图3-423、图3-424所示。

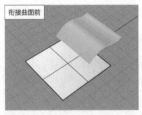
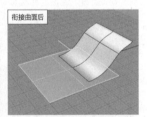

图 3-423　　　　　　　　图 3-424

补充说明

1. 要更改的衔接曲面的边缘必须是未修剪的边缘。

2. 如果选择了"多重衔接"，只允许衔接边缘。

"衔接曲面"对话框中的选项

连续性：设定衔接的连续性。

维持另一端：改变曲面的阶数以增加控制点，避免曲面另一端边缘的连续性被破坏。

互相衔接：两个曲面都会被修改为过渡的形状，如果目标曲面的边缘是未修剪的边缘，则两个曲面的形状会被平均调整，如图3-425、图3-426所示。

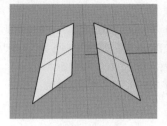
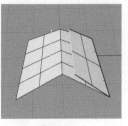

图 3-425　　　　　　　　图 3-426

以最接近点衔接边缘：变更的曲面边缘与目标边缘有两种对齐方式，一种对齐方式是延伸或缩短曲面边缘，使两个曲面的边缘在衔接后端点对端点；另一种对齐方式是将变更的曲面边缘的每一个控制点拉至目标曲面边缘上的最接近点，如图3-427、图3-428所示。

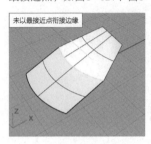
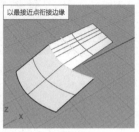

图 3-427　　　　　　　　图 3-428

精确衔接：检查两个曲面衔接后边缘的误差是否小于设定的公差，必要时会在变更的曲面上加入更多的结构线（节点），使两个曲面衔接边缘的误差小于设定的公差，如图3-429、图3-430所示。

距离：模型单位的位置衔接公差。

相切：正切衔接的角度公差。

曲率：曲率衔接的曲率公差百分比。

图 3-429　　　　　　　　图 3-430

翻转：仅适用于靠近曲面的曲线，用于更改曲面的方向。

结构线方向调整：设定衔接时参数化构建曲面的方式、曲面结构线方向的变化方式，如图3-431、图3-432所示。

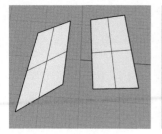
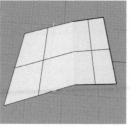

图 3-431   图 3-432

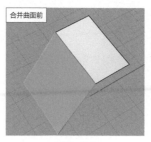
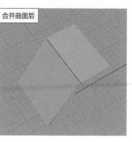

合并曲面前   合并曲面后

图 3-433   图 3-434

自动：如果目标边缘是未修剪的边缘，则结果和使用"与目标结构线方向一致"选项的结果相同；如果目标边缘是修剪过的边缘，则结果和使用"与目标边缘垂直"选项的结果相同。

维持结构线方向：不变更现有结构线的方向。

与目标结构线方向一致：变更的曲面的结构线方向与目标曲面的结构线平行。

与目标边缘垂直：变更的曲面的结构线方向会与目标曲面边缘垂直。

补充说明

1. 变更的曲面边缘必须是未修剪的边缘。

2. 封闭的边缘不能衔接至开放的边缘。

3. 如果只衔接到目标边缘的一部分，请先使用"分割"工具分割目标边缘。

4. "衔接曲面"工具适用于原本已经非常接近的两个曲面边缘，衔接的曲面只需要做小幅度的调整就可以完成精确的衔接。

5. 使用"衔接曲面"工具变更的曲面比较像新建立的曲面，而不是对曲面做微调。如果衔接两个距离很远的曲面边缘，衔接后曲面的形状的变化会很大，可能需要试试不同的设定才能得到想要的结果。

6. 使用"衔接曲面"工具衔接曲面之前用"插入节点"或"移除节点"工具在要变更的曲面加入或移除结构线，可以控制曲面衔接后的变形范围。

◆ **合并曲面**

合并两个曲面的未修剪边缘成为单一曲面，其操作步骤如下。

单击 "曲面工具"下三角按钮，在弹出的"曲面工具"拓展工具面板中单击 "合并曲面"工具按钮，根据指令栏的提示，选择一对要合并的曲面，完成操作，如图 3-433、图3-434所示。

指令栏中的选项

平滑：平滑地合并两个曲面，合并以后的曲面比较适合通过控制点来调整，但曲面会有较大的变形。

公差：两个要合并的边缘的距离必须小于这个设定的公差值。这个公差值以模型的绝对公差为预设值，无法将这个公差值设为0或任何小于绝对公差的数值。

圆度：定义合并的圆度（平滑度、钝度、不尖锐度），预设值为1，设定的数值必须介于0（尖锐）与1（平滑）之间，如图3-435、图3-436所示。

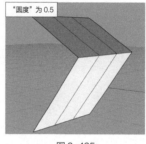
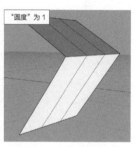

"圆度"为 0.5   "圆度"为 1

图 3-435   图 3-436

补充说明

1. 有时未修剪的共用边缘的两个曲面可以合并成单一曲面，两个曲面的接合处在合并后会变得平滑。可以先建立物件一侧的曲面，镜像曲面到另一侧，再将两个曲面合并，去除两个曲面之间的锐边，而且合并后的曲面可以使用控制点编辑。

2. 要合并的两个曲面除了必须有沿 U 方向或 V 方向精确的边之外，边缘两端的端点也必须相互对齐。

3. 如果合并后的曲面是封闭的，可以使用"周期化"工具使该曲面周期化，这样编辑控制点时才不会出现锐边。

4. 通常，放样、单轨扫掠或双轨扫掠出与其他曲面共边的未修剪曲面时，只能使用"合并曲面"工具来合并，使用"合并曲面"工具可以将它们合并成单一曲面。如果建立的曲面的边缘是修剪过的边缘，则必须使用其他处理方式。

5. 每一个修剪过的曲面都有一个定义其几何图形的未修剪曲面（原始曲面），而曲面的修剪边缘曲线用来定义曲面要被修剪掉的部分，使用"合并曲面"工具可以将数个原始曲面合并成一个较大的单一曲面。

◆ 重建曲面和重建曲面边缘

重建曲面

以设定的阶数和控制点数重建曲线或曲面，其操作步骤如下。

单击 🖱 "曲面工具"下三角按钮，在弹出的"曲面工具"拓展工具面板中单击 🖱 "重建曲面"工具按钮，根据指令栏的提示，选择要重建的曲面，按Enter键，在弹出的图3-437所示的"重建曲面"对话框中，设置的点数和阶数，单击"确定"按钮完成操作，如图3-438、图3-439所示。

图 3-437

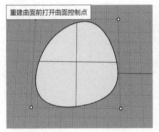 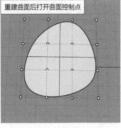

图 3-438   图 3-439

"重建曲面"对话框中的选项

点数："U"为曲面U方向的点数，"V"为曲面V方向的点数。

阶数："U"为曲面U方向的阶数，"V"为V方向的阶数。

删除输入物件：将原来的物件从文件中删除。

目前的图层：在目前的图层建立新物件，若取消勾选这个复选框，则会在原来物件所在的图层建立新物件。

重新修剪：以原来的边缘曲线修剪重建后的曲面。

跨距数："U"为U方向之前的最小跨距数（括号中）和将得到的跨距数；"V"为V方向之前的最小跨距数（括号中）和将得到的跨距数。

最大偏差值：计算重建的曲面与原来的曲面之间的最大偏差值。

计算：计算原来的曲面与重建后的曲面的偏差距离，计算偏差距离的位置是结构线的交点与每个跨距的中点。指示线的颜色可以用来判断重建后的曲面与原来的曲面之间的偏差距离，绿色代表曲面的偏差距离小于绝对公差，黄色代表偏差距离介于绝对公差与10倍绝对公差之间，红色代表偏差距离大于10倍绝对公差。

预览：显示输出预览。如果更改了设置，单击"预览"按钮将更新显示。

重建曲面边缘

将多重曲面炸开成单一曲面后，可以用此工具复原曲面的边缘，其操作步骤如下。

单击 🖱 "曲面工具"下三角按钮，在弹出的"曲面工具"拓展工具面板中单击 🖱 "重建边缘"工具按钮，根据指令栏的提示，选择要重建边缘的曲面，按Enter键完成操作，如图3-440、图3-441所示。

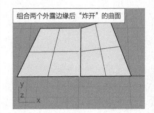 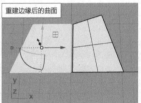

图 3-440   图 3-441

指令栏中的选项

公差：取代系统公差的设定。

💎 首饰案例：花形耳钉建模

本例创建的耳钉如图3-442所示。

图 3-442

STEP 01

单击 "控制点曲线" 工具按钮，在Top视图中绘制图3-443所示的曲线。

STEP 02

单击 "建立曲面" 下三角按钮，在弹出的 "建立曲面" 拓展工具面板中单击 "以平面曲线建立曲面" 工具按钮，根据指令栏的提示，建立图3-444所示的曲面。

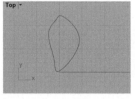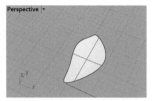

图 3-443　　　　　　　　图 3-444

STEP 03

单击 "曲面工具" 下三角按钮，在弹出的 "曲面工具" 拓展工具面板中单击 "重建曲面" 工具按钮，根据指令栏的提示将曲面U方向、V方向的点数修改为图3-445所示。单击 "显示物件控制点" 工具按钮，如图3-446所示。

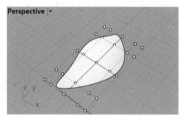

图 3-445　　　　　　　　图 3-446

STEP 04

在Front视图和Right视图中通过操作轴将控制点移动至图3-447所示位置。

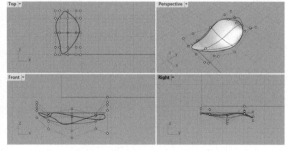

图 3-447

STEP 05

单击 "曲面工具" 下三角按钮，在弹出的 "曲面工具" 拓展工具面板中单击 "偏移曲面" 工具按钮，根据指令栏的提示，在指令栏中选择 "距离" 选项并输入 "1"，选择 "实体" 为 "否"，方向朝外，如图3-448所示。按Enter键完成操作，如图3-449所示。

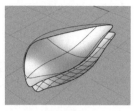

图 3-448　　　　　　　　图 3-449

STEP 06

单击 "曲面工具" 下三角按钮，在弹出的 "曲面工具" 拓展工具面板中单击 "混接曲面" 工具按钮，根据指令栏的提示，完成操作，如图3-450所示。单击 "组合" 工具按钮，将全部曲面组合。

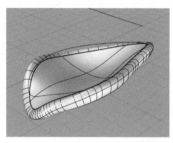

图 3-450

STEP 07

同理，绘制其他花瓣，如图3-451所示。通过操作轴将花瓣移动和旋转至图3-452所示位置。

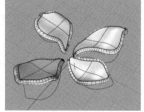

图 3-451　　　　　　　　图 3-452

STEP 08

单击 "建立实体" 下三角按钮，在弹出的 "建立实体" 拓展工具面板中单击 "球体：中心点、半径" 工具按钮，根据指令栏的提示，在Top视图中绘制半径为3mm的球体，如图3-453所示。

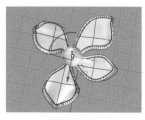

图 3-453

STEP 09

单击 "建立曲面" 下三角按钮，在弹出的 "建立曲面" 拓展工具面板中单击 "矩形平面:角对角" 工具按钮，根据指令栏的提示，在Top视图中绘制图3-454所示的矩形平面，并在Front视图中通过操作轴将其移动至图3-455所示位置。

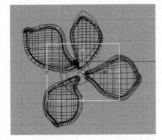

图 3-454

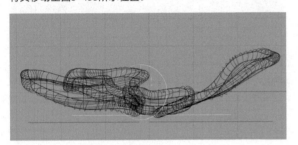

图 3-455

STEP 10

按Ctrl+C和Ctrl+V组合键复制和粘贴球体，单击 "图层" 下三角按钮，在弹出的 "图层" 拓展工具面板中单击 "更改物件图层" 工具按钮，根据指令栏的提示，将其中一个球体放置于图层中，并关闭图层，如图3-456所示。

图 3-456

STEP 11

单击 "修剪" 工具按钮，根据指令栏的提示在Perspective视图中将球体修剪为图3-457所示的效果。

STEP 12

单击 "曲面工具" 下三角按钮，在弹出的 "曲面工具" 拓展工具面板中单击 "偏移曲面" 工具按钮，根据指令栏的提示，在指令栏中选择 "距离" 选项并输入 "0.4"，选择 "实体" 为 "否"，方向朝外，按Enter键完成操作，如图3-458所示。

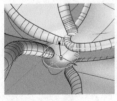

图 3-457

图 3-458

STEP 13

单击 "曲面工具" 下三角按钮，在弹出的 "曲面工具" 拓展工具面板中单击 "混接曲面" 工具按钮，根据指令栏的提示，混接出图3-459所示的曲面。单击 "组合" 工具按钮，将全部曲面组合。

STEP 14

显示隐藏的图层，通过操作轴调整各部分之间的位置关系，如图3-460所示。

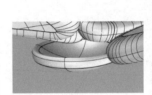

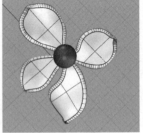

图 3-459   图 3-460

STEP 15

单击 "实体工具" 下三角按钮，在弹出的 "实体工具" 拓展工具面板中单击 "布尔运算差集" 工具按钮，根据指令栏的提示，选择要被减去的多重曲面（这里是4片花瓣），按Enter键，在指令栏中选择 "删除输入物件" 为 "否"，再选择要减去其他物件的多重曲面（这里为珍珠球体），按Enter键完成操作，如图3-461所示。

STEP 16

绘制耳针，如图3-462所示。

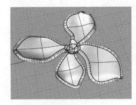

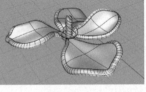

图 3-461   图 3-462

STEP 17

单击 "建立实体" 下三角按钮，在弹出的 "建立实体" 拓展工具面板中单击 "圆柱工具" 按钮，在Top视图和Front视图以半径为0.4mm、高为11mm绘制图3-463所示的圆柱。

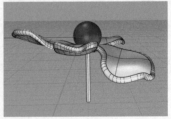

图 3-463

STEP 18

在Right视图中通过操作轴将全部物件旋转90度，单击 "变动"下三角按钮，在弹出的"变动"拓展工具面板中单击 "镜像"工具按钮，根据指令栏的提示，在Front视图中以Z轴为对称轴镜像耳钉，如图3-464所示。通过操作轴调整两只耳钉的位置，完成操作，如图3-465所示。

图 3-464　　　　　　　　图 3-465

◆ 缩回已修剪曲面

将原始曲面缩减至"接近"曲面修剪边界的大小。缩回曲面就像平滑地延伸曲面，只不过方向相反，原始曲面被修剪的位置会被添加节点，多余的控制点会被删除。操作步骤如下。

单击 "曲面工具"下三角按钮，在弹出的"曲面工具"拓展工具面板中单击 "缩回已修剪曲面"工具按钮，根据指令栏的提示，选择要缩回的已修剪曲面，按Enter键完成操作，如图3-466、图3-467所示。

图 3-466　　　　　　　　图 3-467

◆ 取消修剪

移除曲面的修剪边缘，其操作步骤如下。

单击 "曲面工具"下三角按钮，在弹出的"曲面工具"拓展工具面板中单击 "取消修剪"工具按钮，根据指令栏的提示，选择要取消修剪的边缘，完成操作，如图3-468和图3-469所示。

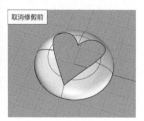 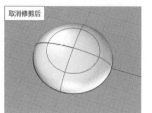

图 3-468　　　　　　　　图 3-469

指令栏中的选项

保留修剪物件：若选择"是"，则取消修剪时将修剪边缘复制为曲线，如图3-470所示；若选择"否"，则取消修剪时不将修剪边缘复制为曲线。

所有相同类型：若选择"是"，点选曲面上的洞时所有的洞将取消修剪，如图3-471、图3-472和图3-473所示。

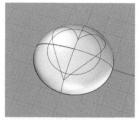 

图 3-470　　　　　　　　图 3-471

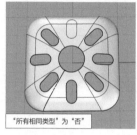 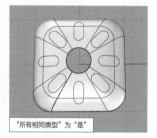

图 3-472　　　　　　　　图 3-473

◆ 连接曲面

延伸两个曲面并相互修剪，使两个曲面的边缘相接，其操作步骤如下。

单击 "曲面工具"下三角按钮，在弹出的"曲面工具"拓展工具面板中单击 "连接曲面"工具按钮，根据指令栏的提示，分别选择要连接的第一个曲面边缘和第二个曲面边缘，完成操作，如图3-474、图3-475所示。

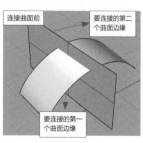 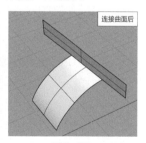

图 3-474　　　　　　　　图 3-475

◆ **对称**

镜像曲线或曲面，使得两侧的曲线或曲面正切，当编辑一侧的物件时，另一侧的物件会做对称性的改变。使用这个工具时必须打开记录建构历史。操作步骤如下。

单击 🔧"曲面工具"下三角按钮，在弹出的"曲面工具"拓展工具面板中单击 🔲"对称"工具按钮，根据指令栏的提示，选择曲线端点或曲面边缘，再选择对称平面起点和终点，完成操作，如图3-476、图3-477所示。同理，绘制对称曲面，如图3-478、图3-479所示。

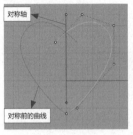

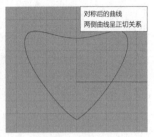

图 3-476   图 3-477

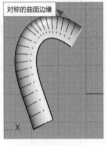

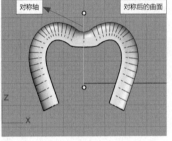

图 3-478   图 3-479

指令栏中的选项

连续性：设定原来的曲线与镜像的曲线之间的连续性。若选择"无"，则不受限制；若选择"位置"，则镜像的曲线与原来的曲线的端点以G0连续性相接；选"平滑"，则镜像的曲线与原来的曲线的端点以G2连续性相接。

◆ **调整封闭曲面的接缝**

移动封闭曲面的接缝到其他位置，其操作步骤如下。

单击 🔧"曲面工具"下三角按钮，在弹出的"曲面工具"拓展工具面板中单击 🔲"调整封闭曲面的接缝"工具按钮，根据指令栏的提示，选择要调整接缝的封闭曲面，调整曲面接缝，完成操作，如图3-480、图3-481所示。

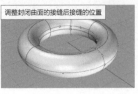

图 3-480   图 3-481

指令栏中的选项

U：调整曲面U方向的接缝。

V：调整曲面V方向的接缝。

两方向：同时调整曲面U、V两个方向的接缝。

◆ **替换曲面边缘**

以直线、两侧边缘的延伸线或曲线重新修剪选择的修剪边缘，其操作步骤如下。

单击 🔧"曲面工具"下三角按钮，在弹出的"曲面工具"拓展工具面板中单击 🔲"替换曲面边缘"工具按钮，根据指令栏的提示，选择要删除的曲面边缘，按Enter键完成操作，如图3-482、图3-483所示。

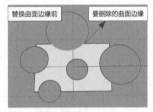

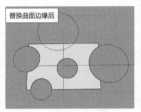

图 3-482   图 3-483

指令栏中的选项

保留修剪物件：设定是否将原修剪物件保留。

模式：若选择"以直线取代"，则使用边缘端点之间的连线替换原来的边缘，如图3-484、图3-485所示；若选择"延伸两侧边缘"，则以两侧边缘的延伸线重新修剪选择的修剪边缘，两侧边缘的延伸线的交点必须在原始曲面的范围内才能完成重新修剪，如图3-486所示；若选择"选取曲线"，则以曲线重新修剪选取的修剪边缘。

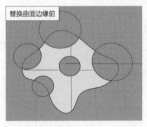

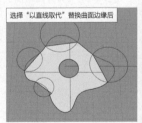

图 3-484   图 3-485

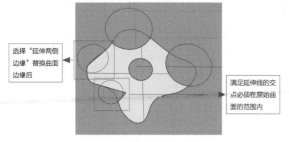

选择"延伸两侧边缘"替换曲面边缘后

满足延伸线的交点必须在原始曲面的范围内

图 3-486

◆ 设定曲面的正切方向

设置修剪曲面边缘的正切方向，其操作步骤如下。

单击 🎯"曲面工具"下三角按钮，在弹出的"曲面工具"拓展工具面板中单击 🔄"设置曲面的正切方向"工具按钮，根据指令栏的提示，选择未修剪的外露边缘，分别选择正切方向的基准点和方向的第二点，完成操作，如图3-487、图3-488所示。

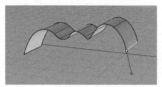
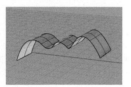

图 3-487   图 3-488

◆ 在两个曲面之间建立均分曲面

在两个曲面之间建立均分的曲面，其操作步骤如下。

单击 🎯"曲面工具"下三角按钮，在弹出的"曲面工具"拓展工具面板中单击 🔷"在两个曲面之间建立均分曲面"工具按钮，根据指令栏的提示，分别选择起点曲面和终点曲面，按Enter键完成操作，如图3-489所示。

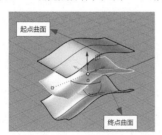

起点曲面

终点曲面

图 3-489

指令栏中的选项

曲面的数目：在两个输入的曲面之间建立均分曲面的数目。

匹配方式：设定输出的曲面的计算方式。若选择"无"，则不精简输出曲面的结构，结果曲面的控制点将

与现有曲面对应的控制点相连接，如果曲面的控制点数量不能匹配，多余的控制点都与控制点较少曲面的最后一个控制点相连接；若选择"重新逼近"，则重新逼近输入的曲面，效果类似于"以公差重新逼近曲面"工具，建立的曲面会比较复杂；若选择"取样点"，则在输入的曲面以设定的数目建立平均分段点，以分段点为参考建立均分曲面。

◆ 更改曲面阶数

在维持节点结构的情况下，增减曲线或曲面节点跨度内的控制点数目以变更曲线或曲面的阶数，其操作步骤如下。

单击 🎯"曲面工具"下三角按钮，在弹出的"曲面工具"拓展工具面板中单击 🔷"更改曲面阶数"工具按钮，根据指令栏的提示，选择要改变阶数的曲线或曲面，按Enter键，在指令栏中输入新的U阶数和V阶数，完成操作。

指令栏中的选项

可塑形的：选择"是"时，如果原来的曲线或曲面的阶数与变更后的阶数不同，则曲线或曲面会稍微变形，但不会产生复节点；选择"否"时，如果原来的曲线或曲面的阶数小于变更后的阶数，则新的曲线或曲面与原来的曲线或曲面有完全一样的形状与参数化，但会产生复节点。复节点数目 = 原来节点位置的节点数目 + 新阶数 − 旧阶数。如果原来的曲线或曲面的阶数大于变更后的阶数，则新的曲线或曲面会稍微变形，但不会产生复节点。

◆ 以公差重新逼近曲面

减少曲面控制点的数目，但是尽量不改变曲面的形状，其操作步骤如下。

单击 🎯"曲面工具"下三角按钮，在弹出的"曲面工具"拓展工具面板中单击 🔷"以公差重新逼近曲面"工具按钮，根据指令栏的提示，选择要重新逼近的曲面，按Enter键后在指令栏中输入逼近公差值，按Enter键完成操作，如图3-490、图3-491所示。

以公差重新逼近曲面前   以公差重新逼近曲面后

图 3-490   图 3-491

指令栏中的选项

删除输入物件：若选择"是"，则将原来的物件从文件中删除；若选择"否"，则保留原来的物件。

重新修剪：以原来的边缘曲线修剪重新逼近后的曲面。

U阶数/V阶数：设定曲面的U方向与V方向的阶数。

目的图层：指定建立物件的图层。若选择"目前的"，则在目前的图层建立物件；若选择"输入物件"，则在输入物件所在的图层建立物件；若选择"目标物件"，则在目标物件所在的图层建立物件。

◆ **分割边缘**

在指定点分割曲面边缘，其操作步骤如下。

单击 ◉ "曲面工具工具"下三角按钮，在弹出的"曲面工具"拓展工具面板中单击 ◰ "分割边缘"工具按钮，根据指令栏的提示，选择要分割的边缘，再选择边缘上的分割点，按Enter键完成操作，如图3-492所示。

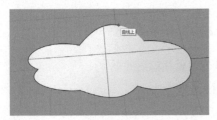

图3-492

◆ **参数均匀化**

修改曲线或曲面的参数，使每个控制点对曲线或曲面有相同的影响。使用"参数均匀化"工具可以使曲线或曲面的节点向量一致化，曲线或曲面的形状会有一些改变，但控制点不会被移动。操作步骤如下。

单击 ◉ "曲面工具"下三角按钮，在弹出的"曲面工具"拓展工具面板中单击 ✦ "参数均匀化"工具按钮，根据指令栏的提示，选择要将参数均匀化的曲线或曲面，按Enter键完成操作。

◆ **使曲面周期化**

移除曲线的锐角或曲面的锐边，其操作步骤如下。

单击 ◉ "曲面工具"下三角按钮，在弹出的"曲面工具"拓展工具面板中单击 ◈ "使曲面周期化"工具按钮，根据指令栏的提示，选择要周期化的曲线或曲面（点靠近边缘处），按Enter键完成操作，如图3-493、图3-494所示。

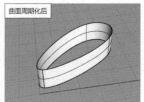

曲面周期化前

曲面周期化后

图3-493　　　　　　　　图3-494

指令栏中的选项

平滑：控制如何移除锐角或锐边。若选择"是"，则移除所有锐角并移动控制点得到平滑的曲线，如图3-495所示；若选择"否"，则控制点的位置不会改变或只有很小的改变（只有一个点可以移动），并且只修改节点向量，如图3-496所示。

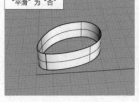

"平滑"为"是"

"平滑"为"否"

图3-495　　　　　　　　图3-496

◆ **摊平可展开曲面的接缝**

将U、V两个方向之中只有一个方向有曲率的曲面或多重曲面摊开为平面，其操作步骤如下。

单击 ◉ "曲面工具"下三角按钮，在弹出的"曲面工具"拓展工具面板中单击 ✎ "摊平可展开曲面的接缝"工具按钮，根据指令栏的提示，选择要摊平的曲面或多重曲面，再选择要摊平的曲面上的曲线，按Enter键完成操作，如图3-497所示。

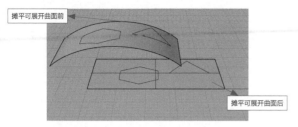

图 3-497

指令栏中的选项

炸开：若选择"是"，则展开后的曲面各自分开；若选择"否"，则展开后的曲面以未展开前的共用边缘组合在一起，如图3-498、图3-499所示。

图 3-498

图 3-499

◆ **压平曲面**

展开双向都有曲率的曲面，其操作步骤如下。

单击 "曲面工具"下三角按钮，在弹出的"曲面工具"拓展工具面板中单击 "压平曲面"工具按钮，根据指令栏的提示，选择要压平的曲面或多重曲面，按Enter键后选择要摊平的曲面上的曲线，按Enter键完成操作，如图3-500所示。

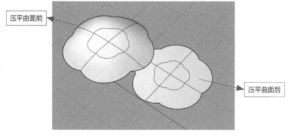

图 3-500

指令栏中的选项

炸开：若选择"是"，则展开后的曲面各自分开；若选择"否"，则展开后的曲面以未展开前的共用边缘组合在一起，如图3-501、图3-502所示。

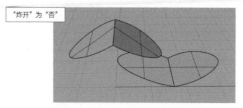

图 3-501

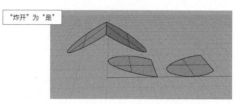

图 3-502

标签：展开前及展开后的曲面边缘会以注解点标示相对的边缘，如图3-503所示。

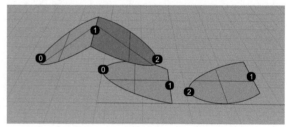

图 3-503

保留属性：将物件属性复制到展开后的曲面。

◆ **调整曲面边缘转折**

调整曲线端点或曲面未修剪边缘处的形状，其操作步骤如下。

单击 "曲面工具"下三角按钮，在弹出的"曲面工具"拓展工具面板中单击 "调整曲面边缘转折"工具按钮，根据指令栏的提示，选择要调整的曲线或曲面边缘，选择要移动的点，再选择要移至的点，按Enter键完成操作，如图3-504所示。

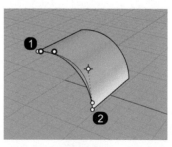

图 3-504

指令栏中的选项

连续性：设置每个曲线或曲面边缘的连续性。

维持另一端：以设定的连续性维持曲面的另一端。若选择"无"，则不受限制；若选择"位置"，则仅位置连续；若选择"正切"，则位置与方向都连续；若选择"曲率"，则位置、方向及曲率都连续。

◆ **沿着锐边分割曲面**

沿着锐边或正切点将曲面分割为多重曲面。有折痕（锐边）的曲面是一种看起来像多重曲面，但实际是无法炸开的单一曲面。使用"沿着锐边分割曲面"工具可以沿着锐边将曲面分割，使它变成多重曲面，其操作步骤如下。

单击 "曲面工具"下三角按钮，在弹出的"曲面工具"拓展工具面板中单击 "沿着锐边分割曲面"工具按钮，根据指令栏的提示，选择要沿着锐边分割的曲面或多重曲面，按Enter键完成操作，如图3-505、图3-506所示。

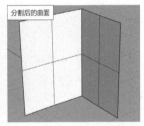

图 3-505　　　　　　图 3-506

指令栏中的选项

分割正切点：沿着正切点分割曲面。

分割锐角点：沿着锐边分割曲面。

◆ **分析方向**

显示与编辑物件的方向，封闭的曲面、多重曲面与挤出物件的法线方向只能朝外，其操作步骤如下。

单击 "分析方向"工具按钮，根据指令栏的提示单击要显示方向的物件，按Enter键完成操作，如图3-507所示。

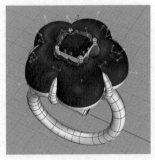

图 3-507

指令栏中的选项

反转：反转物件的方向。

全部反转：反转所有选择的曲面的方向。此选项在选择数个曲面时才出现。

◆ **显示边缘**

醒目地提示曲面与多重曲面的边缘，曲面的边缘可以是修剪过的或未修剪的边缘。操作步骤如下。

单击 "分析"下三角按钮，在弹出的"分析"拓展工具面板中单击 "显示边缘"工具按钮，根据指令栏的提示，选择要显示方向的物体，按Enter键完成操作，如图3-508所示。

图 3-508

"边缘分析"对话框中的选项

显示：若选择"全部边缘"，则显示所有的曲面、多重曲面和网格的边缘，如图3-509所示；若选择"外露的网格边缘"，则显示未组合的曲面、多重曲面和网格的边缘，外露边缘是曲面、多重曲面或网格未与其他边缘相接的边缘，实体没有外露边缘，如图3-510所示；若选择"非流形的网格边缘"，则显示有3个以上的曲面或网格面公用的组合边缘，如图3-511所示。

边缘颜色：设定边缘的显示颜色。

新增物件：新增要显示边缘的物件。

移除物件：关闭物件的边缘显示。

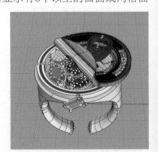

图 3-509

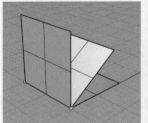

图 3-510　　　　　　图 3-511

💎 曲面连续性检查

在几何中，用相交、相离、相切等描述两条曲线的关系。在Rhino中，用连续性来描述两条曲线的关系。曲线的连续性很难用肉眼分辨，但是用曲线生成曲面时，就会影响曲面的平滑度。要做出美观顺滑的曲面，那么曲线一定要有较好的连续性。可以通过曲率图形观察曲线的弯曲变化程度。

◆ 曲率图形

打开曲率图形的操作步骤如下。

单击 ～ "分析"下三角按钮，在弹出的"分析"拓展工具面板中单击 ✐ "打开曲率图形"工具按钮，根据指令栏的提示，选择要显示曲率图形的物件，按Enter键后弹出"曲率图形"对话框，以图形化的方式显示选择的曲线或曲面的曲率，如图3-512所示。

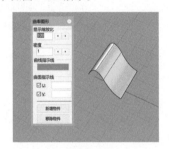

图 3-512

> **补充说明**
>
> 可以使用"曲率图形"对话框中的选项设定曲率图形的显示缩放比、密度、颜色及是否同时显示曲面U和V两个方向的曲率图形。执行这个指令后，即使执行其他指令，曲率图形及相应对话框依然会持续打开，直至将它关闭。

"曲率图形"对话框中的选项

显示缩放比：缩放曲率指示线。指示线被放大后，微小的曲率变化会变得非常明显。将"显示缩放比"设为"100"时，指示线的长度与曲率数值为1:1，如图3-513、图3-514所示。

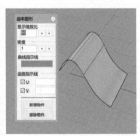

图 3-513   图 3-514

密度：设定曲率指示线的数量，如图3-515、图3-516所示。

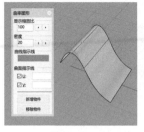 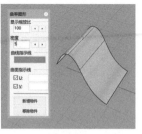

图 3-515   图 3-516

曲线指示线：设置曲线指示线颜色。

曲面指示线：设置曲面指示线颜色。"U"为显示曲面 U 方向的曲率图形，"V"为显示曲面 V方向的曲率图形。

新增物件：添加其他要显示曲率图形的物件。

移除物价：关闭选择的物件的曲率图形。

◆ 曲率分析

使用颜色分析曲面的曲率，其操作步骤如下。

单击 ～ "分析"下三角按钮，在弹出的"分析"拓展工具面板中单击 ✐ "曲率分析"工具按钮，根据指令栏的提示，选择要做曲率分析的物件，按Enter键后会弹出"曲率"对话框，设置好后即可通过颜色分析曲面曲率，如图3-517所示。

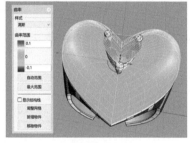

图 3-517

> **补充说明**
>
> 1. 曲率分析可以显示曲面的各种类型的曲率信息，从高斯曲率与平均曲率可以看出曲面的形状是否正常。
>
> 2. 可以找出曲面形状不正常的位置，例如突起、凹洞、平坦、波浪状，或者曲面的某个部分的曲率大于或小于周围，必要时可以对曲面形状进行修正。
>
> 3. 高斯曲率可以协助判断一个曲面是否可以展开为平面。

"曲率"对话框中的选项

高斯：红色部分的高斯曲率为正数，绿色部分为 0，蓝色部分为负数，曲面上的每一个点都会以设定的曲率范围渐变颜色显示。例如，曲率位于曲率范围中间的曲面会以绿色显示，曲率超出红色范围的曲面会以红色显示，曲率超出蓝色范围的曲面会以蓝色显示。"正曲率"指高斯曲率为正，代表曲面的形状为碗形，如图3-518所示；"负曲率"指高斯曲率为负，代表曲面的形状为马鞍形，如图3-519所示；"0曲率"指曲率为 0，代表曲面至少有一个方向是直的，例如平面、圆柱体侧面、圆锥体侧面的高斯曲率都是 0，如图3-520所示。

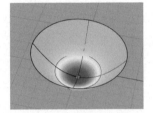

图 3-518

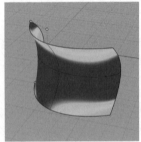

图 3-519

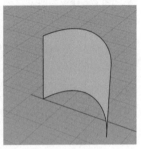

图 3-520

平均：显示平均曲率的绝对值，适用于找出曲面曲率变化较大的部分。

自动范围：将颜色根据曲率值对应至曲面上。先以自动范围设定曲率范围，再调整曲率范围的两个数值使它比自动范围更能突显分析目的。指令会记住上次分析曲面时所使用的设定及曲率范围。如果物件的形状有较大的改变或分析的是不同的物件，那么记住的设定值可能并不适用。遇到这种情形时，可以使用自动范围，让指令自动计算曲率范围，得到较好的对应颜色分布。

最大范围：可以使用最大范围将红色对应至曲面上曲率最大的部分，将蓝色对应至曲面上曲率最小的部分。当曲面的曲率有较大的变化时，产生的结果可能没有参考价值。

显示结构线：显示物件上的结构线。

新增物件：为增选的物件显示曲率分析。

移除物件：关闭增选物件的曲率分析。

◆ 斑马纹分析

使用条纹贴图分析曲面的平滑度与连续性，其操作步骤如下。

单击 ⬛ "分析"下三角按钮，在弹出的"分析"拓展工具面板中单击 ⬛ "曲面分析"下三角按钮，在弹出的"曲面分析"拓展工具面板中单击 ⬛ "斑马纹分析"工具按钮，根据指令栏的提示，选择要做斑马纹分析的物件，按Enter键完成操作，如图3-521所示。

图 3-521

> **补充说明**
>
> 斑马纹形状的意义：如果斑马纹在曲面连接的地方出现了扭结或错位，说明曲面在这个位置只是简单地接触在一起，这种情况是 G0 (仅位置) 连续，如图3-522所示；如果两个曲面相接边缘处的斑马纹相接但有锐角，两个曲面的相接边缘位置相同，切线方向也一样，则代表两个曲面以 G1 (位置 + 正切) 连续性相接，用"曲面圆角"工具建立的曲面有这样的特性，如图3-523所示；如果两个曲面相接边缘处的斑马纹平顺地连接，两个曲面的相接边缘除了位置和切线方向相同以外，曲率也相同，则代表两个曲面以 G2 (位置 + 正切 + 曲率) 连续性相接，使用"混接曲面"工具、"衔接曲面"工具及"从网线建立曲面"工具可以建立有这样特性的曲面。使用"从网线建立曲面"工具只有在以曲面的边缘为边缘曲线时才可以选择 G1 与 G2 连续，如图3-524所示。
>
>
>
> 图 3-522
>
>
>
>
> 图 3-523
>
>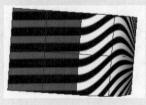
>
> 图 3-524

◆ 环境贴图

在物件上显示环境贴图的反射影像，以视觉分析物件表面的平滑度，其操作步骤如下。

单击 ▬ "分析"下三角按钮，在弹出的"分析"拓展工具面板中单击 ◢ "曲面分析"下三角按钮，在弹出的"曲面分析"拓展工具面板中单击 ● "环境贴图"工具按钮，根据指令栏的提示，选择要做环境贴图分析的物件，按Enter键完成操作，如图3-525所示。

图 3-525

"环境贴图选项"对话框中的选项

当前图像：显示当前模型使用的环境图像。

浏览：浏览并选择一个图像。

与物件渲染颜色混合：将环境贴图与物件的渲染颜色混合可以模拟不同的材质和环境贴图的显示效果。模拟不同的材质时，请使用一般的彩色点阵图，并勾选"与物件的渲染颜色混合"复选框。

显示结构线：显示物件上的结构线。

调整网格：打开"网格详细设置"对话框。

新增物件：为增选的物件显示环境贴图。

移除物件：关闭选择物件的环境贴图显示。

补充说明

1. "环境贴图"工具是许多以视觉分析曲面的工具之一。这些工具使用 NURBS 曲面评估与渲染技术可视觉分析曲面的平滑度、曲率及其他重要的属性。

2. 如果使用 "环境贴图"工具分析的曲面没有分析网格，Rhino 会以"网格详细设置"对话框中的设置建立在工作视窗中不可见的分析网格。

3. 分析自由造型的 NURBS 曲面时，必须使用较精细的网格才可以得到较准确的分析结果。

4. 环境贴图是一种渲染形式，看起来就像打磨得非常光滑的金属反射周围环境。在某些特殊的情形下，使用"环境贴图"工具可以看出使用"斑马纹"工具与旋转视图所看不出来的曲面缺陷。

◆ 捕捉工作视窗

将目前工作视窗的画面截取至文件，其操作步骤如下。

单击 ▬ "分析"下三角按钮，在弹出的"分析"拓展工具面板中单击 ◢ "曲面分析"下三角按钮，在弹出的"曲面分析"拓展工具面板中单击 ● "捕捉工作视窗至文件"工具按钮，在弹出的"视图截取设置"对话框中进行设置，单击"确定"按钮完成操作，如图3-526所示。

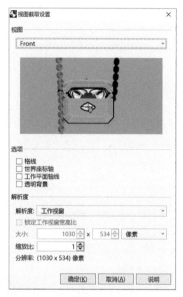

图 3-526

"视图截取设置"对话框中的选项

视图：工作视窗和预览图的列表。

选项：设置截取哪个工作视窗的内容。

格线：在截取的画面里显示工作平面格线。

世界坐标轴：在截取的画面里显示世界坐标轴图示。

工作平面轴线：在截取的画面里显示工作平面轴线。

透明背景（仅支持的图片类型）：将背景保存为透明背景，选择一个支持透明背景的文件格式，如果文件格式本身不支持，保存的背景依然不是透明的。

解析度：设置控制输出的分辨率和大小。使用选择的工作视窗的分辨率，或者从预设列表中进行选择。

锁定工作视窗宽高比：勾选此复选框时，自定义分辨率中的数字会被锁定到已选取工作视窗的宽高比，在分辨率下拉列表中将分辨率设置为自定义以后就可以勾选此复选框。

大小：以选取的单位设置输出图像的大小，在最右侧设置输出图像的尺寸单位，默认为像素。

缩放比：将图片分辨率作为"大小"设置的比例因子。

分辨率：此选项会影响图像打印到纸张上的大小。

第4章
Rhino中体的基本概念和操作

本章主要详细介绍体（包含实体和多重曲面）的知识点，并配有首饰建模案例，方便读者理解相关工具的操作方法。体部分的重点为Rhino对体和多重曲面的定义、标准体的创建方法、挤出实体的创建方法、布尔运算和倒角等实体编辑方法。

实体的基本概念

实体是封闭的曲面或多重曲面。无论何时，只要曲面或多重曲面能够形成完全封闭的空间就可以构成实体。在Rhino中，可以建立单一曲面实体、多重曲面实体，以及挤出物件实体。

单一曲面可以将其自身环绕包裹组合在一起，例如球体、环状体和椭球体等。打开这些单一曲面的控制点，可以修改曲面的形态，如图4-1所示。

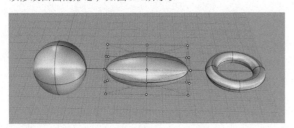

图4-1

多重曲面实体是由两个或两个以上曲面组合而成的，多重曲面包裹形成的一个封闭空间就是实体。棱锥、圆锥及台锥等都是多重曲面实体，如图4-2所示。

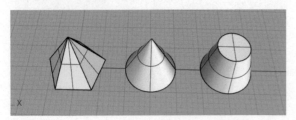

图4-2

创建几何体

在Rhino中，利用简单的操作即可创建出几何体。在首饰设计中，除了通过实体间的布尔运算形成一些造型结构之外，也可以用几何体去绘制珍珠等具有几何形态的实体和切割的宝石。

◆ 立方体

建立一个立方体，其操作步骤如下。

单击 ◉ "立方体:角对角、高度"工具按钮，根据指令栏的提示，在Top视图中分别选择底面的第一角和底面的另一角（也可以在指令栏中输入长和宽的值），再在Front视图中选择高度（也可以在指令栏中输入高的值），完成操作，如图4-3所示。绘制时按住Shift键可绘制正方形基底，再按Enter键套用宽度值和高度值，如图4-4所示。

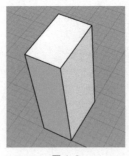

图4-3

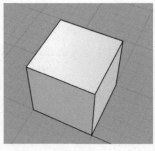

图4-4

指令栏中的选项

对角线：根据两个对角线绘制基底矩形，长度和宽度的值相同。若选择"正立方体"，则高度与长度、宽度的值相同，高的方向决定了立方体的方向。

中心点：从基底的中心点绘制立方体。

◆ **圆柱体**

建立一个圆柱体，其操作步骤如下。

单击 ◎ "建立实体"下三角按钮，在弹出的"建立实体"拓展工具面板中单击 ◎ "圆柱体"工具按钮，根据指令栏的提示，在Top视图中选择底面圆形的中心点与半径（也可以在指令栏中输入半径值），再在Front视图中选择圆柱体的高度（也可以在指令栏中输入高度值），完成操作，如图4-5所示。

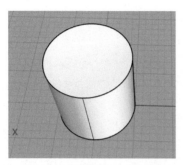

图4-5

指令栏中的选项

方向限制：若选择"无"，则中心点可以是 3D 空间中的任何一点，指定第二点时可以使用垂直模式、物件锁点或其他建模辅助工具；若选择"垂直"，则绘制一个与工作平面垂直的物件，指定中心点及半径，或选择其他选项；若选择"环绕曲线"，则绘制一个与曲线垂直的圆，选择一条曲线，在曲线上指定圆的中心点及半径或直径。

实体：通过封闭曲面来建立实体。

◆ **球体**

建立一个球体，其操作步骤如下。

单击 ◎ "建立实体"下三角按钮，在弹出的"建立实体"拓展工具面板中单击 ◎ "球体:中心点、半径"工具按钮，根据指令栏的提示，完成操作，如图4-6所示。

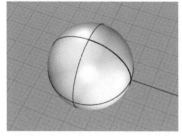

图4-6

指令栏中的选项

四点：分别指定球体的中心点以及3个通过点来建立球体。

◆ **椭圆体**

建立一个椭圆体，其操作步骤如下。

单击 ◎ "建立实体"下三角按钮，在弹出的"建立实体"拓展工具面板中单击 ◎ "椭圆体:从中心点"工具按钮，根据指令栏的提示，在Top视图中选择椭圆体中心点，再依次选择第一轴终点、第二轴终点（也可以在指令栏中输入第一轴和第二轴的值），在Front视图中选择第三轴终点（也可以在指令栏中输入第三轴的值），完成操作，如图4-7所示。

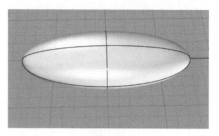

图4-7

指令栏中的选项

角：以一个矩形的对角绘制一个基本的椭圆。

直径：以轴线的端点绘制一个基本的椭圆。若选择"垂直"，则以中心点及两个轴绘制一个与工作平面垂直的椭圆。

从焦点：以椭圆的两个焦点及通过点绘制一个椭圆。若选择"标示焦点"，则在焦点的位置放置点物件。

环绕曲线：绘制与曲线上选取的点垂直的基础椭圆，椭圆的第三个轴与曲线相切。

◆ **抛物面锥体**

建立一个抛物面锥体，其操作步骤如下。

单击 ◎ "建立实体"下三角按钮，在弹出的"建立实体"拓展工具面板中单击 ◎ "抛物面锥体"工具按钮，根据指令栏的提示，选择抛物面锥体焦点和锥体方向，再选择锥体端点（也可以在指令栏中输入高度和端点的数值），完成操作，如图4-8、图4-9所示。

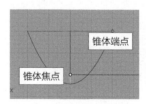

图4-8　　　　　　图4-9

指令栏中的选项

焦点：指定焦点、方向及端点位置。

顶点：指定顶点、焦点与端点的位置。

标示焦点：在焦点的位置放置点物件。

实体：以一个平面封闭底部建立实体。

◆ 圆锥体

建立一个圆锥体，其操作步骤如下。

单击 ◉，"建立实体"下三角按钮，在弹出的"建立实体"拓展工具面板中单击 ◉ "圆锥体"工具按钮，根据指令栏的提示，选择圆锥体底面圆形中心点和半径（也可以在指令栏中输入半径的值），再选择圆锥体顶点（也可以在指令栏中输入顶点的值），完成操作，如图4-10所示。

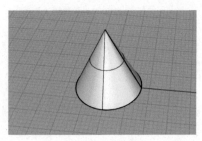

图4-10

指令栏中的选项

方向限制：限制圆锥体的方向。若选择"无"，则中心点可以是 3D 空间中的任何一点，指定第二点时可以使用垂直模式、物件锁点或其他建模辅助工具；若选择"垂直"，则绘制一个与工作平面垂直的物件，指定中心点及半径，或选择其他选项；若选择"环绕曲线"，则绘制一个与曲线垂直的圆，选择一条曲线，在曲线上指定圆的中心点及半径或直径。

实体：封闭曲面来建立实体。

◆ 平顶锥体

建立顶点被平面截断的圆锥体，其操作步骤如下。

单击 ◉，"建立实体"下三角按钮，在弹出的"建立实体"拓展工具面板中单击 ◉ "平顶锥体"工具按钮，根据指令栏的提示，在Top视图中选择平顶锥体底面中心点和半径（也可以在指令栏中输入半径的值），在Front视图中选择平顶锥体顶面中心点，再选择顶面半径（也可以在指令栏中输入半径的值），完成操作，如图4-11所示。

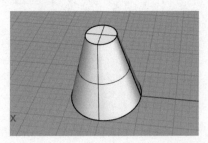

图4-11

指令栏中的选项

方向限制：限制平顶锥体的方向。若选择"无"，则中心点可以是 3D 空间中的任何一点，指定第二点时可以使用垂直模式、物件锁点或其他建模辅助工具；若选择"垂直"，则绘制一个与工作平面垂直的物件，指定中心点及半径，或选择其他选项；若选择"环绕曲线"，则绘制一个与曲线垂直的圆，选择一条曲线，在曲线上指定圆的中心点及半径或直径。

实体：封闭曲面来建立实体。

◆ 棱锥体

建立一个棱锥体，其操作步骤如下。

单击 ◉，"建立实体"下三角按钮，在弹出的"建立实体"拓展工具面板中单击 ◉ "棱锥"工具按钮，根据指令栏的提示，在Top视图中选择基底内接棱锥中心点和棱锥的角（也可以在指令栏中输入相应数值），在Front视图中选择棱锥顶点（也可以在指令栏中输入顶点高度的值），完成操作，如图4-12所示。

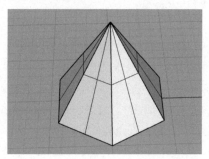

图4-12

指令栏中的选项

方向限制：限制棱锥体的方向。若选择"无"，则中心点可以是 3D 空间中的任何一点，指定第二点时可以使用垂直模式、物件锁点或其他建模辅助工具；若选择"垂直"，则绘制一个与工作平面垂直的物件，指定中心点及半径，或选择其他选项；若选择"环绕曲线"，则绘制一个与曲线垂直的圆，选择一条曲线，在曲线上指定圆的中心点及半径或直径。

实体：封闭曲面来建立实体。

◆ 圆柱管

建立中间有圆柱洞的圆柱体，其操作步骤如下。

单击 ◉，"建立实体"下三角按钮，在弹出的"建立实体"拓展工具面板中单击 ◉ "圆柱管"工具按钮，根据指令栏的提示，在Front视图中选择圆柱管底面圆心和半径及第二个半径（也可以在指令栏中输入半径的值），再在Top视图中选择圆柱管的端点，完成操作，如图4-13所示。

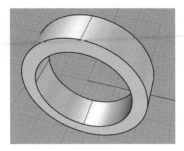

图4-13

指令栏中的选项

方向限制：限制圆柱管的方向。若选择"无"，则中心点可以是 3D 空间中的任何一点，指定第二点时可以使用垂直模式、物件锁点或其他建模辅助工具；若选择"垂直"，则绘制一个与工作平面垂直的物件，指定中心点及半径，或选择其他选项；若选择"环绕曲线"，则绘制一个与曲线垂直的圆，选择一条曲线，在曲线上指定圆的中心点及半径或直径。

实体：封闭曲面来建立实体。

◆ **环状体**

建立环状体（类似甜甜圈的形状），其操作步骤如下。

单击 "建立实体"下三角按钮，在弹出的"建立实体"拓展工具面板中单击 "环状体"工具按钮，根据指令栏的提示，在Top视图中选择环状体中心点、半径和第二半径（也可以在指令栏中输入半径的值），完成操作，如图4-14所示。

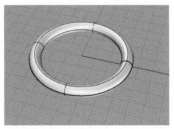

图4-14

第二半径选项

直径/半径：切换使用直径或半径。

固定内圈半径：设置的第一个半径将作为环状体内圆的半径，第二个半径将被限制在第一个半径之外。

◆ **圆管**

围绕曲线建立管状曲面，其操作步骤如下。

单击 "建立实体"下三角按钮，在弹出的"建立实体"拓展工具面板中单击 "圆管(平头盖)"或 "圆管(圆头盖)"工具按钮，根据指令栏的提示，选择路径，再分别选择起点半径和终点半径（也可以在指令栏中输入半径的值），按Enter键完成操作，如图4-15所示。

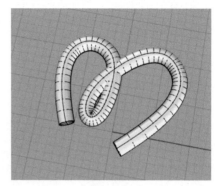

图4-15

指令栏中的选项

连锁边缘：选择与已选择边缘曲线相连接的曲面边缘。

数个：一次选择数条曲线建立圆管。

直径/半径：切换使用直径或半径。

厚度：决定是否建立有厚度的圆管，有厚度的圆管如图4-16所示。

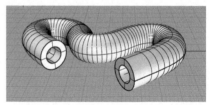

图4-16

加盖：设定圆管两端的加盖形式。若选择"无"，则不加盖，如图4-17所示；若选择"平头"，则以平面加盖，如图4-17所示；若选择"圆头"，则以半球曲面加盖，如图4-18所示。

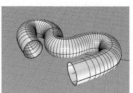

图4-17   图4-18

正切点不分割：若选择"是"，则当用来建立圆管的曲线是直线与圆弧组成的多重曲线时，逼近建立单一曲面的圆管，如图4-19所示；若选择"否"，则圆管会在曲线正切点的位置分割，建立多重曲面的圆管，如图4-20所示。

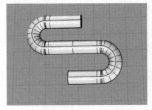 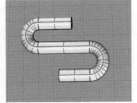

图4-19　　　　　　　　　图4-20

渐变形式（仅适用于单一曲线）：若选择"局部"，则圆管的半径在两端附近变化较小，在中段变化较大，如图4-21所示；若选择"全局"，则圆管的半径由起点至终点呈线性渐变，就像建立平顶圆锥体一样，如图4-22所示。

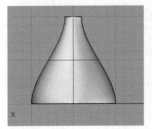 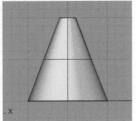

图4-21　　　　　　　　　图4-22

管壁厚度（仅适用于单一曲线）：设定圆管外壁与内壁之间的距离。输入负值时，第一个半径会为圆管外侧的半径。

💎 挤出实体

使用"挤出建立实体"工具组中的工具可以通过平面的曲线和平面曲面挤出实体，包括"挤出曲面"工具、"挤出曲面至点"工具、"挤出曲面成锥状"工具、"沿着曲线挤出曲面"工具及"以多重直线挤出成厚片"工具等。

◆ 挤出曲面

将曲面边缘沿直线挤出成实体，其操作步骤如下。

单击 💿 "建立实体"下三角按钮，在弹出的"建立实体"拓展工具面板中单击 💿 "挤出曲面"工具按钮，根据指令栏的提示，选择要挤出的曲面，按Enter键后选择挤出长度（或者在指令栏中输入挤出的长度），完成操作，如图4-23所示。

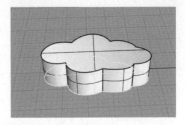

图4-23

指令栏中的选项

设定基准点：指定一个点，这个点是以两个点设定挤出距离的第一个点。

方向：指定两个点以设置方向。

两侧：在起点的两侧建立物件，建立的物件长度为指定的长度的两倍。

实体：如果挤出的曲线是封闭的平面曲线，挤出后的曲面两端会各建立一个平面，并将挤出的曲面与两端的平面组合为封闭的多重曲面。

删除输入物件：若选择"是"，则将原来的物件从文件中删除；若选择"否"，则保留原来的物件。

至边界：挤出至边界曲面。

◆ 挤出曲面至点

将曲面往单一方向挤出至一点，建立锥状的实体，其操作步骤如下。

单击 💿 "建立实体"下三角按钮，在弹出的"建立实体"拓展工具面板中单击 💿 "挤出建立实体"下三角按钮，在弹出的"挤出建立实体"拓展工具面板中单击 ▲ "挤出曲面至点"工具按钮，根据指令栏的提示，选择要挤出的曲面，按Enter键，选择挤出的目标点，完成操作，如图4-24所示。

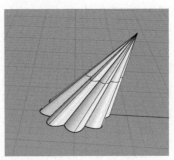

图4-24

指令栏中的选项

实体：如果挤出的曲线是封闭的平面曲线，挤出后的曲面两端会各建立一个平面，并将挤出的曲面与两端的平面组合为封闭的多重曲面。

删除输入物件：若选择"是"，则将原来的物件从文件中删除；若选择"否"，则保留原来的物件。

至边界：挤出至边界曲面。

◆ 挤出曲面成锥状

将曲面往单一方向挤出，并以设定的拔模角度内缩或外扩，建立锥状的曲面，其操作步骤如下。

单击 📦 "建立实体"下三角按钮，在弹出的"建立实体"拓展工具面板中单击 📦 "挤出建立实体"下三角按钮，在弹出的"挤出建立实体"拓展工具面板中单击 📦 "挤出曲面成锥状"工具按钮，根据指令栏的提示，选择要挤出的曲面，按Enter键，选择挤出长度（或者在指令栏中输入长度），完成操作，如图4-25所示。

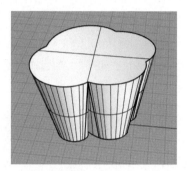

图4-25

指令栏中的选项

设定基准点：指定一个点，这个点是以两个点设定挤出距离的第一个点。

方向：指定两个点以设置方向。

拔模角度：为锥体设置拔模角度。物件的拔模角度以工作平面为计算依据，当曲面与工作平面垂直时，拔模角度为 0 度；当曲面与工作平面平行时，拔模角度为 90 度。

实体：如果挤出的曲线是封闭的平面曲线，挤出后的曲面两端会各建立一个平面，并将挤出的曲面与两端的平面组合为封闭的多重曲面。

角：设定角的连续性的处理方式。若选择"锐角"，则锥状挤出时将曲面延伸，以位置连续（G0）填补挤出时造成的裂缝；若选择"圆角"，则锥状挤出时以正切连续（G1）的圆角曲面填补挤出时造成的裂缝；若选择"平滑"，则锥状挤出时以曲率连续（G2）的混接曲面填补挤出时造成的裂缝。

删除输入物件：若选择"是"，则将原来的物件从文件中删除；若选择"否"，则保留原来的物件。

反转角度：切换拔模角度的方向。

◆ 以多重直线挤出成厚片

将曲线偏移、挤出并加盖以建立实体，其操作步骤如下。

1 单击 📦 "建立实体"下三角按钮，在弹出的"建立实体"拓展工具面板中单击 📦 "挤出建立实体"下三角按钮，在弹出的"挤出建立实体"拓展工具面板中单击 📦 "以多重直线挤出成厚片"工具按钮。

2 根据指令栏的提示，选择要建立厚片的曲线，指定偏移侧和高度，完成操作，如图4-26所示。

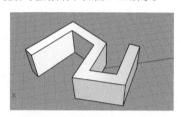

图4-26

指令栏中的选项

距离：设置偏移距离。

松弛："角"和"公差"选项不显示，并且对输出结果没有影响，多重曲线将作为一组相互分开的曲线来偏移，不会去处理转角处的倒角。

通过点：手动拾取一点，而不是通过指定距离来进行偏移。

两侧：在起点的两侧建立物件，建立的物件长度为指定长度的两倍。

与工作平面平行：在当前的工作平面上偏移曲线，而不使用原始曲线所在的平面偏移曲线。

◆ 沿着曲线挤出曲面

将曲面沿着一条曲线挤出建立实体，其操作步骤如下。

1 单击 📦 "建立实体"下三角按钮，在弹出的"建立实体"拓展工具面板中单击 📦 "挤出建立实体"下三角按钮，在弹出的"挤出建立实体"拓展工具面板中单击 📦 "沿着曲线挤出曲面"工具按钮。

2 根据指令栏的提示，选择要挤出的曲面，按Enter键后，选择路径曲线，在靠近起点处单击，完成操作，如图4-27所示。

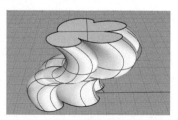

图4-27

实体：如果挤出的曲线是封闭的平面曲线，挤出后的曲面两端会各建立一个平面，并将挤出的曲面与两端的平面组合为封闭的多重曲面。

删除输入物件：若选择"是"，则将原来的物件从文件中删除；若选择"否"，则保留原来的物件。

子曲线：在路径曲线上指定两个点为要挤出曲线的部分。曲线以它所在的位置为挤出的原点，而不是从路径曲线的起点开始挤出，在路径曲线上指定的两个点只决定沿着路径曲线挤出的距离。

至边界：挤出至边界曲面。

◆ 编辑实体

一般在建立复杂模型时，用曲面建立实后往往还需要对实体进行编辑，把不同的实体融合在一起。

◆ 布尔运算

布尔运算使用的工具主要有"布尔运算联集"工具、"布尔运算差集"工具、"布尔运算交集"工具和"布尔运算分割"工具。

布尔运算联集

减去选择的多重曲面/曲面交集的部分，并以未交集的部分组合成一个多重曲面，其操作步骤如下。

单击 ⬤ "实体工具"下三角按钮，在弹出的"实体工具"拓展工具面板中单击 ⬤ "布尔运算联集"工具按钮，根据指令栏的提示，选择要进行并集运算的曲面或多重曲面，按Enter键完成操作，如图4-28所示。

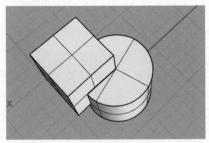

图4-28

布尔运算差集

以一组多重曲面/曲面减去另一组多重曲面/曲面与它交集的部分，其操作步骤如下。

单击 ⬤ "实体工具"下三角按钮，在弹出的"实体工具"拓展工具面板中单击 ⬤ "布尔运算差集"工具按钮，

根据指令栏的提示，选择要被减去的曲面或多重曲面，按Enter键，选择要减去其他物件的曲面或多重曲面，按Enter键完成操作，如图4-29、图4-30所示。

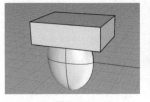
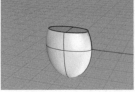

图4-29　　　　　　　　图4-30

布尔运算交集

减去两组多重曲面/曲面未交集的部分，其操作步骤如下。

单击 ⬤ "实体工具"下三角按钮，在弹出的"实体工具"拓展工具面板中单击 ⬤ "布尔运算交集"工具按钮，根据指令栏的提示，选择第一组曲面或多重曲面，按Enter键后选择第二组曲面或多重曲面，完成操作，如图4-31、图4-32所示。

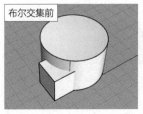
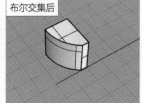

图4-31　　　　　　　　图4-32

布尔运算分割

从第一组多重曲面减去它与第二组多重曲面交集的部分，并以交集的部分建立另一个物件，其操作步骤如下。

单击 ⬤ "实体工具"下三角按钮，在弹出的"实体工具"拓展工具面板中单击 ⬤ "布尔运算分割"工具按钮，根据指令栏的提示，选择要分割的曲面或多重曲面，按Enter键，选择分割用的曲面或多重曲面，按Enter键完成操作，如图4-33、图4-34所示。

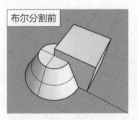
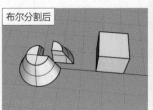

图4-33　　　　　　　　图4-34

删除输入物件：若选择"是"，则将原来的物件从文件中删除；若选择"否"，则保留原来的物件。

首饰案例：蜂巢戒指建模

本例创建的戒指如图4-35所示。

图 4-35

STEP 01

单击◎"圆:中心点、半径"工具按钮，在Front视图中绘制半径为8.25mm的圆形，如图4-36所示。

STEP 02

单击◎"多边形:中心点、半径"工具按钮，根据指令栏的提示，在指令栏中选择"边数"选项并输入"20"，按Enter键后选择"模式"为"外切"，在Front视图中以(0，0)点为中心点绘制图4-37所示的多边形，单击↖"显示物件控制点"工具按钮，将多边形控制点打开。

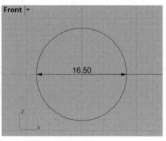

图 4-36   图 4-37

STEP 03

单击◎"多边形:中心点、半径"工具按钮，在指令栏中选择"变数"选项并输入"6"，选择"模式"为"内切"，根据指令栏的提示，在Top视图中绘制六边形，如图4-38所示。

STEP 04

单击◎"建立实体"下三角按钮，在弹出的"建立实体"拓展工具面板中单击■"挤出封闭的曲线"工具按钮，根据指令栏的提示，挤出图4-39所示的多重曲面。

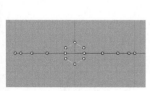

图 4-38   图 4-39

STEP 05

单击◎"建立实体"下三角按钮，在弹出的"建立实体"拓展工具面板中单击■"挤出封闭的曲线"工具按钮，根据指令栏的提示，选择要挤出的曲线，按Enter键，在指令栏中选择"两侧"为"是"，挤出图4-40所示的多重曲面。

STEP 06

单击◎"实体工具"下三角按钮，在弹出的"实体工具"拓展工具面板中单击◎"布尔运算交集"工具按钮，根据指令栏的提示建立图4-41所示的多重曲面。

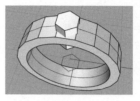
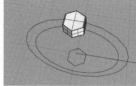

图 4-40   图 4-41

STEP 07

单击▦"阵列"下三角按钮，在弹出的"阵列"拓展工具面板中单击✿"环形阵列"工具按钮，根据指令栏的提示，在Front视图中以（0，0）点为阵列中心、20为阵列数进行阵列，如图4-42所示。

STEP 08

单击◎"实体工具"下三角按钮，在弹出的"实体工具"拓展工具面板中单击◎"布尔运算联集"工具按钮，根据指令栏的提示，将STEP 07中的多重曲面进行并集运算，如图4-43所示。

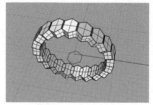
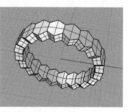

图 4-42   图 4-43

STEP 09

单击◎"实体工具"下三角按钮，在弹出的"实体工具"拓展工具面板中单击◎"不等距边缘圆角"工具按钮，根据指令栏的提示，在指令栏中选择"下一个半径"选项并输入"0.3"，按Enter键，在Perspective视图中框选要建立圆角的边缘，按Enter键完成操作，如图4-44所示。

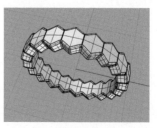

图 4-44

◆ 打开实体物件的控制点

打开位于多重曲面或实体物件边缘端点的控制点，其操作步骤如下。

单击 ❂ "实体工具" 下三角按钮，在弹出的 "实体工具" 拓展工具面板中单击 ⬛ "打开实体物件的控制点" 工具按钮，根据指令栏的提示，选择要显示控制点的多重曲面，按Enter键完成操作，如图4-45所示。

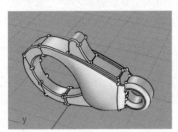

图4-45

◆ 自动建立实体

以选择的曲面或多重曲面所包围的封闭空间建立实体。以重叠、有交集的曲面为输入物件，若曲面边缘有相接但未组合，则改用 "组合" 工具。操作步骤如下。

单击 ❂ "实体工具" 下三角按钮，在弹出的 "实体工具" 拓展工具面板中单击 ⬛ "自动建立实体" 工具按钮，根据指令栏的提示，选择相交的曲面或多重曲面以自动修剪并组合成封闭的多重曲面，按Enter键完成操作，如图4-46、图4-47所示。

图4-46　　　　　　　图4-47

指令栏中的选项

删除输入物件：若选择 "是"，则将原来的物件从文件中删除；若选择 "否"，则保留原来的物件。

◆ 将平面洞加盖

以平面填补曲面或多重曲面上边缘为平面的洞，洞的边缘必须封闭而且是平面的才可以填补。操作步骤如下。

单击 ❂ "实体工具" 下三角按钮，在弹出的 "实体工具" 拓展工具面板中单击 ⬛ "将平面洞加盖" 工具按钮，根据指令栏的提示，选择要加盖的曲面或多重曲面，按Enter键完成操作，如图4-48、图4-49所示。

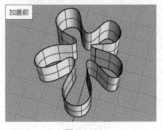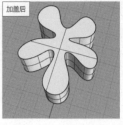

图4-48　　　　　　　图4-49

◆ 抽离曲面

复制或分离多重曲面的个别曲面，其操作步骤如下。

单击 ❂ "实体工具" 下三角按钮，在弹出的 "实体工具" 拓展工具面板中单击 ⬛ "抽离曲面" 工具按钮，根据指令栏的提示，选择要抽离的曲面，按Enter键完成操作，如图4-50所示。

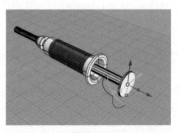

图4-50

补充说明

1. 选择的曲面会与多重曲面分离，多重曲面中的其他曲面仍然组合在一起。

2. 抽离群组中的多重曲面的曲面时，抽离的曲面会被移出群组。

指令栏中的选项

复制：设置是否复制物件。

目的图层：指定建立物件的图层。若选择 "目前的"，则在目前的图层建立物件；若选择 "输入物件"，则在输入物件所在的图层建立物件。

◆ 不等距边缘圆角

在多重曲面上选择的边缘建立半径不等的圆角曲面，修剪原来的曲面并与圆角曲面组合在一起，其操作步骤如下。

单击 ❂ "实体工具" 下三角按钮，在弹出的 "实体工具" 拓展工具面板中单击 ⬛ "不等距边缘圆角" 工具按钮，根据指令栏的提示，选择要建立圆角的边缘，按Enter键完成操作，如图4-51、图4-52所示。

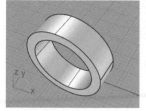
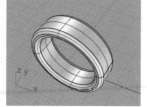

| 图 4-51 | 图 4-52 |

补充说明

1. 移动边缘端点的控制杆有可能会导致圆角超出曲面，这时就要用其他方法来修剪它。

2. 按住Windows键或 Shift键并单击以选择多个控制杆。

指令栏中的选项

显示半径：在工作视窗中显示目前已设定的半径。

下一个半径：设定下一个控制杆的半径。

连锁边缘：自动选择与已选择曲线相连接的曲线。

面的边缘：设定面的边缘。

上次选取的边缘：为了避免中途取消指令，下次执行指令时需要重新选取边缘的不便，可以使用这个选项直接选取上次选取的边缘，这个指令可以记录最多 20 组选取的边缘。

修剪并组合：以结果曲面修剪原来的曲面并组合在一起。只有当"修剪并组合"为"否"时，建构历史才有效。

选取边缘：选择更多的边缘。

预览：显示动态预览效果，当更改选项时预览结果也会出现相应的变化。

编辑：允许修改现有圆角的半径。

只有拖曳控制杆半径点的时候，这些半径与直径的选项才会出现在指令栏中。

半径／距离选项

从曲线：选择一条曲线，套用曲线在点选位置的半径。

从两点：指定两个点以设定半径/距离。

控制杆选项

新增控制杆：沿着边缘新增控制杆。

复制控制杆：以选取的控制杆的斜角距离建立另一个控制杆。

移除控制杆：这个选项只在新增控制杆后才会出现。

设置全部：设置全部控制杆的距离或半径。

连结控制杆：编辑单一控制杆以更新所有其他控制杆。

路径造型选项

与边缘距离：以到边缘的距离绘制曲面的修剪路径，

如图4-53、图4-54所示。

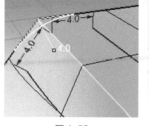
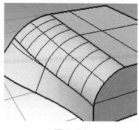

| 图 4-53 | 图 4-54 |

滚球：以滚球的半径绘制曲面的修剪路径，如图4-55、图4-56所示。

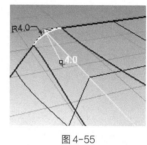

| 图 4-55 | 图 4-56 |

路径间距：以两个曲面的修剪路径之间的距离绘制曲面的修剪路径，如图4-57、图4-58所示。

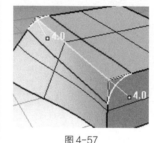
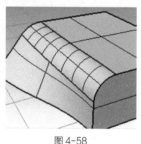

| 图 4-57 | 图 4-58 |

◆ **不等距边缘斜角**

在多重曲面上选择的边缘建立不等距的斜角曲面，修剪原来的曲面并与斜角曲面组合在一起，其操作步骤如下。

单击 ● "实体工具"下三角按钮，在弹出的"实体工具"拓展工具面板中单击 ● "不等距边缘斜角"工具按钮，根据指令栏的提示，选择要建立斜角的边缘，按Enter键完成操作，如图4-59所示。

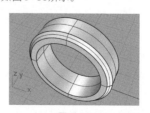

图 4-59

指令栏中的选项

显示斜角距离：选择边缘时显示斜角距离。

下一个斜角距离：设定下一个选择的边缘使用的斜角距离。

连锁边缘：选择与已选择曲线相连接的曲面边缘。

预览：显示动态预览，当更改选项时预览结果也会出现相应变化。

编辑：允许修改现有斜角的半径。

◆ 线切割

使用开放或封闭的曲线切割多重曲面，其操作步骤如下。

单击 ◎ "实体工具" 下三角按钮，在弹出的 "实体工具" 拓展工具面板中单击 ◎ "线切割" 工具按钮，根据指令栏的提示，依次选择切割用的曲线和要切割的物件，按Enter键，指定第一切割深度点和第二切割深度点，按Enter键接受要切割的部分，如图4-60、图4-61所示。

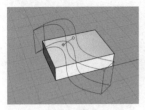 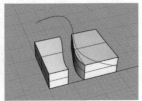

图 4-60 图 4-61

指令栏中的选项

直线：建立一条直线取代现有的曲线。

方向（第一切割）：若选择 "X/Y/Z"，则将切割用的曲线往世界X轴、Y轴或Z轴的方向挤出；若选择 "垂直"，则将切割用的曲线往与曲线平面垂直的方向挤出；若选择 "工作平面法线"，则将切割用的曲线往工作平面Z轴的方向挤出；若选择 "指定"，则指定两个点以设置方向。

删除输入物件：若选择 "是"，则将原来的物件从文件中删除；若选择 "否"，则保留原来的物件。

两侧：在起点的两侧建立物件，建立的物件长度为指定长度的两倍。

方向（第二切割）：等同方向（第一切割）。

反转：将选择的要切割的高亮显示部分和其余部分对调。

全部保留：保留物件的所有部分。

◆ 将面移动

移动多重曲面的面，相邻的曲面会随着做调整，其操作步骤如下。

单击 ◎ "实体工具" 下三角按钮，在弹出的 "实体工具" 拓展工具面板中单击 ◎ "将面移动" 工具按钮，根据指令栏的提示，选择要移动的面，按Enter键后选择移动起点和移动终点，完成操作，如图4-62、图4-63所示。

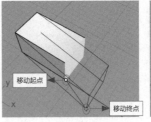 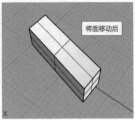

图 4-62 图 4-63

> **补充说明**
>
> 1. 相邻的曲面会随着做调整。
> 2. 所有被调整的面都必须是平面或是容易延展的面。
> 3. 通常相邻的面上的洞都无法移动或延展。

指令栏中的选项

方向限制：若选择 "无"，则面可以往任何方向移动；若选择 "法线"，则限制面只能往它法线的正方向、负方向移动。

至边界：将选择的面往另一个边界曲面移动，并以边界曲面对移动面的物件做修剪，如图4-64、图4-65所示。若选择 "删除边界"，则移动以后删除边界。

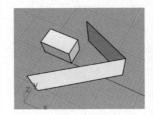 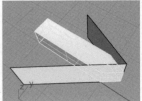

图 4-64 图 4-65

◆ 挤出面/沿着路径挤出面

挤出面

将曲面边缘沿直线挤出成实体，其操作步骤如下。

单击 ◎ "实体工具" 下三角按钮，在弹出的 "实体工具" 拓展工具面板中单击 ◎ "挤出面" 工具按钮，根据指令栏的提示，选择要挤出的曲面，按Enter键，指定挤出长度（或者在指令栏中输入挤出长度），完成操作，如图4-66所示。

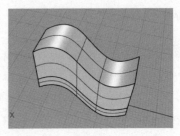

图 4-66

沿着路径挤出面

将曲面沿着一条曲线挤出建立实体，其操作步骤如下。

单击 ◈ "实体工具"下三角按钮，在弹出的"实体工具"拓展工具面板中右击 ◈ "沿着路径挤出面"工具按钮，根据指令栏的提示，选择要挤出的曲面，按Enter键，选择路径曲线（在靠近起点处），完成操作，如图4-67所示。

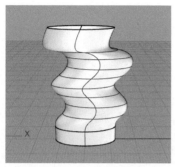

图4-67

补充说明

1. 非平面的曲线使用工作视窗的工作平面 Z 轴为预设的挤出方向。 平面曲线使用与曲线平面垂直的方向为预设的挤出方向。

2. 设置为正值，可以在工作视窗中预览挤出方向的正方向。

3. 与"放样""单轨扫掠""双轨扫掠"工具不同，使用这个工具挤出曲线时方向并不会改变。

4. 如果输入的是非平面的多重曲线，或是平面的多重曲线但挤出的方向未与曲线平面垂直，建立的会是多重曲面而非挤出物件。

指令栏中的选项

实体：如果挤出的曲线是封闭的平面曲线，挤出后的曲面两端会各建立一个平面，并将挤出的曲面与两端的平面组合为封闭的多重曲面。

删除输入物件：若选择"是"，则将原来的物件从文件中删除；若选择"否"，则保留原来的物件。

子曲线：在路径曲线上指定两个点为要挤出曲线的部分。曲线以它所在的位置为挤出的原点，而不是从路径曲线上的起点开始挤出，在路径曲线上指定的两个点只决定沿着路径曲线挤出的距离。

至边界：挤出至边界曲面。

◆ **移动边缘**

移动多重曲面的边缘，其操作步骤如下。

单击 ◈ "实体工具"下三角按钮，在弹出的"实体工具"拓展工具面板中单击 ◈ "移动边缘"工具按钮，根据指令栏的提示，选择要移动的边缘，按Enter键，选择移动起点和移动终点，完成操作，如图4-68、图4-69所示。

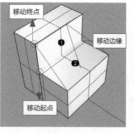
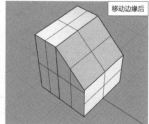

图4-68   图4-69

补充说明

1. 相邻的曲面会随着做调整。

2. 所有被调整的面都必须是平面或是容易延展的面。

3. 通常相邻的面上的洞都无法移动或延展。

指令栏中的选项

方向限制：若选择"无"，则不限制方向；若选择"第一个面的法线"，则将移动的方向限制在第一个面的法线方向；若选择"第二个面的法线"，则将移动的方向限制在第二个面的法线方向；若选择"两个面的法线平均"，则将移动的方向限制在第一个面与第二个面的法线的平均方向；若选择"垂直"，则将移动的方向限制为与工作平面垂直。

◆ **将面分割**

指定两个点或选择一条现有的曲线分割多重曲面中的平面，其操作步骤如下。

单击 ◈ "实体工具"下三角按钮，在弹出的"实体工具"拓展工具面板中单击 ◈ "将面分割"工具按钮，根据指令栏的提示，选择要分割的面，按Enter键后选择分割轴起点和分割轴终点，按Enter键完成操作，如图4-70、图4-71所示。

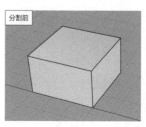

图4-70   图4-71

指令栏中的选项

曲线：选择一条现有的曲线作为切割用的物件。

◆ 将面折叠

将多重曲面中的面沿着指定的轴切割并旋转，相邻的曲面会随之做调整，其操作步骤如下。

单击 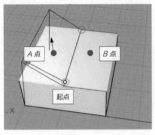 "实体工具"下三角按钮，在弹出的"实体工具"拓展工具面板中单击 "将面折叠"工具按钮，根据指令栏的提示，选择一个面，选择折叠轴的起点和终点，在指令栏中依次输入图4-72所示的A、B两点折叠的角度，按Enter键完成操作，如图4-73所示。

图4-72

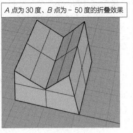

A点为30度、B点为－50度的折叠效果

图4-73

补充说明

1. 相邻的曲面会随着做调整。
2. 所有被调整的面都必须是平面或是容易延展的面。
3. 通常相邻的面上的洞都无法移动或延展。

指令栏中的选项

对称：以同样的角度折叠两个面，如图4-74所示。

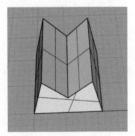

图4-74

◆ 建立圆洞

在曲面或多重曲面上建立圆洞，其操作步骤如下。

单击 "实体工具"下三角按钮，在弹出的"实体工具"拓展工具面板中单击 "建立圆洞"工具按钮，根据指令栏的提示，选择目标曲面，在曲面上指定洞的中心点，完成操作，如图4-75所示。

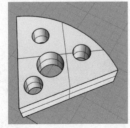

图4-75

指令栏中的选项

深度：设定洞的深度。

半径/直径：设定洞的半径或直径。

钻头尖端角度：设定洞底的角度，设定为180度时洞底为平面。

贯穿：建立完全贯穿物件的洞，忽略深度设定。如果开洞的目标是一个没有"远处的另一侧"的物件，例如一个平面，则"贯穿"为"是"时将直接在曲面上开一个洞，"贯穿"为"否"时将在洞内创建一个"底"。

方向：设定洞的方向。若选择"曲面法线"，则使用曲面的法线方向；若选择"工作平面法线"，则使洞的方向与使用中的工作平面垂直；若选择"指定"，则以两个点设定洞的挤出方向。

复原：复原上一个动作。

◆ 建立洞/放置洞

建立洞

将选取的闭合曲线投影到曲面或多重曲面上，并挖出一个洞，其操作步骤如下。

单击 "实体工具"下三角按钮，在弹出的"实体工具"拓展工具面板中单击 "建立洞"工具按钮，根据指令栏的提示，选择封闭的平面曲线，按Enter键，选择一个曲面或多重曲面，再指定深度点或按Enter键切穿物件，完成操作，如图4-76所示。

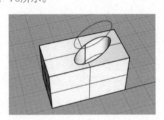

图4-76

指令栏中的选项

方向：若选择"X/Y/Z"，则限制洞的轮廓曲线挤出的方向为X轴、Y轴或Z轴的方向，如图4-77所示；若选择"与曲线垂直"，则限制洞的轮廓曲线挤出的方向与曲线平面垂直（曲线平面的法线方向），如图4-78所示；若选择"工作平面法线"，则限制洞的轮廓曲线往工作平面Z轴的方向挤出，如图4-79所示；若选择"指定"，则指定两个点以设置方向，如图4-80所示。

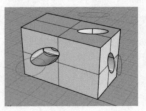

图4-77

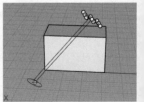

图4-78

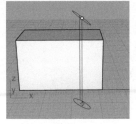
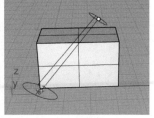

图 4-79   图 4-80

删除输入物件：若选择"是"，则将原来的物件从文件中删除；若选择"否"，则保留原来的物件。

两侧：在起点的两侧建立物件，建立的物件长度为指定长度的两倍。

放置洞

将一条封闭的平面曲线挤出，在曲面或多重曲面上以设定的深度与旋转角度挖出一个洞，其操作步骤如下。

单击 ⚙ "实体工具"下三角按钮，在弹出的"实体工具"拓展工具面板中右击 🔲 "放置洞"工具按钮，根据指令栏的提示，选择封闭的平面曲线，指定洞的基准点和方向，选择目标曲面和目标曲面的点，在指令栏中输入深度（这里输入"20"），再在指令栏中输入旋转角度（这里输入"50"），按Enter键，选择目标点，完成操作，如图4-81所示。

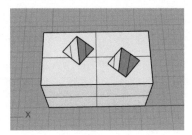

图 4-81

指令栏中的选项

深度：设定洞的深度。

贯穿：建立完全贯穿物件的洞，忽略深度设定。

旋转角度：设定洞的旋转角度。

复原：复原上一个动作。

◆ **旋转成洞**

沿洞侧面的轮廓曲线旋转，在曲面或多重曲面上建立洞，其操作步骤如下。

单击 ⚙ "实体工具"下三角按钮，在弹出的"实体工具"拓展工具面板中单击 🔲 "旋转成洞"工具按钮，根据指令栏的提示，选择轮廓曲线，选择曲线的基准点和目标面，再选择洞的中心点，按Enter键完成操作，如图4-82所示。

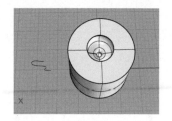

图 4-82

指令栏中的选项

反转：反转物件的方向。

复原：复原上一个动作。

◆ **将洞移动/复制一个平面上的洞**

将洞移动

移动平面上的洞，其操作步骤如下。

单击 ⚙ "实体工具"下三角按钮，在弹出的"实体工具"拓展工具面板中单击 🔲 "将洞移动"工具按钮，根据指令栏的提示，选择一个平面上的洞，按Enter键，选择移动起点和移动终点，完成操作，如图4-83、图4-84所示。

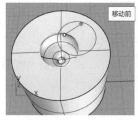
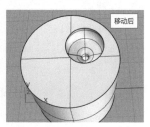

图 4-83   图 4-84

复制一个平面上的洞

复制平面上的洞，其操作步骤如下。

单击 ⚙ "实体工具"下三角按钮，在弹出的"实体工具"拓展工具面板中右击 🔲 "复制一个平面上的洞"工具按钮，根据指令栏的提示，选择一个平面上的洞，按Enter键，选择复制起点和复制终点，按Enter键完成操作，如图4-85、图4-86所示。

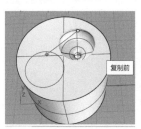
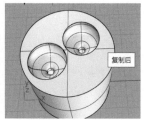

图 4-85   图 4-86

◆ 将洞旋转

将平面上的洞绕着中心点旋转，其操作步骤如下。

单击 ◈ "实体工具"下三角按钮，在弹出的"实体工具"拓展工具面板中单击 ◈ "将洞旋转"工具按钮，根据指令栏的提示，选择一个平面上的洞，选择旋转中心，在指令栏中输入角度（这里输入"45"），按Enter键完成操作，如图4-87、图4-88所示。

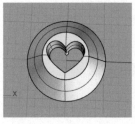 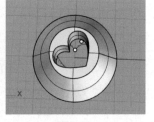

图4-87　　　　　　　　　图4-88

指令栏中的选项

复制：设定是否复制物件。

◆ 阵列洞

以洞做环形阵列

将平面上的洞绕着中心点阵列，其操作步骤如下。

单击 ◈ "实体工具"下三角按钮，在弹出的"实体工具"拓展工具面板中单击 ◈ "以洞做环形阵列"工具按钮，根据指令栏的提示，选择一个平面上要做阵列的洞，选择环形阵列中心点，在指令栏中输入洞的数目（这里输入"6"），按Enter键，在指令栏中输入旋转角度总和（这里输入"360"），按Enter键完成操作，如图4-89所示。

指令栏中的选项

角度：设定环形阵列中物件旋转角度总和。

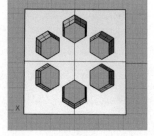

图4-89

数目：设定阵列中洞的数目。

以洞做阵列

按照指定的行列数在曲面上复制洞，其操作步骤如下。

单击 ◈ "实体工具"下三角按钮，在弹出的"实体工具"拓展工具面板中单击 ◈ "以洞做阵列"工具按钮，根据指令栏的提示，选择一个平面上要阵列的洞，在指令栏中输入A方向洞的数目（这里输入"2"），按Enter键，

在指令栏中输入B方向洞的数目（这里输入"8"），按Enter键后指定基准点、A方向和距离、B方向和距离，按Enter键完成操作，如图4-90所示。

图4-90

指令栏中的选项

A方向：更改第一个方向。

A数目：第一个方向洞的数目。

A间距：第一个方向洞中心点之间的距离。

B数目：第二个方向洞的数目。

B间距：第二个方向洞中心点之间的距离。

矩形：强制阵列的第一个方向和第二个方向垂直。

◆ 将洞删除

在取消修剪所选择的内部洞时，留下边界上的修剪边缘，其操作步骤如下。

单击 ◈ "实体工具"下三角按钮，在弹出的"实体工具"拓展工具面板中单击 ◈ "取消修剪洞"工具按钮，根据指令栏的提示，选择要删除洞的边缘，完成操作，如图4-91、图4-92所示。

 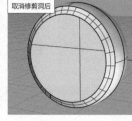

图4-91　　　　　　　　　图4-92

指令栏中的选项

全部：若选择"是"，则删除全部的洞；若选择"否"，则可以选择要删除的洞。

最大边缘长度：删除边缘小于或等于此值的洞，根据指令栏中的"全部"是"是"或"否"来决定是一个一个地删除还是一次性全部删除。输入一个最大边缘长度或选择一个现有的洞并使用它的长度。

保留修剪物件：设定是否将原修剪物件保留。

第5章
Matrix插件的基础知识

Matrix是在Rhino的基础上开发出来的用于设计珠宝首饰的一款类似CAD的插件。在安装Matrix之前，必须先安装好匹配的Rhino软件。它继承了Rhino的优良建模特性，同时自带基于常规首饰结构数据生成首饰模型模板的库，以及可以将任何设计的内容和已保存的样式建立成首饰库的功能，方便设计师设计。

除此之外，Matrix拥有强大的首饰工具和功能，为设计师提供了便捷。设计师可以在设计过程中随时查看各类常规金属的质量和重量，方便后续首饰产品的生产加工，也增加了首饰产品报价的准确性。

Matrix的特色主要体现在以下几个方面。

第一个方面：用Matrix建模精确度高、细节精致。设计师可以按照自己的设计思路去建构模型，使建模变得更加简单迅速且尺寸精准。

第二个方面：智能化快速镶嵌各类宝石。Matrix的镶嵌功能是庞大的，包括钉镶、逼镶、虎爪镶等一系列镶嵌工艺和线上、曲面上的排石功能。

第三个方面：强大的记忆功能，使设计师修改首饰造型轻松便捷。Matrix中的多重建构历史功能和自由操控曲线绘图功能使设计师能实时直观地看到首饰造型的变化。

本章介绍Matrix的实际操作，包括Matrix界面和Matrix的基础操作等内容。同时，还会介绍对象的选择方法、F6键的具体操作内容、Matrix建模思路及常用戒指尺寸等内容。

熟悉Matrix的界面

这一部分主要介绍Matrix的界面。Matrix的界面与Rhino的界面相对应，只是视图的名称不同，具体对应如下：Matrix中的Looking Down对应Rhino中的Top，Matrix中的Through Finger对应Rhino中的Front，Matrix中的Side View对应Rhino中的Right，Matrix中的Perspective对应Rhino中的Perspective。

◆ 标题栏

标题栏显示当前文件的名称。

◆ 菜单栏

菜单栏位于标题栏下方，在下拉菜单中可以找到软件的大多数工具命令，它们根据不同类型位于相应的菜单中，如图5-1所示。

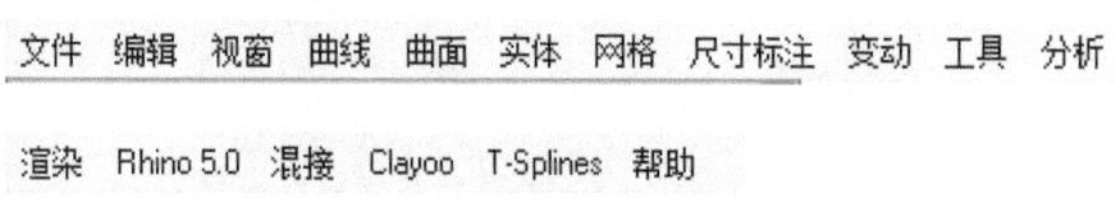

文件 编辑 视窗 曲线 曲面 实体 网格 尺寸标注 变动 工具 分析

渲染 Rhino 5.0 混接 Clayoo T-Splines 帮助

图5-1

◆ 工具列

工具列默认显示的是"图标历史记录""主菜单""显示""格""信息与设置""图层""项目"等面板，如图5-2所示。

图5-2

"主菜单"里的工具按类型分类，例如单击"曲面"按钮，下面将会出现所有曲面工具，右边还有两个开关按钮，用于切换更多当前类型的工具，如图5-3所示。

图5-3

Matrix里有80%的工具等同于Rhino中的工具，只是呈现的图标样式略有区别。

Matrix有一些工具列没有在界面中显示，如果要显示这些工具列，可以使用以下两种方法。

1. 在菜单栏里查找对应类型的工具命令。

2. 在指令栏中输入"_Toolbar"，在弹出的"Rhino选项"对话框中选择相应的选项，就可以在界面中显示其他的工具列，如图5-4所示。

图5-4

◆ 锁定与捕捉

Matrix中的锁定与捕捉在"格"面板中，如图5-5所示，相应的操作说明如表5-1所示。

图5-5

表5-1

垂点		直线、曲线或曲面边缘的垂直点
切点		目标线与曲线边缘的正切点
交点		两条曲线的交点及编辑状态下的结构线交点
点		所有点对象，包括控制点、编辑点
最近点		鼠标指针附近最近曲线或曲面边缘的点
四分点		圆或椭圆四分点（四分点在曲线上是工作平面上与X轴与Y轴任意平行线的相切点，局部的最高点或最低点）
中心点		圆形、椭圆或圆弧的中心点及重点
中点		线段和曲面边缘的中点
端点		曲线和复合线的端点及曲面边界的转角点
曲面上的点		曲面上任意位置作为起点
多重曲面上		多重曲面（实体）上任意位置作为起点
两点之间		任意两点之间的中点作为起点
相邻		保持水平与垂直捕捉
平面模式		在三维绘图中将鼠标指针在坐标位置保持在最后工作深度（捕捉模式可即时改变深度）
投影		捕捉的点投影至工作平面上
停用		停用所有的捕捉功能
锁定格点		可以限制鼠标指针只在视图中的格点上移动，这样可以控制绘制图形的数值和图形的精准性

◆ 图层

图层的作用是在建模时方便区分和查找各个物件，更方便之后在KeyShot渲染软件中划分材质，如图5-6所示。

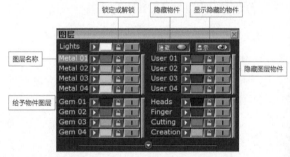

图5-6

◆ 项目

在"项目"面板中可快速储存和导入模型及常用的模型配件（如耳堵、品牌吊牌、项链虾扣等），如图5-7所示。

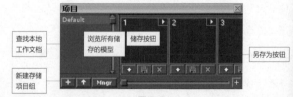

图5-7

◆ 指令栏

　　主要功能:输入文字命令、显示当前命令的执行状态、提示下一步的操作、选用参数、输入数值、显示分析结果、提示操作失败的原因等。许多工具命令执行后会在指令栏中显示相应的选项,单击选项可以更改设置。

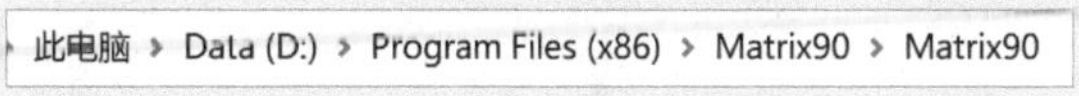

　　文字命令:所有图标式命令与菜单式命令都可以通过在指令栏中输入相应的文字命令来执行。

　　隐藏命令:有些隐藏的工具命令只能通过指令栏来执行。

　　参数:执行工具命令后,需要修改的参数只能通过指令栏来控制。操作方式为在指令栏单击参数,若需要修改数值,可直接在指令栏中进行输入,如图5-9所示。

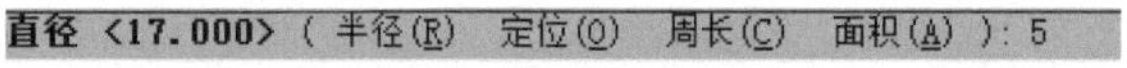

直径 <17.000> (半径(R) 定位(O) 周长(C) 面积(A)): 5

图5-9

　　命令排序:输入命令前面的字母后指令栏会出现与该字母相关的工具命令,如图5-10所示。如果没有出现相关工具命令,则代表Matrix中无此工具命令。

图5-10

　　命令使用记录:在指令栏任意处右击,会显示最近使用过的工具命令,便于查看和快速使用相应命令。

◆ Matrix的基础操作

　　Matrix的基础操作包括对象的选择、系统默认快捷键的使用。

◆ 对象的选择

　　Matrix中被选择的物件的默认颜色为玫粉色,也可以自定义其他颜色,如图5-11所示。

图5-11

　　根据颜色来选择对象的操作步骤如下。

　　单击 "选项"工具按钮,在弹出的"Rhino选项"对话框中,选择"外观–颜色"选项,在右侧的"物件显示"中选择"选取的物件"颜色条进行颜色的更改,如图5-12所示。

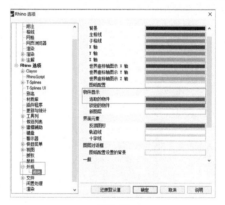

图5-12

　　Matrix中的对象选择方式包括点选、框选、按类型选择、全选和反选等。

点选

　　在要选择的物件上单击即可选择单个物件,被选择的物件将以玫红色显示,与点选相关的操作如下。

　　取消选择:在视图中的空白处单击,可以取消所有对象的选择状态,也可以按Esc键取消选择。

　　加选:按住Shift键,然后单击其他物件,可以将该物件增加至选择状态。

　　减选:按住Ctrl键,然后单击要取消选择的物件,可以取消该物件的选择状态。

　　当界面中有多个物件重叠或交叉时,选择其中某个物件会弹出图5-13所示的"候选列表",视图中待选物件会以亮粉色框架显示,在该列表中选择待选物件的名称,即可选择该物件。如果"候选列表"中没有要选择的对象，则选择"无"选项，或直接在视图空白处单击，然后重新进行选择即可。

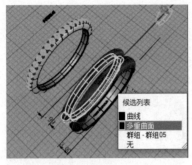

图 5-13

框选

在Matrix中框选物件的方法为：按住鼠标左键从左上向右下框选时，只有被完全框住的物件才能被选中；从右下向左上框选时，只要待选择的物件与选择框有接触就会被选中。

按类型选择

Matrix界面中的物件以曲线、曲面、多边形、灯光等类型分类，因此可以按照类型进行选择。操作步骤为：单击 "选择"下三角按钮，在弹出的"选择"拓展工具面板中单击要按类型选择的工具按钮，如图5-14所示。

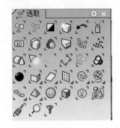

图 5-14

◆ **系统默认快捷键**

Matrix中的常用快捷键如下。

Esc：取消当前工具命令。

Del：删除物件。

F1：调出帮助文件。

F2：查看历史指令。

F7：切换网格显示模式。

F8：切换正交模式。

F10：切换控制点显示。

Ctrl+C：复制。

Ctrl+V：粘贴（允许跨文件粘贴）。

Ctrl+Z：复原。

Ctrl+Y：重做。

按住Shift键暂时启用（停用）正交。

按住Alt键暂时启用（停用）物件缩点。

按住Alt键并拖曳物件可以复制物件。

按住Home键可以恢复到上一视角。

按住End键可以返回到下一视角。

建议将推移设置为方向键，这样就可以直接利用方向键移动物件，按Page Up、Page Down键可在深度轴方向移动物件，如图5-15所示。

图 5-15

Matrix中多功能快捷键F6对应的命令列表都是从工具列里分类挑选出来的命令，可以使宝石、切面、曲线、曲面、曲面宝石、手寸线、外围线等类型的物件快速进入命令编辑状态，如图5-16、图5-17、图5-18、图5-19、图5-20、图5-21所示。

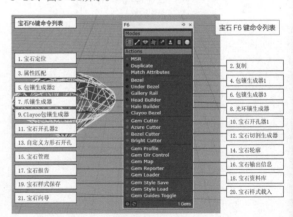

图 5-16

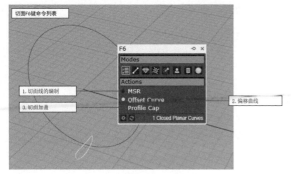

图 5-17

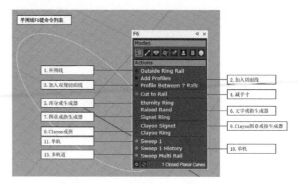

图 5-21

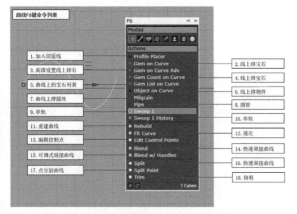

图 5-18

Matrix中的默认快捷设置可以通过单击 🦊 "选项"工具按钮，在弹出的"Rhino选项"对话框中选择"键盘"选项进行修改，如图5-22所示。

图 5-22

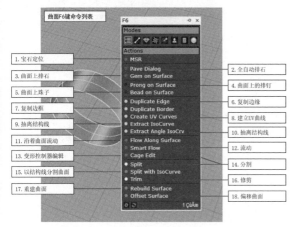

图 5-19

💎 Matrix基础工具命令的简介

Matrix中的基础工具命令等同于Rhino中的基础工具命令，增加了珠宝部分的工具命令，如"生成器""工具""宝石""设置""切割"部分的内容。

◆ Matrix建模思路概述

Matrix是在Rhino的基础上开发出来的，利用了Rhino强大的NURBS建模功能，因此Matrix的基础建模思路基本等同于Rhino的建模思路。从一个模型的开始创建到完成，Matrix可以自动记录建模步骤，同时其镶嵌功能非常强大，具有操作便捷、工艺精准等优势。

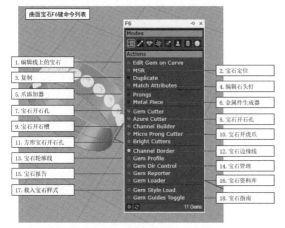

图 5-20

◆ 曲线和曲面

曲线的构成

在Matrix中，同样通过定位一系列的控制点来绘制曲线，包括软件中所有绘制好的默认切面线。按F10键可将绘制好的曲线的控制点打开，可以通过调整控制点改变曲线的形态。

构成曲线的各要素

控制点（Control Point）：也叫作控制顶点（Control Vertex,CV），控制点位于曲线的外侧，用来控制曲线的形态。

编辑点（Edit Point,EP）：单击 "显示曲线编辑点"工具按钮，可以显示曲线的编辑点。

外壳：连接控制点之间的虚线，有助于观察控制点。

曲面的构成

Matrix中曲面标准结构是类似矩形的结构，曲面上的点与线具有两个方向，这两个方向呈网状。曲面可以看作由一系列曲线沿着一定的走向排列而成，如图5-23所示。

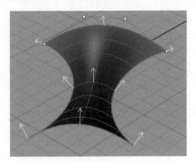

图 5-23

曲面的 *U* 方向、*V* 方向、*N* 方向

在图5-24中，红色、绿色和蓝色箭头所指方向对应曲面的*U*方向、*V*方向、*N*方向，NURBS使用*U*坐标、*V*坐标来定义曲面，是曲面上纵向和横向的点，*N*方向则是曲面上某一点的法线方向。单击 "分析方向"工具按钮，可以查看曲面的*U*方向、*V*方向、*N*方向，可以将*U*方向、*V*方向、*N*方向假想为曲面的*X*轴、*Y*轴、*Z*轴。

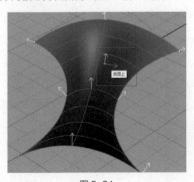

图 5-24

结构线

结构线（Isoparametric，ISO）又称为等参线，结构线是曲面上一条特定的U线或V线。Matrix利用结构线和曲面的边缘线来可视化NURBS曲面的形状。在默认状态下，结构线显示在节点位置。

曲面边缘

曲面边缘（Edge）指曲面边界的一条U线或V线，在建构曲面时，可以选择曲面的边缘来建立曲面的连续性。

将多个曲面组合时，如果一个曲面的边缘没有与其他曲面的边缘相接，这样的边缘则称为外露边缘。

坐标系统

Matrix中有两套坐标系统——世界坐标和工作平面坐标，如图5-25所示。

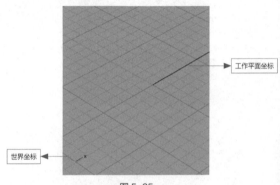

图 5-25

世界坐标：世界坐标是固定不变的，视图左下角显示的是世界坐标图标。

工作平面坐标：每个工作视窗都有各自的工作平面，每个工作平面都有对应的世界坐标定位，可以通过视图中的格线判断其坐标轴原点和轴向。红色为工作平面的*X*轴、绿色为工作平面*Y*轴、格线轴交点为原点。

◆ 常用编辑工具的操作

组合

将端点或边缘相连接的单一物件组合在一起。直线组合为多重直线，曲线组合为多重曲线，曲面或多重曲面组合为多重曲面或实体。操作步骤如下。

单击 "组合"工具按钮，根据指令栏的提示，选择要组合的物件，按Enter键完成操作。

炸开

将组合在一起的物件打散成单独的物件，其操作步骤如下。

单击 "炸开"工具按钮，根据指令栏的提示，选择要炸开的物件，按Enter键完成操作。

修剪

以一个物件修剪另一个物件，其操作步骤如下。

单击 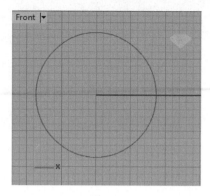 "修剪"工具按钮，根据指令栏的提示，选择修剪用的物件，按Enter键，选择要修剪的物件，完成操作。

分割 / 分割以点

以一个物件分割另一个物件，其操作步骤如下。

单击 "分割"工具按钮，根据指令栏的提示，选择要分割的物件，按Enter键，选择切割用的物件，按Enter键完成操作。

右击 "分割以点"工具按钮，根据指令栏的提示，选择要分割的曲线，选择曲线的分割点，按Enter键完成操作。

设定点

移动物件，使物件对齐 X、Y、Z 轴上的某一点，其操作步骤如下。

单击 变动 "变动"工具按钮，在弹出的"变动"拓展工具面板中单击 "设置点"工具按钮，根据指令栏的提示，选择要变动的物件，按Enter键，在弹出的"设置点"对话框中选择要使用的轴向，在操作界面选择要对齐的目标点，完成操作。

◆ **手寸和切面线的操作**

手寸

手围内圈线的长度，一般有美码、港码等尺码，生成手寸线的操作步骤如下。

单击 工具 "工具"按钮，在弹出的"工具"拓展工具面板中单击 "手寸"工具按钮，在弹出的面板中选择参数（如美码7码）生成手寸线，如图5-26、图5-27所示。

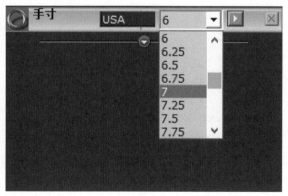

图 5-26

图 5-27

增加断面

"切面"工具是绘制戒指时使用频率较高的工具，用于控制戒指的造型，其操作步骤如下。

单击 工具 "工具"按钮，在弹出的"工具"拓展工具面板中单击 "切面"工具按钮，在弹出的面板中设置参数，如图5-26所示。也可以选择手寸线，按F6键，在弹出的命令列表中单击"Add Profiles"按钮，再选择工作视窗中面板的参数，如图5-28所示。完成操作，如图5-29所示。

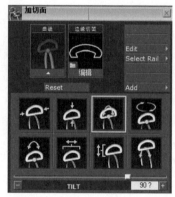

图 5-28

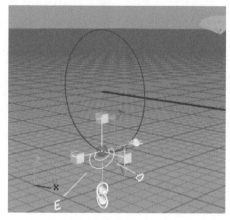

图 5-29

第6章
Matrix排石镶嵌工具的使用

本章对首饰中的常见镶嵌方式进行讲解，包括宝石的置入、包镶的绘制、爪镶的绘制、曲线上曲面上排石、开石孔、宝石加钉、称重工具的使用等内容。

宝石的置入

置入宝石的操作步骤如下。

单击 宝石 "宝石"工具按钮，在弹出的"宝石"拓展工具面板中单击 "宝石资料库"工具按钮，在弹出的"宝石加载器"面板中，选择"切割类型"，如图6-1、图6-2、图6-3、图6-4所示。选择宝石尺寸（这里以圆形钻石切割为例），如图6-5 所示。按Enter键完成操作，如图6-6所示。

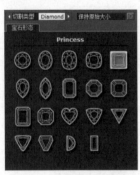

图6-1

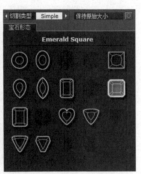

图6-2

图6-3

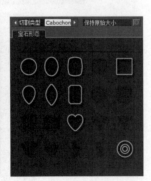

图6-4

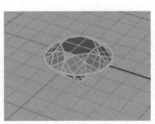

图6-5

图6-6

包镶的绘制

绘制包镶的操作步骤如下。

1 单击 宝石 "宝石"工具按钮，在弹出的"宝石"拓展工具面板中单击 "宝石资料库"工具按钮，在弹出的"宝石加载器"面板中选择"切割类型"和宝石尺寸，按Enter键完成操作，如图6-7所示。

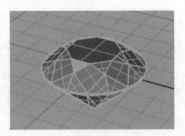

图6-7

2 选择宝石，按F6键打开命令列表，单击 Bezel "包镶生成器"工具按钮，在弹出的"包镶生成器"面板中调整相关参数（包括镶口形状、包镶桶高度和厚度、吃进石头距离等），如图6-8所示。按Enter键完成操作，如图6-9所示。

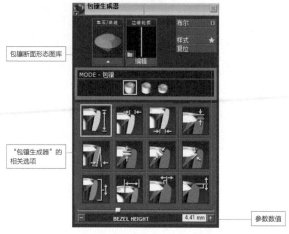

图 6-8

包镶断面形态图库

"包镶生成器"的相关选项

参数数值

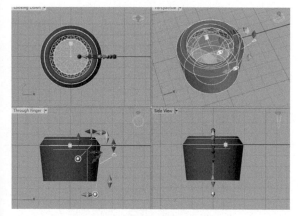

图 6-9

3 选择包镶桶，按F6键打开命令列表，单击 Bezel Cutter "包镶切割生成器"工具按钮，在弹出的"包镶切割生成器"面板中调整相关参数（包括包镶切割物件的形状、比例等），如图6-10所示。按Enter键完成操作，如图6-11所示。

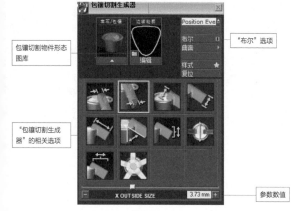

图 6-10

包镶切割物件形态图库

"布尔"选项

"包镶切割生成器"的相关选项

参数数值

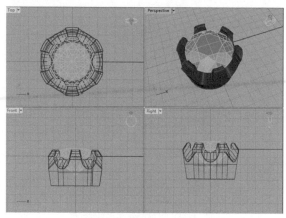

图 6-11

💎 **爪镶的绘制**

绘制爪镶的操作步骤如下。

1 单击 宝石 "宝石"工具按钮，在弹出的"宝石"拓展工具面板中单击 "宝石资料库"工具按钮，在弹出的"宝石加载器"面板中选择"切割类型"和宝石尺寸，按Enter键完成操作，如图6-12所示。

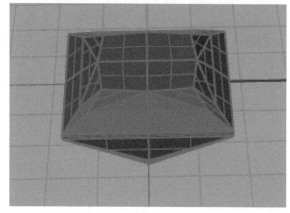

图 6-12

2 选择宝石，按F6键打开命令列表，单击选择 Head Builder "爪镶生成器"工具按钮，在弹出的"爪镶"面板中调整相关参数（包括镶口形状、爪的形状、爪的大小和高度、吃进石头距离等），如图6-13所示。按Enter键完成操作，如图6-14所示。

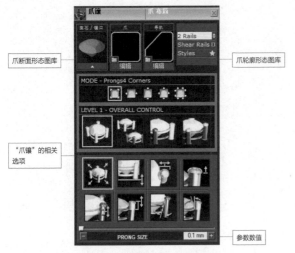

爪断面形态图库

爪轮廓形态图库

"爪镶"的相关选项

参数数值

图 6-13

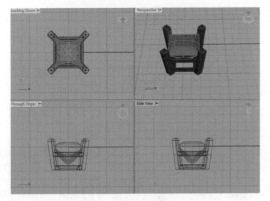

图 6-14

曲线上排石

曲线上排石的操作步骤如下。

选择曲线，按F6键打开命令列表，单击 Gem on Curve "曲线上排石"工具按钮，在弹出的"曲线上排石"面板中整相关参数（包括宝石大小、宝石的间距、宝石与曲面的关系等），如图6-15所示。拖曳宝石选择起点和终点，按Enter键完成操作，如图6-16所示。

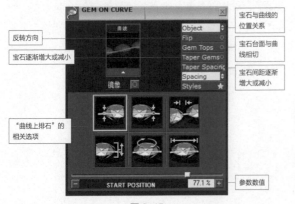

反转方向

宝石逐渐增大或减小

"曲线上排石"的相关选项

宝石与曲线的位置关系

宝石台面与曲线相切

宝石间距逐渐增大或减小

参数数值

图 6-15

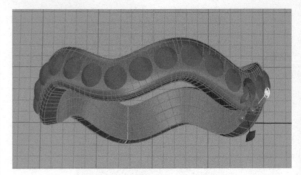

图 6-16

开石孔

开石孔的操作步骤如下。

选择宝石，按F6键打开命令列表，单击 Gem Cutter "宝石石孔"工具按钮，在弹出的"宝石石孔"面板中调整相关参数（包括石孔的形状、高度等），如图6-17所示。按Enter键完成操作，如图6-18所示。

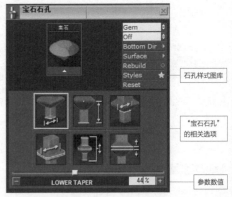

石孔样式图库

"宝石石孔"的相关选项

参数数值

图 6-17

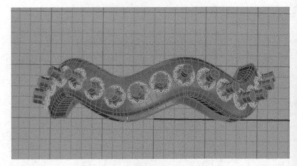

图 6-18

宝石加钉

给宝石加钉的操作步骤如下。

选择宝石，按F6键打开命令列表，单击 Prongs "爪添加器"工具按钮，在弹出的"爪添加器"面板中，调整相关参数（包括钉的高度、半径、吃进石头距离等），如图6-19所示。按Enter键完成操作，如图6-20所示。

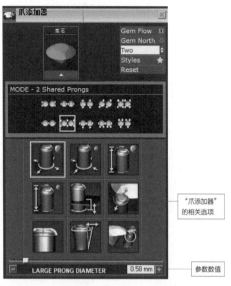

图6-19

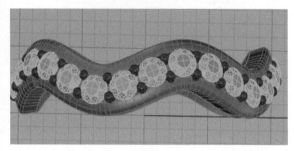

图6-20

曲面上排石

曲面上排石的操作步骤如下。

选择曲面，按F6键打开命令列表，单击 Gem on Surface "曲面上的宝石"工具按钮，在弹出的"曲面上的宝石"面板中调整相关参数（包括宝石的大小、宝石间距等），如图6-21所示。在曲面上指定宝石的位置，完成操作，如图6-22所示。

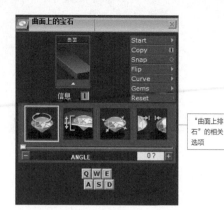

图6-21

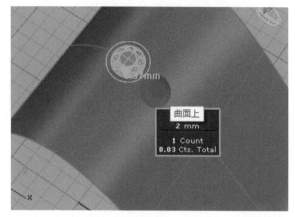

图6-22

称重工具的使用

称重工具的使用方法如下。

单击 工具 "工具"工具按钮，在弹出的"工具"拓展工具面板中单击 "金属重量"工具按钮，选择要称重的物件，再单击 Calculate "拾取"工具按钮，弹出的"金属重量"面板中将显示物件的金属重量信息，如图6-23所示。

图6-23

第7章
Matrix镶嵌类宝石首饰建模

本章结合前两章的知识点，搭配相关首饰建模案例，对常见的复杂宝石首饰的绘制做详细的操作讲解。同时，本章将通过具体的首饰建模案例讲解Rhino插件Clayoo的操作方法。

◆ 扭转造型吊坠

本例创建的吊坠如图7-1所示。

图 7-1

STEP 01

单击 ⊙ "椭圆：从中心点"工具按钮，根据指令栏的提示，在Through Finger视图中绘制图7-2所示的椭圆。

STEP 02

单击 ▢ "矩形：角对角"工具按钮，在指令栏中选择"中心点"选项，根据指令栏的提示，在Side View视图中绘制图7-3所示的矩形。

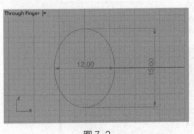

图 7-2

图 7-3

STEP 03

单击 ⛏ "炸开"工具按钮，根据指令栏的提示，将STEP 02中的矩形炸开。单击 ⌐ "曲线工具"下三角按钮，在弹出的"曲线工具"拓展工具面板中单击 ⌐ "重建曲线"工具按钮，根据指令栏的提示，选择要重建的曲线，按Enter键，在弹出的"重建"对话框中将"点数"修改为"11"，如图7-4所示，单击"确定"按钮，完成操作。单击 ⌐ "显示物件控制点工具"按钮，打开重建曲线的控制点，如图7-5所示。

图 7-4

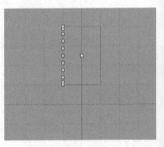

图 7-5

STEP 04

通过操作轴移动图7-6所示的控制点至图7-7所示位置。

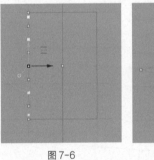

图 7-6

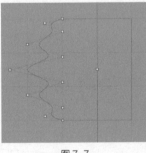

图 7-7

STEP 05

单击 ⛏ "组合"工具按钮，将图7-7所示曲线组合为封闭的平面曲线。

STEP 06

勾选"物件锁点"中的"交点"复选框，单击 ⌐ "曲线"下三角按钮，在弹出的"曲线"拓展工具面板中单击 ⌐ "弹簧线"

工具按钮，在指令栏中选择"环绕曲线"选项，根据指令栏的提示，选择曲线（这里选择椭圆），在指令栏中选择"圈数"选项并输入"4"，按Enter键，在Perspective视图中指定半径，如图7-8所示。

STEP 07

同理，绘制图7-9所示的弹簧线。

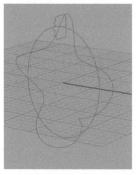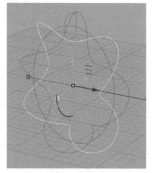

图7-8   图7-9

STEP 08

单击 "曲线工具"下三角按钮，在弹出的"曲线工具"拓展工具面板中单击 "全部圆角"工具按钮，根据指令栏的提示，选择要建立圆角的多重曲线，按Enter键，在指令栏的"圆角半径"处输入"0.2"，按Enter键完成操作，如图7-10所示。

STEP 09

单击 "建立曲面"下三角按钮，在弹出的"建立曲面"拓展工具面板中单击 "双轨扫掠"工具按钮，根据指令栏的提示，依次选择第一条路径和第二条路经（这里选择两条弹簧线），选择断面曲线（这里选择STEP 04、STEP 05中的封闭曲线），按Enter键，在弹出的"双轨扫掠选项"对话框中勾选"封闭扫掠"复选框，单击"确定"按钮完成操作，如图7-11所示。

图7-10   图7-11

STEP 10

取消勾选"物件锁点"中的选项，单击 "从物件建立曲线"下三角按钮，在弹出的"从物件建立曲线"拓展工具面板中单击 "抽离结构线"工具按钮，根据指令栏的提示，抽离出图7-12所示的曲线。

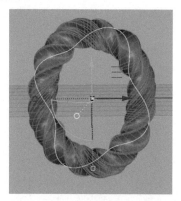

图7-12

STEP 11

选择STEP 10中抽离出的曲线，按F6键打开命令列表，单击 Gem on Curve "曲线上排石"工具按钮，在弹出的"曲线上排石"面板中调整相关参数，如图7-13所示。在透视图中调整起点和终点，按Enter键完成操作，如图7-14所示。

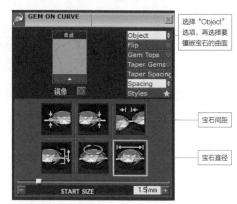

图7-13

图7-14

STEP 12

选择宝石，按F6键打开命令列表，单击 Gem Cutter "宝石石孔" 工具按钮，弹出 "宝石石孔" 面板，如图7-15所示，在其中调整相关参数（单击 Styles ★ "宝石石孔图库" 按钮，在弹出的图库列表中选择图7-16所示的样式，再单击 Apply "应用" 按钮），按Enter键完成操作，如图7-17所示。

图 7-15

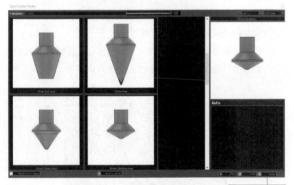

图 7-16

单击 "Apply" 按钮完成选择

图 7-17

STEP 13

单击 "实体工具" 下三角按钮，在弹出的 "实体工具" 拓展工具面板中单击 "布尔运算差集" 工具按钮，根据指令栏的提示，选择要被减去的曲面或多重曲面（这里选择STEP 09中双轨扫掠的环状物件），按Enter键，选择要减去其他物件的曲面或多重曲面（这里选择STEP 12中的宝石石孔物件），按Enter键完成操作，如图7-18所示。

图 7-18

STEP 14

选择宝石，按F6键打开命令列表，单击 Prongs "爪添加器" 工具按钮，在弹出的 "爪添加器" 面板中调整相关参数，如图7-19所示。按Enter键完成操作，如图7-20所示。

爪的直径为0.6mm

爪的高度为0.8mm

爪吃进石头 10%

图 7-19

图 7-20

STEP 15

单击 宝石 "宝石" 工具按钮，在弹出的 "宝石" 拓展工具面板中单击 "宝石资料库" 工具按钮，在弹出的 "宝石加载器" 面板中选择 "Diamond" 选项，单击 "宝石形态" 并选择心形0.23ct宝石，如图7-21、图7-22所示。

图 7-21   图 7-22

STEP 16

选择宝石，按F6键打开命令列表，单击 Head Builder "爪镶生成器" 工具按钮，在弹出的 "爪镶" 面板中调整相关参数，如图7-23所示。完成操作，如图7-24所示。

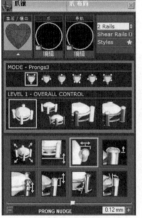

图 7-23   图 7-24

STEP 17

通过操作轴将宝石移动至图7-25所示位置。单击 "建立实体" 下三角按钮，在弹出的 "建立实体" 拓展工具面板中单击 "环状体" 工具按钮，根据指令栏的提示，在Through Finger视图中绘制图7-25所示的环状体。

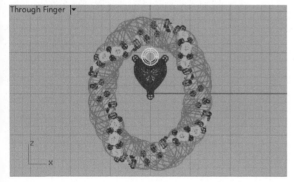

图 7-25

STEP 18

选择STEP 17中的环状体，按Ctrl+C和Ctrl+V组合键复制和粘贴环状体，通过操作轴将其中的一个环状体在Looking Down视图中旋转90度，如图7-26所示。再通过操作轴将环状体移动至图7-27所示位置。

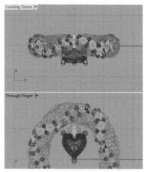

图 7-26   图 7-27

STEP 19

绘制O字链，完成操作，如图7-28所示。

图 7-28

💎 织网戒指

本案例略复杂，为了更清楚、快速地呈现和讲解模型的建构过程，会简要介绍相关工具。

本例创建的戒指如图7-29所示。

图 7-29

STEP 01

单击 ◼工具 "工具"按钮，在弹出的"工具"拓展工具面板中单击 ◻ "手寸"工具按钮，在弹出的"手寸"面板中设置参数，如图7-30所示。绘制6码手寸圆形，如图7-31所示。

STEP 02

单击 ◼曲线 "曲线"工具按钮，在弹出的"曲线"拓展工具面板中单击 ◻ "偏移曲线"工具按钮，根据指令栏的提示，将圆形偏移1mm，完成操作，如图7-32所示。

图 7-30

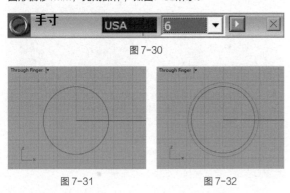

图 7-31　　　　　　　图 7-32

STEP 03

单击 ◼曲线 "曲线"工具按钮，在弹出的"曲线"拓展工具面板中单击 ◻ "多重直线"工具按钮，根据指令栏的提示，在Side View视图中绘制图7-33所示的曲线。单击 ◻ "镜像"工具按钮，在Side View视图中将多重直线镜像，完成操作，如图7-34所示。

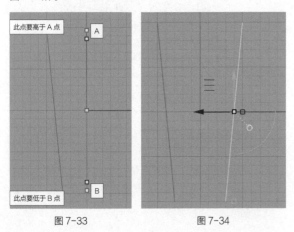

图 7-33　　　　　　　图 7-34

STEP 04

单击 ◼曲线 "曲线"工具按钮，在弹出的"曲线"拓展工具面板中单击 ◻ "从两个视图投射曲线"工具按钮，根据指令栏的提示完成操作，如图7-35所示。

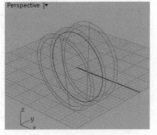

图 7-35

STEP 05

单击 ◼曲线 "曲线"工具按钮，在弹出的"曲线"拓展工具面板中单击 ◻ "多重直线"工具按钮，打开"格"面板中的"交点"，如图7-36所示。绘制图7-37所示的多重直线。

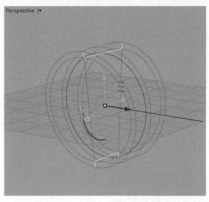

图 7-36

图 7-37

STEP 06

单击 ◼曲线 "曲线"工具按钮，在弹出的"曲线"拓展工具面板中单击 ◻ "圆弧:起点方向"工具按钮，根据指令栏的提示，在Side View视图中绘制图7-38所示的弧线。

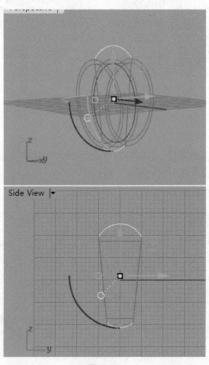

图 7-38

STEP 07

单击 [图] "组合" 工具按钮，将STEP 04、STEP 05中的曲线组合，如图7-39所示。

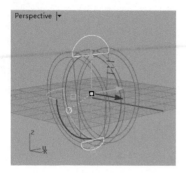

图 7-39

STEP 08

单击 [曲面] "曲面" 工具按钮，在弹出的 "曲面" 拓展工具面板中单击 [图] "双轨扫掠" 工具按钮，根据指令栏的提示完成操作，如图7-40所示。单击 [实体] "实体" 工具按钮，在弹出的 "实体" 拓展工具面板中，单击 [图] "抽离曲面" 工具按钮，根据指令栏的提示将曲面抽离，如图7-41所示。

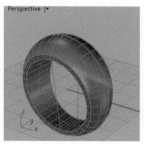 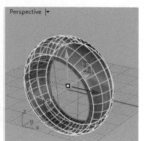

图 7-40 图 7-41

STEP 09

单击 [曲线] "曲线" 工具按钮，在弹出的 "曲线" 拓展工具面板中单击 [图] "偏移曲线" 工具按钮，根据指令栏的提示，在Side View视图中将图7-34、图7-35所示的曲线偏移，偏移距离为1mm，如图7-42所示。

STEP 10

单击 [曲线] "曲线" 工具按钮，在弹出的 "曲线" 拓展工具面板中单击 [图] "延伸曲线" 工具按钮，根据指令栏的提示，在Side View视图将图7-42所示的曲线延伸，结果如图7-43所示。

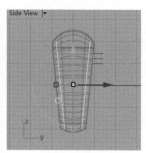 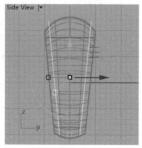

图 7-42 图 7-43

STEP 11

关闭 "格" 面板中的 "交点"。单击 [曲线] "曲线" 工具按钮，在弹出的 "曲线" 拓展工具面板中单击 [图] "多重直线" 工具按钮，在Side View视图中绘制图7-44所示的曲线，单击 [图] "镜像" 工具按钮，在Side View视图中以Z轴为对称轴镜像曲线，如图7-45所示。

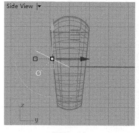 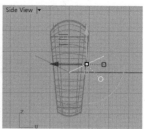

图 7-44 图 7-45

STEP 12

选择图7-46所示的曲线，单击 [图] "修剪" 工具按钮，根据指令栏的提示修剪曲线，如图7-47所示。单击 [图] "组合" 工具按钮，将修剪后的曲线组合。

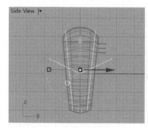 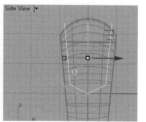

图 7-46 图 7-47

STEP 13

单击 [实体] "实体" 工具按钮，在弹出的 "实体" 拓展工具面板中单击 [图] "直线挤出" 工具按钮，根据指令栏的提示将曲线挤出曲面，完成操作，如图7-48所示。

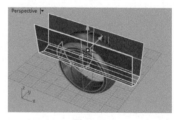

图 7-48

STEP 14

单击 [曲线] "曲线" 工具按钮，在弹出的 "曲线" 拓展工具面板中单击 [图] "交集" 工具按钮，根据指令栏的提示，得到图7-49所示的曲线。

STEP 15

删除STEP 13中的曲面，单击 [图] "分割" 工具按钮，根据指令栏的提示，将STEP 08中抽离的曲面分割，完成操作，如图7-50所示。

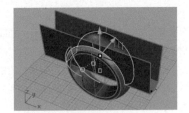

图 7-49

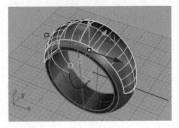

图 7-50

STEP 16

单击 变动 "变动"工具按钮,在弹出的"变动"拓展工具面板中单击 "双轴缩放"工具按钮,在Looking Down视图将STEP 15中分割的曲面缩放至图7-51所示位置。单击 "单轴缩放"工具按钮,在Side View视图中将曲面缩放至图7-52所示位置。

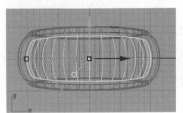

图 7-51

图 7-52

STEP 17

单击 曲面 "曲面"工具按钮,在弹出的"曲面"拓展工具面板中单击 "放样"工具按钮,根据指令栏的提示,将图7-53所示的曲线放样,完成操作,如图7-54所示。

图 7-53

图 7-54

STEP 18

同理,放样出图7-55所示的曲面,单击 "组合"工具按钮,将全部曲面组合。

STEP 19

单击 实体 "实体"工具按钮,在弹出的"实体"拓展工具面板中单击 "抽离曲面"工具按钮,根据指令栏的提示将曲面抽离,完成操作,如图7-56所示。单击 "组合"工具按钮,将抽离出的曲面组合。

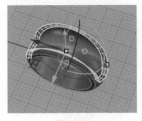

图 7-55

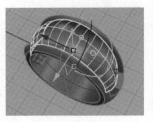

图 7-56

STEP 20

按Ctrl+C和Ctrl+V组合键复制和粘贴STEP 19抽离的曲面,单击 "组合"工具按钮,将复制的曲面与戒指其他曲面组合,如图7-57所示。选择STEP 19抽离的曲面,再单击图7-58所示的"放置图层"按钮,将抽离的曲面放置于"Metal 02"图层中。同理,将图7-57中组合了的曲面放置于"Metal 03"图层中,并关闭"Metal 03"图层,如图7-59所示。

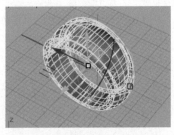

图 7-57

图 7-58

图 7-59

STEP 21

单击 曲线 "曲线"工具按钮,在弹出的"曲线"拓展工具面板中单击 "复制边框"工具按钮,根据指令栏的提示,复制出图7-60所示的边框曲线。

STEP 22

打开"格"面板中的"交点",单击 曲线 "曲线"工具按钮,在弹出的"曲线"拓展工具面板中单击 "抽离结构线"工具按钮,根据指令栏的提示,抽离出图7-61所示的结构线。

图 7-60

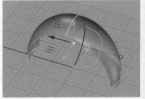

图 7-61

STEP 23

隐藏"Metal 02"图层。单击 ●曲线 "曲线"工具按钮，在弹出的"曲线"拓展工具面板中单击 "重建曲线"工具按钮，根据指令栏的提示，依次将图7-62所示的曲线点数重建为"7"，如图7-63所示。

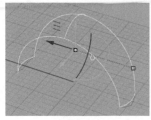 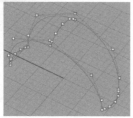

图 7-62　　　　　　　　　　图 7-63

STEP 24

单击 ●曲面 "曲面"工具按钮，在弹出的"曲面"拓展工具面板中单击 "双轨扫掠"工具按钮，根据指令栏的提示完成操作，如图7-64所示。

STEP 25

单击 ●曲面 "曲面"工具按钮，在弹出的"曲面"拓展工具面板中单击 "延伸曲面"工具按钮，根据指令栏的提示，将曲面延伸3mm，完成操作，如图7-65所示。

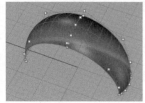 

图 7-64　　　　　　　　　　图 7-65

STEP 26

单击 ●曲线 "曲线"工具按钮，在弹出的"曲线"拓展工具面板中单击 "拉回"工具按钮，根据指令栏的提示，将图7-66所示的曲线拉回至图7-67所示位置。

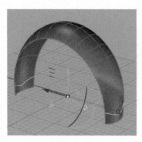 

图 7-66　　　　　　　　　　图 7-67

STEP 27

单击 ●曲线 "曲线"工具按钮，在弹出的"曲线"拓展工具面板中单击 "建立UV"工具按钮，根据指令栏的提示完成操作，如图7-68所示。选择建立的UV曲线，按Ctrl+C和Ctrl+V组合键复制和粘贴UV曲线，将其中一组UV曲线放置于"User 01"图层中，并关闭该图层，如图7-69所示。

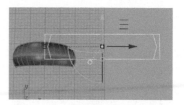

图 7-68

图 7-69

STEP 28

打开"格"面板中的"交点"和"中点"，如图7-70所示。单击 ●曲线 "曲线"工具按钮，在弹出的"曲线"拓展工具面板中单击 "单一直线"工具按钮，在指令栏中选择"两侧"选项，根据指令栏的提示，在Looking Down视图中绘制图7-71所示的单一直线。

图 7-70

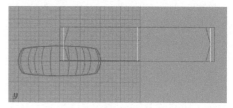

图 7-71

STEP 29

单击 "炸开"工具按钮，根据指令栏的提示，将图7-72所示的曲线炸开。

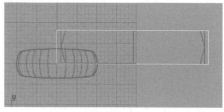

图 7-72

STEP 30

单击 "分割"工具按钮，根据指令栏的提示，将STEP 29中炸开的曲线分割为图7-73所示的曲线。

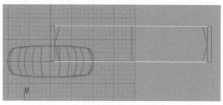

图 7-73

STEP 31

单击 ●曲线 "曲线" 工具按钮, 在弹出的 "曲线" 拓展工具面板中单击 "曲线分段" 工具按钮, 根据指令栏的提示, 依次将STEP 30中的曲线分为12段, 完成操作, 如图7-74所示。

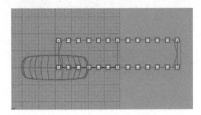

图 7-74

STEP 32

打开 "格" 面板中的 "点", 单击 ●曲线 "曲线" 工具按钮, 在弹出的 "曲线" 拓展工具面板中单击 "单一直线" 工具按钮, 根据指令栏的提示, 绘制图7-75所示的线段。

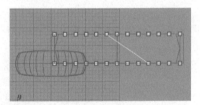

图 7-75

STEP 33

单击 ●变动 "变动" 工具按钮, 在弹出的 "变动" 拓展工具面板中单击 "直线阵列" 工具按钮, 根据指令栏的提示, 在指令栏的 "阵列数" 处输入 "4", 完成操作, 如图7-76所示。单击 "镜像" 工具按钮, 根据指令栏的提示, 在Looking Down视图中以图7-77所示的线段为对称轴进行镜像, 完成操作, 如图7-78所示。

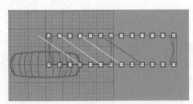

图 7-76

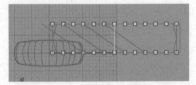

图 7-77

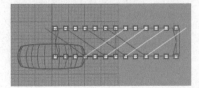

图 7-78

STEP 34

选择图7-75所示的曲线, 按Ctrl+C和Ctrl+V组合键将曲线复制和粘贴, 单击 "移动" 工具按钮, 将复制的曲线移动至图7-79所示位置。同理, 将图7-78所示的曲线复制和粘贴并移动至图7-80所示位置。

图 7-79

图 7-80

STEP 35

单击 ●曲线 "曲线" 工具按钮, 在弹出的 "曲线" 拓展工具面板中单击 "偏移曲线" 工具按钮, 根据指令栏的提示, 在指令栏的 "距离" 处输入 "0.6", 选择 "两侧" 选项, 在Looking Down视图中完成操作, 如图7-81所示。

图 7-81

STEP 36

单击 ●曲线 "曲线" 工具按钮, 在弹出的 "曲线" 拓展工具面板中单击 "延伸曲线" 工具按钮, 根据指令栏的提示, 选择边界曲线, 如图7-82所示。按Enter键后选择要延伸的曲线, 按Enter键完成操作, 如图7-83所示。

图 7-82

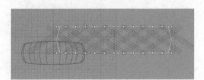

图 7-83

STEP 37

选择图7-83所示的曲线, 将曲线放置于 "User 01" 图层中; 单击 "整体选取" 工具按钮, 在弹出的 "整体选取" 列表中选择 "Select Points" 选项, 如图7-84所示。将选择的点放置于 "User 02" 图层中, 并将该图层关闭, 如图7-85所示。将图7-83中的曲线复制和粘贴, 将其中的一组曲线放置于 "User 03" 图层中, 并将该图层关闭, 如图7-86所示。

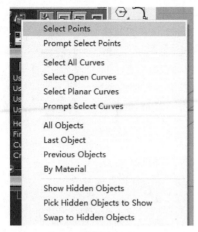

图 7-84

图 7-85

图 7-86

STEP 38

单击 "修剪" 工具按钮，根据指令栏的提示，在Looking Down 视图中修剪图7-83中的曲线，完成操作，如图7-87所示。

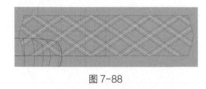

图 7-87

STEP 39

选择图7-88所示的曲线，按Delete键将其删除，如图7-89所示。

图 7-88

图 7-89

STEP 40

单击 "修剪" 工具按钮，根据指令栏的提示，在Looking Down视图修剪图7-89所示的曲线，完成操作，如图7-90所示。单击 "组合" 工具按钮，将图7-90所示的曲线组合。

图 7-90

STEP 41

单击 实体 "实体" 工具按钮，在弹出的 "实体" 拓展工具面板中单击 "直线挤出" 工具按钮，根据指令栏的提示，在指令栏的 "挤出长度" 处输入 "1.25"，选择 "两侧" 为 "否"，完成操作，如图7-91所示。

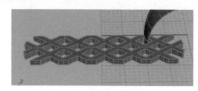

图 7-91

STEP 42

击 实体 "实体" 工具按钮，在弹出的 "实体" 拓展工具面板中单击 "抽离曲面" 工具按钮，根据指令栏的提示，将图7-92所示的曲面抽离，按Delete键将其删除，如图7-93所示。

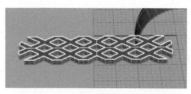

图 7-92

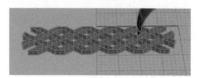

图 7-93

STEP 43

单击 曲线 "曲线" 工具按钮，在弹出的 "曲线" 拓展工具面板中右击 "圆角矩形" 工具按钮，在Through Finger视图中绘制图7-94所示的圆角矩形。单击 "单一直线工具" 按钮，在Through Finger视图中绘制图7-95所示的直线。

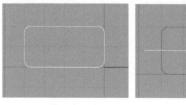

图 7-94 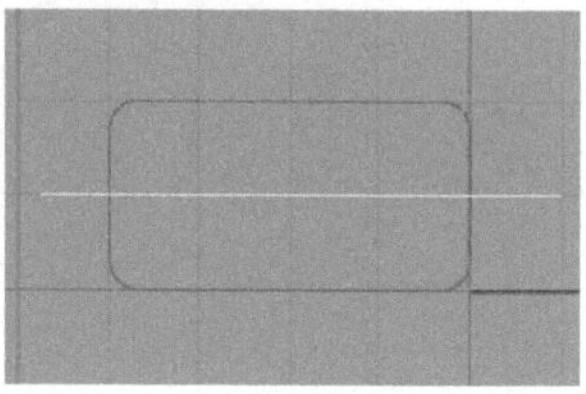　　　　　　　　图 7-95

STEP 44

单击 "修剪" 工具按钮，根据指令栏的提示，将图7-94所示的曲线修剪为图7-96所示的效果。将修剪后的曲线放置于 "Creation" 图层中，如图7-97所示。

图 7-96

图 7-97

STEP 45

按Ctrl+C和Ctrl+V组合键将图7-96所示的曲线复制和粘贴，单击 变动 "变动"工具按钮，在弹出的"变动"拓展工具面板中单击 "单轴缩放"工具按钮，根据指令栏的提示，在Through Finger视图中将图7-95所示的曲线缩放至图7-98所示位置。

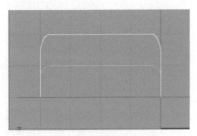

图 7-98

STEP 46

打开"格"面板中的"最近点"和"交点"。打开"User 03"图层，单击 变动 "变动"工具按钮，在弹出的"变动"拓展工具面板中单击 "两点对齐"工具按钮，根据指令栏的提示，在指令栏中选择"缩放"为"三轴"，将图7-98所示的曲线分别对齐至图7-99所示位置。

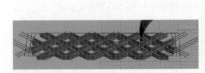

图 7-99

STEP 47

单击 "复制"工具按钮，将图7-99所示的曲线复制并移动至多个位置，如图7-100所示。

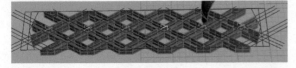

图 7-100

STEP 48

单击 "两点对齐"工具按钮，根据指令栏的提示，在指令栏中选择"缩放"为"三轴"，将图7-101所示的曲线分别对齐至如图7-102所示位置。

图 7-101

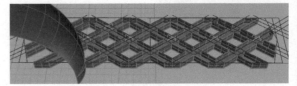

图 7-102

STEP 49

单击 "复制"工具按钮，复制图7-99所示的曲线并移动，完成操作，如图7-103所示。

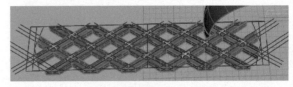

图 7-103

STEP 50

关闭"User 03"图层，单击 曲线 "曲线"工具按钮，在弹出的"曲线"拓展工具面板中单击 "单一直线"工具按钮，根据指令栏的提示，绘制图7-104所示的曲线，并将其放置于"User 04"图层。

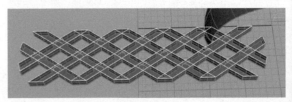

图 7-104

STEP 51

单击 "分割"工具按钮，在指令栏中选择"点"选项，将图7-105所示的曲线分割，完成操作，如图7-106所示。

图 7-105　　　　　　　　　图 7-106

STEP 52

同理，将图7-104所示的曲线分割，完成操作，如图7-107所示。

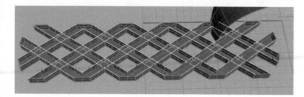

图 7-107

STEP 53

单击 曲面 "曲面"工具按钮，在弹出的"曲面"拓展工具面板中，单击 "双轨扫掠"工具按钮，根据指令栏的提示，完成操作，如图7-108所示。

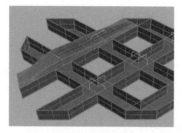

图 7-108

STEP 54

同理，利用"双轨扫掠"工具绘制其他曲面，完成操作，如图7-109所示。

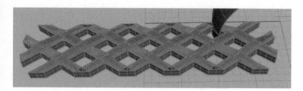

图 7-109

STEP 55

单击 曲面 "曲面"工具按钮，在弹出的"曲面"拓展工具面板中单击 "以平面曲线建立曲面"工具按钮，根据指令栏的提示完成操作，如图7-110所示。

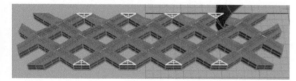

图 7-110

STEP 56

选择图7-111所示的曲面，将其放置于"Metal 04"图层中并关闭该图层，单击 "修剪"工具按钮，根据指令栏的提示完成操作，如图7-112所示。

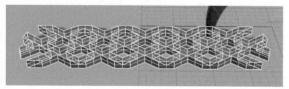

图 7-111

图 7-112

STEP 57

打开"Metal 04"图层，单击 "组合"工具按钮，根据指令栏的提示将曲面组合，完成操作，如图7-113所示。

图 7-113

STEP 58

打开"User 03"图层，单击 曲面 "曲面"工具按钮，在弹出的"曲面"拓展工具面板中单击 "以平面曲线建立曲面"工具按钮，根据指令栏的提示完成操作，如图7-114所示。在Through Finger视图中通过操作轴将曲面移动至图7-115所示位置。

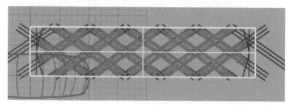

图 7-114

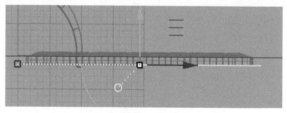

图 7-115

STEP 59

单击 变动 "变动"工具按钮，在弹出的"变动"拓展工具面板中单击 "沿着曲面流动"工具按钮，根据指令栏的提示完成操作，如图7-116所示。

STEP 60

打开"Metal 02"图层，如图7-117所示。

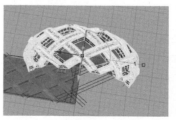

图 7-116

图 7-117

STEP 61

在Through Finger视图中通过操作轴调整图7-115所示曲面的位置，单击 "沿着曲面流动" 工具按钮，根据指令栏的提示完成操作，如图7-118所示。

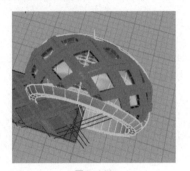

图 7-118

STEP 62

关闭 "User 03" "Metal 03" 图层，再将图7-119所示的物件放置于 "Metal 04" 图层中，并关闭该图层，完成操作，如图7-120所示。

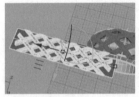

图 7-119   图 7-120

STEP 63

单击 宝石 "宝石" 工具按钮，在弹出的 "宝石" 拓展工具面板中单击 "宝石资料库" 工具按钮，选择并放置公主方形2.8mm宝石，如图7-121所示。

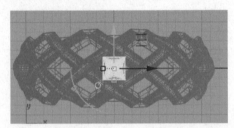

图 7-121

STEP 64

单击 宝石 "宝石" 工具按钮，在弹出的 "宝石" 拓展工具面板中单击 "曲面上的宝石" 工具按钮，弹出 "曲面上的宝石" 面板，如图7-122所示，将图7-123所示的曲面放置于 "曲面" 选项中，选择 "Gems" 选项，如图7-124所示，选择STEP 63中的宝石，选择 "Scale" 选项，输入 "45"，如图7-125所示，在透视图上依次进行曲面上排石，（可通过 "Scale" 选项缩放宝石），完成操作，如图7-126所示。

图 7-122   图 7-123

图 7-124

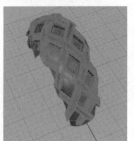

图 7-125   图 7-126

STEP 65

单击 "镜像" 工具按钮，将图7-127所示的宝石在Side View视图中以X轴为对称轴镜像，完成操作，如图7-128所示。再将图7-129所示的宝石在Side View视图中以Y轴为对称轴镜像，完成操作，如图7-130所示。

图 7-127

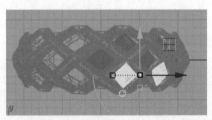

图 7-128

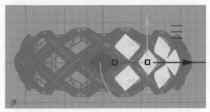

图 7-129

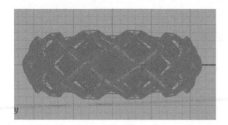

图 7-130

STEP 66

打开"格"面板中的"交点",单击 ●曲线 "曲线"工具按钮,在弹出的"曲线"拓展工具面板中单击 Ⅲ "抽离结构线"工具按钮,根据指令栏的提示,抽离出图7-131所示的曲线。

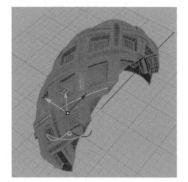

图 7-131

STEP 67

选择图7-131所示的曲线,按F6键打开命令列表,单击 Gem on Curve "曲线上排石"工具按钮,在弹出的"曲线上排石"面板中调整相关参数,如图7-132所示。拖曳宝石选择起点和终点,按Enter键完成操作,如图7-133所示。

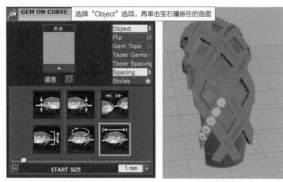

图 7-132   图 7-133

STEP 68

同理,完成其他部分的曲线上排石,如图7-134所示。

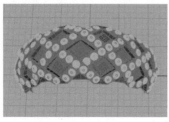

图 7-134

STEP 69

选择一组宝石,按F6键打开命令列表,单击 Prongs "爪添加器"工具按钮,在弹出的"爪添加器"面板中调整相关参数(包括钉的高度为0.4mm、直径为0.4mm、吃进石头距离10%等),如图7-135所示。按Enter键完成操作,如图7-136所示。

图 7-135

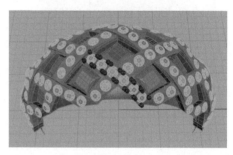

图 7-136

STEP 70

同理,为其他组宝石加钉,完成操作,如图7-137所示。

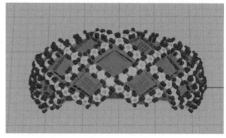

图 7-137

STEP 71

打开"Metal 03"图层,单击 实用 "实用"按钮,在弹出的"实用"拓展面板中单击 Ⅲ "解散群组"工具按钮,将STEP 70中的钉解组,将影响美观和无用的钉删除,完成操作,如图7-138所示。

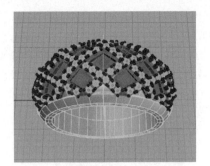

图 7-138

STEP 72

选择方形宝石，按F6键打开命令列表，单击 Gem Cutter "宝石石孔"工具按钮，在弹出的"宝石石孔"面板中调整相关参数（包括石孔的形状、高度等），如图7-139所示。按Enter键完成操作，如图7-140所示。

图 7-139

图 7-140

STEP 73

同理，完成圆形宝石开石孔操作，如图7-141所示。

STEP 74

单击 实体 "实体"工具按钮，在弹出的"实体"拓展工具面板中单击 "差集"工具按钮，根据指令栏的提示，完成操作，如图7-142所示。

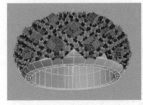

图 7-141　　　　　　图 7-142

STEP 75

单击 实体 "实体"工具按钮，在弹出的"实体"拓展工具面板中单击 "圆角边缘"工具按钮，根据指令栏的提示，选择"下一个半径"选项，在指令栏中输入"0.5"，选择图7-143所示的边缘倒角，完成操作，如图7-144所示。

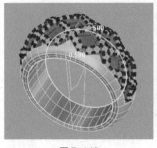
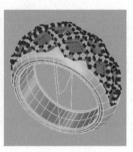

图 7-143　　　　　　图 7-144

STEP 76

选择曲面，按F6键打开命令列表，单击 Gem on Surface "曲面上的宝石"工具按钮，在弹出的"曲面上的宝石"面板中调整相关参数（包括宝石的大小、宝石间距等），再在曲面上指定宝石位置，完成操作，如图7-145所示。

图 7-145

STEP 77

单击 "镜像"工具按钮，将图7-145所示的宝石在Looking Down视图中以Y轴为对称轴镜像，完成操作，如图7-146所示；将图7-146所示的宝石在Looking Down视图中以X轴为对称轴镜像，完成操作，如图7-147所示。

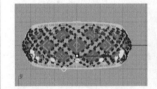

图 7-146　　　　　　图 7-147

STEP 78

同理，完成宝石开石孔和加钉操作，如图7-148所示。

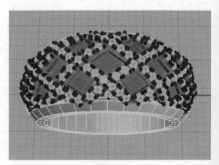

图 7-148

浑身铲边钉镶戒指

本例创建的戒指如图7-149所示。

图 7-149

STEP 01

单击 ⬤宝石 "宝石" 工具按钮，从弹出的 "宝石" 拓展工具面板中单击 ➡ "宝石资料库" 工具按钮，在弹出的 "宝石加载器" 中选择圆形钻石切割，尺寸为直径4.8mm，如图7-150所示。

图 7-150

STEP 02

按Ctrl+C和Ctrl+V组合键复制和粘贴STEP 01中的宝石，将其中一个宝石放置于 "Gem 01" 图层中，并关闭该图层。单击 ⬤宝石 "宝石" 工具按钮，在弹出的 "宝石" 拓展工具面板中单击 "自定义方石" 工具按钮，在弹出的 "自定义方石" 面板中将STEP 01中的宝石放置于 "宝石拾取器" 中，如图7-151所示。调整相关参数，如图7-152所示。完成操作，如图7-153所示。

图 7-151

图 7-152

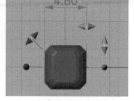

图 7-153

STEP 03

单击 ⬤宝石 "宝石" 工具按钮，在弹出的 "宝石" 拓展工具面板中单击 ⬤ "光环镶生成器" 工具按钮，将STEP 02中的自定义方石放置于 "宝石拾取器" 中，调整 "光环镶生成器" 面板中的相关参数，如图7-154所示。完成操作，如图7-155所示。

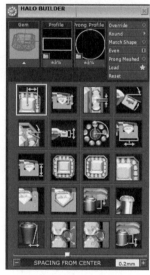

图 7-154

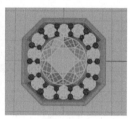

图 7-155

STEP 04

选择STEP 03生成器中的曲面和宝石钉并删除，如图7-156所示。单击 ⬤曲线 "曲线" 工具按钮，在弹出的 "曲线" 拓展工具面板中单击 ✏ "单一直线" 工具按钮，在Looking Down视图中绘制图7-157所示的线段。

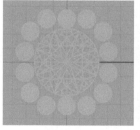

图 7-156

图 7-157

STEP 05

单击 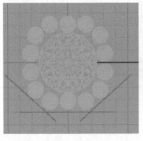 "镜像"工具按钮，根据指令栏的提示，在Looking Down视图中以Y轴为对称轴镜像的线段，完成操作，如图7-158所示；再以X轴为对称轴将图7-158所示的线段镜像，完成操作，如图7-159所示。

图 7-158

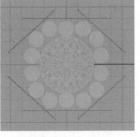

图 7-159

STEP 06

单击 "旋转"工具按钮，将图7-160所示的线段在Looking Down视图中以（0，0）点为旋转中心旋转90度，根据指令栏的提示，选择"复制"为"是"，完成操作，如图7-161所示。单击 "镜像"工具按钮，根据指令栏的提示，在Looking Down视图中以Y轴为对称轴镜像线段，完成操作，如图7-162所示。

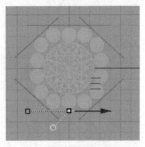

图 7-160

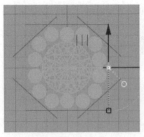

图 7-161

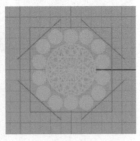

图 7-162

STEP 07

单击 "修剪"工具按钮，根据指令栏的提示完成修剪，如图7-163所示。单击 "组合"工具按钮，将图7-163所示的曲线组合。

STEP 08

单击 "曲线"工具按钮，在弹出的"曲线"拓展工具面板中单击 "全部圆角"工具按钮，在指令栏中选择"下一个半径"选项并输入"0.2"，将图7-163所示的曲线圆角，完成操作，如图7-164所示。

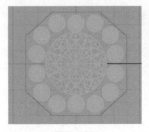

图 7-163

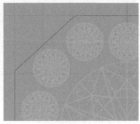

图 7-164

STEP 09

单击 "曲线"工具按钮，在弹出的"曲线"拓展工具面板中单击 "偏移曲线"工具按钮，在指令栏中选择"距离"选项并输入"1.75"，将图7-164所示的曲线偏移，完成操作，如图7-165所示。通过操作轴将图7-165所示的曲线和宝石在Through Finger视图中沿着Z轴移动。

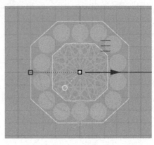

图 7-165

STEP 10

单击 "工具"按钮，在弹出的"工具"拓展工具面板中单击 "手寸"工具按钮，在弹出的面板中选择参数（如美码7码），生成手寸圆形，如图7-166所示。

STEP 11

单击 "曲线"工具按钮，在弹出的"曲线"拓展工具面板中单击 "偏移曲线"工具按钮，在指令栏中选择"距离"选项并输入"1.75"，将图7-166所示的曲线偏移，完成操作，如图7-167所示。

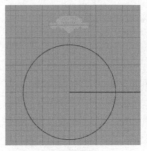

图 7-166

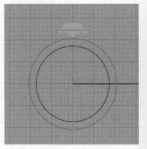

图 7-167

STEP 12

打开"格"面板中的"四分点""中点"。单击●曲线"曲线"工具按钮，在弹出的"曲线"拓展工具面板中单击🖝"圆弧:起点方向"工具按钮，根据指令栏的提示，在Through Finger视图中绘制图7-168所示的弧线。

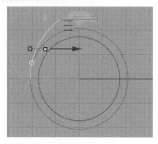

图 7-168

STEP 13

单击🖿"镜像"工具按钮，在Through Finger视图中以Z轴为对称轴将STEP 12中的弧线镜像，完成操作，如图7-169所示。单击🖿"修剪"工具按钮，根据指令栏的提示，将STEP 11中偏移的曲线修剪为图7-170所示的效果。

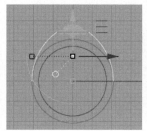
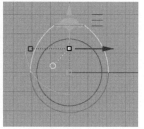

图 7-169   图 7-170

STEP 14

选择图7-171所示的曲线，再按F10键打开曲线控制点，通过操作轴将曲线移动至图7-172所示位置，完成操作后按F11键关闭曲线控制点。

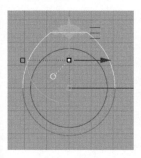
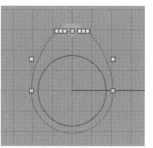

图 7-171   图 7-172

STEP 15

单击■实体"实体"工具按钮，在弹出的"实体"拓展工具面板中单击🖿"直线挤出"工具按钮，在指令栏中选择"两侧"为"是"，根据指令栏的提示完成操作，如图7-173所示。

STEP 16

单击●曲线"曲线"工具按钮，在弹出的"曲线"拓展工具面

板中单击🖿"建立UV曲线"工具按钮，根据指令栏的提示，为STEP 15中的曲面建立UV曲线，完成操作，如图7-174所示。

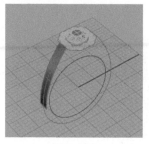
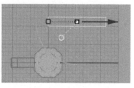

图 7-173   图 7-174

STEP 17

单击●宝石"宝石"工具按钮，在弹出的"宝石"拓展工具面板中单击🖿"宝石资料库"工具按钮，在弹出的"宝石加载器"面板中选择宝石切割方式和大小，完成操作，如图7-175所示。

图 7-175

STEP 18

单击●变动"变动"工具按钮，在弹出的"变动"拓展工具面板中单击🖿"直线阵列"工具按钮，根据指令栏的提示，将STEP 17中的宝石直线阵列，完成操作，如图7-176所示。

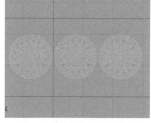

图 7-176

STEP 19

同理，放置宝石，如图7-177所示。

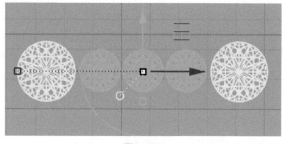

图 7-177

STEP 20

单击 ●曲线 "曲线"工具按钮，在弹出的"曲线"拓展工具面板中单击 ✓ "单一直线"工具按钮，在Looking Down视图中绘制图7-178所示的直线。

图 7-178

STEP 21

单击 ●曲线 "曲线"工具按钮，在弹出的"曲线"拓展工具面板中单击 ◥ "圆弧:起点方向"工具按钮，根据指令栏的提示，在Looking Down视图中绘制图7-179所示的弧线。

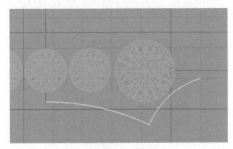

图 7-179

STEP 22

单击 ⊪ "镜像"工具按钮，将图7-179所示的曲线在Looking Down视图中以图7-180所示的直线为对称轴镜像，完成操作，如图7-181所示。以图7-182所示的直线为对称轴镜像曲线，完成操作，如图7-183所示。

图 7-180   图 7-181

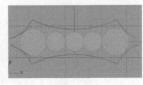

图 7-182   图 7-183

STEP 23

单击 ●曲线 "曲线"工具按钮，在弹出的"曲线"拓展工具面板中单击 ☑ "快速混接曲线"工具按钮，根据指令栏的提示完成操作。删除多余曲线，单击 ▦ "组合"工具按钮，将图7-184所示的曲线组合。

STEP 24

单击 ●曲线 "曲线"工具按钮，在弹出的"曲线"拓展工具面板中单击 ◥ "全部圆角"工具按钮，根据指令栏的提示，在指令栏的"圆角半径"处输入"0.2"，完成操作，如图7-185所示。

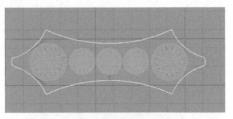

图 7-184

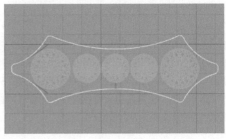

图 7-185

STEP 25

单击 ●曲线 "曲线"工具按钮，在弹出的"曲线"拓展工具面板中单击 ◩ "偏移曲线"工具按钮，在指令栏中选择"距离"选项并输入"0.25"，将图7-185所示的曲线偏移，完成操作，如图7-186所示。

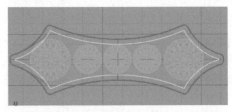

图 7-186

STEP 26

单击 ·实体 "实体"工具按钮，在弹出的"实体"拓展工具面板中单击 ◪ "直线挤出"工具按钮，根据指令栏的提示，在指令栏的"挤出距离"处输入"1.5"，在Through Finger视图中将图7-185所示的曲线挤出，完成操作，如图7-187所示。

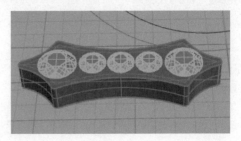

图 7-187

STEP 27

单击 实体 "实体"工具按钮,在弹出的"实体"拓展工具面板中单击 "直线挤出"工具按钮,根据指令栏的提示,在指令栏的"挤出距离"处输入"0.3",选择"两侧"为"是",在Through Finger视图中将图7-186所示的曲线挤出,完成操作,如图7-188所示。

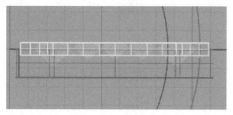

图 7-188

STEP 28

单击 实体 "实体"工具按钮,在弹出的"实体"拓展工具面板中单击 "差集"工具按钮,根据指令栏的提示完成操作,如图7-189所示。

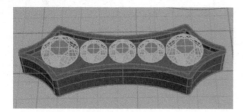

图 7-189

> **补充说明**
>
> 也可以单击 工具 "工具"按钮,在弹出的"工具"拓展工具面板中单击 "范围凹下"工具按钮,在弹出的"范围凹下"面板中调整相关参数,完成操作。

STEP 29

单击 曲面 "曲面"工具按钮,在弹出的"曲面"拓展工具面板中单击 "以平面曲线建立曲面"工具按钮,根据指令栏的提示,将图7-174所示的曲线建立曲面,完成操作,如图7-190所示。

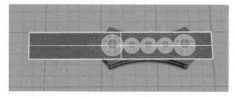

图 7-190

STEP 30

单击 变动 "变动"工具按钮,在弹出的"变动"拓展工具面板中单击 "沿着曲面流动"工具按钮,根据指令栏的提示,将图7-189所示的多重曲面和宝石移动至图7-173所示的曲面上,完成操作,如图7-191所示。

STEP 31

单击 曲线 "曲线"工具按钮,在弹出的"曲线"拓展工具面板中单击 "曲面上偏移曲线"工具按钮,在指令栏的"偏移距离"处输入"0.125",完成操作,如图7-192所示。

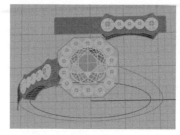

图 7-191　　　　　　图 7-192

STEP 32

选择图7-192所示的曲线,按F6键打开命令列表,单击 Gem on Curve "曲线上排石"工具按钮,在指令栏中选择"ObjectType"选项,再选择"Sphere"选项,在弹出的"BEAD ON CURVE"面板中调整相关参数,完成操作,如图7-193所示。

STEP 33

选择图7-194所示的宝石,按F6键打开命令列表,单击 Gem Cutter "宝石石孔"工具按钮,在弹出的"宝石石孔"面板中调整相关参数,完成操作,如图7-195所示。

图 7-193　　　　图 7-194　　　　图 7-195

STEP 34

单击 实体 "实体"工具按钮,在弹出的"实体"拓展工具面板中单击 "差集"工具按钮,根据指令栏的提示完成操作。选择宝石,按F6键打开命令列表,单击 Prongs "爪添加器"工具按钮,在弹出的"爪添加器"面板中调整相关参数,如图7-196所示。完成操作,如图7-197所示。

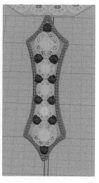

图 7-196　　　　　　图 7-197

STEP 35

单击 **■曲面** "曲面"工具按钮,在弹出的"曲面"拓展工具面板中单击 **■** "挤出曲线成锥状"工具按钮,选择"ToPoint"选项,根据指令栏的提示,在Through Finger视图中完成操作,如图7-198所示。

STEP 36

单击 **■实体** "实体"工具按钮,在弹出的"实体"拓展工具面板中单击 **■** "直线挤出"工具按钮,根据指令栏的提示,将STEP 10中的手寸圆形挤出曲面,完成操作,如图7-199所示。

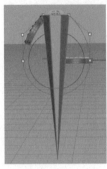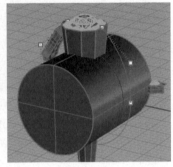

图 7-198　　　　　　　　　　图 7-199

STEP 37

单击 **■曲线** "曲线"工具按钮,在弹出的"曲线"拓展工具面板中单击 **■** "交集"工具按钮,根据指令栏的提示,将STEP 35和STEP 36中的多重曲面进行交集运算,得到曲线,完成操作,如图7-200所示。

STEP 38

删除STEP 36中的多重曲面,将STEP 35中的曲面放置于"Metal 02"图层中,并关闭该图层,完成操作,如图7-201所示。

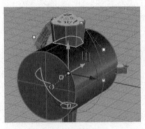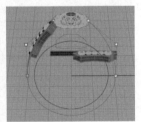

图 7-200　　　　　　　　　　图 7-201

STEP 39

单击 **■曲线** "曲线"工具按钮,在弹出的"曲线"拓展工具面板中单击 **■** "重建曲线"工具按钮,根据指令栏的提示,依次选择要重建的曲线,如图7-202所示,在弹出的"重建"对话框中修改"点数"为"128",如图7-203所示,单击"确定"按钮,完成操作。

图 7-202　　　　　　　　　　图 7-203

STEP 40

打开"四分点",单击 **■曲线** "曲线"工具按钮,在弹出的"曲线"拓展工具面板中单击 **■** "单一直线"工具按钮,在Perspective视图中绘制断面线,完成操作,如图7-204所示。

单击 **■曲面** "曲面"工具按钮,在弹出的"曲面"拓展工具面板中单击 **■** "双轨扫掠"工具按钮,根据指令栏的提示完成操作,如图7-205所示。

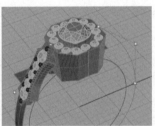

图 7-204　　　　　　　　　　图 7-205

STEP 41

单击 **■曲线** "曲线"工具按钮,在弹出的"曲线"拓展工具面板中单击 **■** "建立UV曲线"工具按钮,根据指令栏的提示完成操作,如图7-206所示。

图 7-206

STEP 42

单击 **■** "炸开"工具按钮,将图7-206所示的曲线炸开。单击 **■曲线** "曲线"工具按钮,在弹出的"曲线"拓展工具面板中单击 **■** "曲线分段"工具按钮,根据指令栏的提示,在指令栏的"分段数目"处输入"4",完成操作,如图7-207所示。

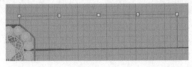

图 7-207

STEP 43

单击 ●曲线 "曲线"工具按钮,在弹出的"曲线"拓展工具面板中单击 ☑ "曲线"工具按钮,根据指令栏的提示,在Looking Down视图中绘制图7-208所示的曲线。单击 ☑ "快速混接曲线"工具按钮,根据指令栏的提示,在Looking Down视图中混接曲线,完成操作,如图7-209所示。单击 ☑ "组合"工具按钮,将混接的曲线组合。

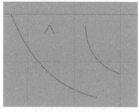 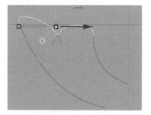

图 7-208   图 7-209

STEP 44

单击 ●曲线 "曲线"工具按钮,在弹出的"曲线"拓展工具面板中单击 ☑ "单一直线"工具按钮,根据指令栏的提示,在Through Finger视图中绘制图7-210所示的单一直线。

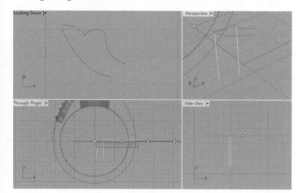

图 7-210

STEP 45

选择STEP 43中的曲线,按F10键打开控制点,通过操作轴移动控制点至图7-211所示位置,完成操作后按F11键关闭控制点。单击 ●曲线 "曲线"工具按钮,在弹出的"曲线"拓展工具面板中单击 ☑ "圆弧:起点方向"工具按钮,根据指令栏的提示,绘制图7-212所示的弧线。

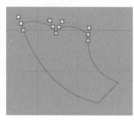 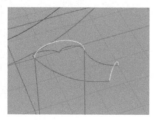

图 7-211   图 7-212

STEP 46

单击 ●曲面 "曲面"工具按钮,在弹出的"曲面"拓展工具面板中单击 ☑ "双轨扫掠"工具按钮,根据指令栏的提示完成操作,如图7-213所示。

STEP 47

单击 ●曲线 "曲线"工具按钮,在弹出的"曲线"拓展工具面板中单击 ☑ "圆弧:起点方向"工具按钮,根据指令栏的提示,在Perspective视图中绘制图7-214所示的单一直线。

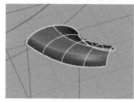 

图 7-213   图 7-214

STEP 48

单击 ●实体 "实体"工具按钮,在弹出的"实体"拓展工具面板中单击 ☑ "直线挤出"工具按钮,根据指令栏的提示完成操作,如图7-215所示。

STEP 49

单击 ●曲面 "曲面"工具按钮,在弹出的"曲面"拓展工具面板中单击 ☑ "混接曲面"工具按钮,根据指令栏的提示完成操作,如图7-216所示。删除STEP 48中挤出的曲面。

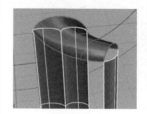 

图 7-215   图 7-216

STEP 50

单击 ☑ "组合"工具按钮,将图7-216所示的曲面组合,完成操作,如图7-217所示。

STEP 51

单击 ●变动 "变动"工具按钮,在弹出的"变动"拓展工具面板中单击 ☑ "直线阵列"工具按钮,根据指令栏的提示,在指令栏的"阵列数"处输入"6",在Looking Down视图中完成操作,如图7-218所示。

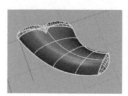 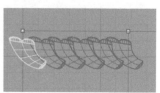

图 7-217   图 7-218

STEP 52

单击 实体 "实体" 工具按钮, 在弹出的 "实体" 拓展工具面板中单击 "直线挤出" 工具按钮, 根据指令栏的提示完成操作, 如图7-219所示。

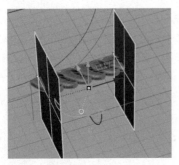

图 7-219

STEP 53

单击 "修剪" 工具按钮, 根据指令栏的提示, 修剪STEP 51 中的多重曲线, 完成操作, 如图7-220、图7-221所示。单击 "组合" 工具按钮, 将图7-221所示的曲面组合。

图 7-220

图 7-221

STEP 54

单击 "镜像" 工具按钮, 在Looking Down视图中镜像多重曲线, 完成操作, 如图7-222、图7-223所示。

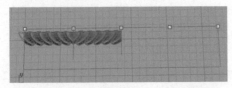

图 7-222

图 7-223

STEP 55

单击 变动 "变动" 工具按钮, 在弹出的 "变动" 拓展工具面板中单击 "单轴缩放" 工具按钮, 根据指令栏的提示, 将图7-223所示的曲面缩放, 完成操作, 如图7-224所示。

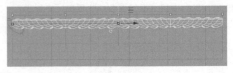

图 7-224

STEP 56

单击 曲线 "曲线" 工具按钮, 在弹出的 "曲线" 拓展工具面板中单击 "单一直线" 工具按钮, 绘制图7-225所示的曲线。

图 7-225

STEP 57

单击 曲面 "曲面" 工具按钮, 在弹出的 "曲面" 拓展工具面板中单击 "以平面曲线建立曲面" 工具按钮, 根据指令栏的提示, 将图7-226所示的UV曲线建立成平面, 完成操作, 如图7-226所示。

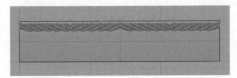

图 7-226

STEP 58

单击 曲线 "曲线" 工具按钮, 在弹出的 "曲线" 拓展工具面板中单击 "复制边缘" 工具按钮, 根据指令栏的提示, 将图7-223所示曲面的边缘复制, 完成操作, 如图7-227所示。

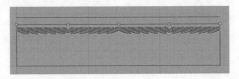

图 7-227

STEP 59

单击 曲线 "曲线" 工具按钮, 在弹出的 "曲线" 拓展工具面板中单击 "单一直线" 工具按钮, 在Looking Down视图中绘制图7-228所示的直线, 单击 "以平面曲线建立曲面" 工具按钮, 根据指令栏的提示, 将图7-228中被选中的曲线建立平面, 完成操作, 如图7-229所示。

图 7-228

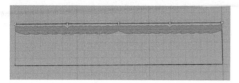

图 7-229

STEP 60

单击 ▦ "组合"工具按钮将建立的曲面同如图7-223所示的曲面组合，完成操作，如图7-230所示。

STEP 61

单击 ☐变动 "变动"工具按钮，在弹出的"变动"拓展工具面板中单击 ▲ "梯形化"工具按钮，根据指令栏的提示，在指令栏中选择"平坦模式"为"是"，在Side View视图中将图7-230所示的多重曲面梯形化，完成操作，如图7-231所示。

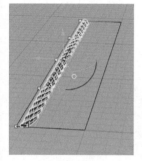

图 7-230

图 7-231

STEP 62

单击 ☐变动 "变动"工具按钮，在弹出的"变动"拓展工具面板中单击 ▣ "沿着曲面流动"工具按钮，根据指令栏的提示完成操作，如图7-232所示。

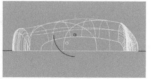

图 7-232

STEP 63

选择图7-233所示的曲线，按F6键打开命令列表，单击 Gem on Curve "曲线上排石"工具按钮，在指令栏中选择"ObjectType"选项，再选择"Sphere"选项，

图 7-233

在弹出的"BEAD ON CURVE"面板中调整相关参数，完成操作，如图7-234所示。同理，完成图7-235所示的滚珠边。

图 7-234

图 7-235

STEP 64

选择STEP 40中双轨扫掠得到的曲面，将曲面放置于"User 01"图层中，并关闭该图层。将图7-232、图7-234、图7-235所示的物件放置于"User 02"图层中，并关闭该图层。单击 ☐曲面 "曲面"工具按钮，在弹出的"曲面"拓展工具面板中单击 ☒ "放样"工具按钮，根据指令栏的提示完成操作，如图7-236所示。

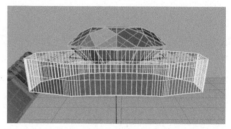

图 7-236

STEP 65

单击 ☐曲面 "曲面"工具按钮，在弹出的"曲面"拓展工具面板中单击 ▦ "嵌面"工具按钮，根据指令栏的提示完成操作，如图7-237所示。

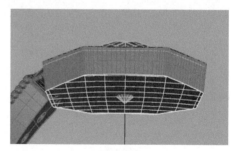

图 7-237

STEP 66

单击 ☐实体 "实体"工具按钮，在弹出的"实体"拓展工具面板中单击 ▣ "直线挤出"工具按钮，根据指令栏的提示完成操作，如图7-238所示。

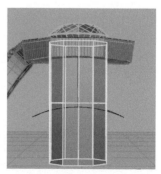

图 7-238

STEP 67

单击 ✂ "修剪"工具按钮，根据指令栏的提示完成操作，如图7-239所示。

STEP 68

单击 ◉曲面 "曲面"工具按钮，在弹出的"曲面"拓展工具面板中单击 ◈ "以平面曲线建立曲面"工具按钮，根据指令栏的提示完成操作，如图7-240所示。单击 ☐ "组合"工具按钮，将STEP 64、STEP 65、STEP 67和STEP 68中的曲面组合。

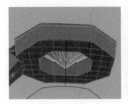
图 7-239

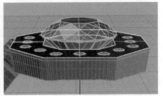
图 7-240

STEP 69

单击 ◉曲线 "曲线"工具按钮，在弹出的"曲线"拓展工具面板中单击 ◎ "偏移曲线"工具按钮，在指令栏中选择"距离"选项，输入"0.2"，在Looking Down视图中完成操作，如图7-241所示。同理，偏移出图7-242所示的曲线。

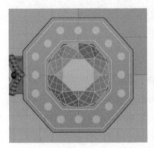
图 7-241

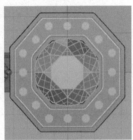
图 7-242

STEP 70

单击 ▦ "分割"工具按钮，根据指令栏的提示完成操作，如图7-243所示，删除图7-244所示的曲面，将图7-243所示曲面在Through Finger视图中通过操作轴移动至图7-245所示位置。

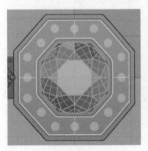
图 7-243

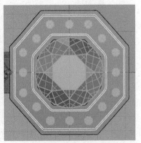
图 7-244

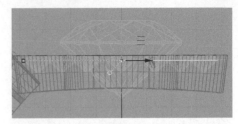
图 7-245

STEP 71

单击 ◉曲线 "曲线"工具按钮，在弹出的"曲线"拓展工具面板中单击 ☐ "复制边框"工具按钮，根据指令栏的提示，将图7-243所示的曲面边框复制，完成操作，如图7-246所示。

图 7-246

STEP 72

单击 ◉曲面 "曲面"工具按钮，在弹出的"曲面"拓展工具面板中单击 ▩ "放样"工具按钮，根据指令栏的提示完成操作，如图7-247所示。单击 ☐ "组合"工具按钮，将图7-248所示的曲面组合。

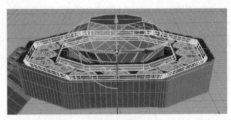
图 7-247

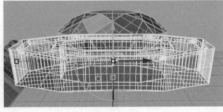
图 7-248

STEP 73

选择宝石，按F6键打开命令列表，单击 Gem Cutter "宝石石孔"工具按钮，在弹出的"宝石石孔"面板中调整相关参数，按Enter键完成操作，如图7-249所示。

STEP 74

单击 ●实体 "实体"工具按钮，在弹出的"实体"拓展工具面板中单击 ▨ "差集"工具按钮，根据指令栏的提示完成操作。选择宝石，按F6键打开命令列表，单击 Prongs "爪添加器"工具按钮，在弹出的"爪添加器"面板中调整相关参数，完成操作，如图7-250所示。

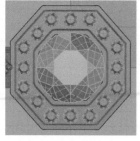
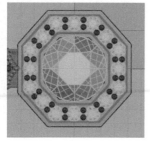

图 7-249　　　　　　　　　　　图 7-250

STEP 75

单击 ⬤曲线 "曲线"工具按钮，在弹出的"曲线"拓展工具面
板中单击 ✏ "单一直线"工具按钮，在指令栏中选择"两侧"
选项，在Looking Down视图中绘制图7-251所示的单一直线，
在Through Finger视图中绘制图7-252所示的单一直线。将图
7-251、图7-252所示的单一直线放置于"Creation"图层中。

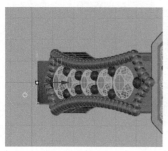
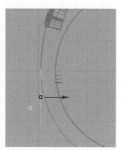

图 7-251　　　　　　　　　　　图 7-252

STEP 76

单击 ⬤曲线 "曲线"工具按钮，在弹出的"曲线"拓展工
具面板中单击 🖉 "圆弧:起点方向"工具按钮，根据指令栏
的提示，在Looking Down视图中绘制图7-253所示弧线。
在Through Finger视图中通过操作轴旋转和移动弧线至如图
7-254所示位置。

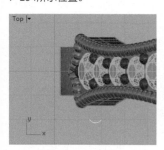
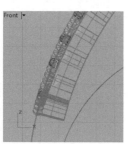

图 7-253　　　　　　　　　　　图 7-254

STEP 77

单击 ⬤曲线 "曲线"工具按钮，在弹出的"曲线"拓展工具面
板中单击 🖉 "从两个视图建立曲线"工具按钮，根据指令栏
的提示完成操作，如图7-255所示。在Through Finger视图中
通过操作轴将图7-255所示的曲线移动至图7-256所示位置。

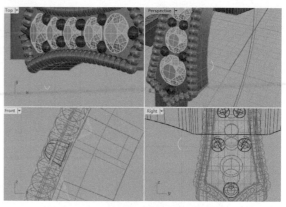

图 7-255

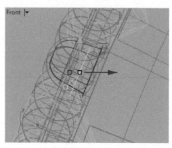

图 7-256

STEP 78

打开"User 01""User 02"图层。单击 ⬤曲线 "曲线"工具
按钮，在弹出的"曲线"拓展工具面板中单击 ▥ "抽离结构
线"工具按钮，根据指令栏的提示，抽离出图7-257所示的曲
线。关闭"User 01""User 02"图层。单击 ▥ "分割"工具
按钮，在指令栏中选择"点"选项，根据指令栏的提示完成
操作，如图7-258所示。

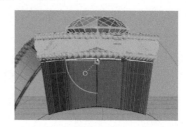

图 7-257

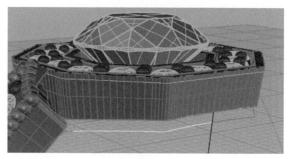

图 7-258

STEP 79

单击 ●曲线 "曲线" 工具按钮，在弹出的 "曲线" 拓展工具面板中单击 "可调试混接曲线" 工具按钮，根据指令栏的提示完成操作，如图7-259所示。

STEP 80

单击 ●曲线 "曲线" 工具按钮，在弹出的 "曲线" 拓展工具面板中单击 "单一直线" 工具按钮，在Perspective视图和Through Finger视图中绘制图7-260所示的单一直线。

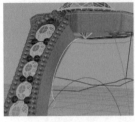 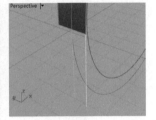

图 7-259   图 7-260

STEP 81

单击 ●曲线 "曲线" 工具按钮，在弹出的 "曲线" 拓展工具面板中单击 "可调试混接曲线" 工具按钮，根据指令栏的提示完成操作，如图7-261所示。单击 "组合" 工具按钮，根据指令栏的提示，将图7-262所示的曲线组合。

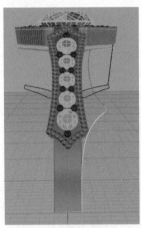 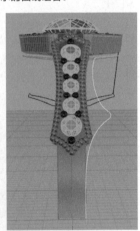

图 7-261   图 7-262

STEP 82

单击 ●变动 "变动" 工具按钮，在弹出的 "变动" 拓展工具面板中单击 "投影至工作平面" 工具按钮，根据指令栏的提示，将图7-262所示的曲线投影至工作平面，完成操作，如图7-263所示。

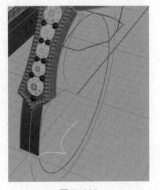

图 7-263

STEP 83

打开 "格" 面板中的 "投影"，如图7-264所示。打开 "User 01" 图层，单击 ●曲线 "曲线" 工具按钮，在弹出的 "曲线" 拓展工具面板中单击 "单一直线" 工具按钮，在Through Finger视图中绘制图7-265所示的单一直线。

STEP 84

单击 ●变动 "变动" 工具按钮，在弹出的 "变动" 拓展工具面板中单击 "两点对齐" 工具按钮，根据指令栏的提示完成操作，如图7-266所示。

图 7-264

 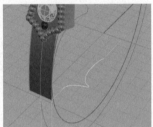

图 7-265   图 7-266

STEP 85

单击 ●曲线 "曲线" 工具按钮，在弹出的 "曲线" 拓展工具面板中单击 "从两个视图投射曲线" 工具按钮，根据指令栏的提示完成操作，如图7-267所示。

STEP 86

关闭 "User 01" 图层，单击 "修剪" 工具按钮，根据指令栏的提示，将图7-267所示的曲线修剪，完成操作，如图7-268所示。

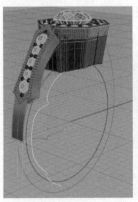 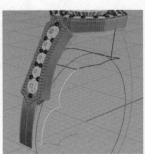

图 7-267   图 7-268

STEP 87

关闭"格"面板中的"投影"。单击 ●曲线 "曲线"工具按钮，在弹出的"曲线"拓展工具面板中单击 ✓ "单一直线"工具按钮，在Perspective视图中绘制图7-269所示的单一直线。

STEP 88

单击 ●曲面 "曲面"工具按钮，在弹出的"曲面"拓展工具面板中单击 🗲 "双轨扫掠"工具按钮，根据指令栏的提示完成操作，如图7-270所示。

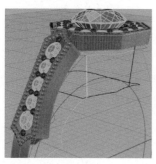
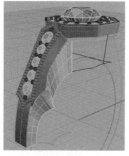

图 7-269   图 7-270

STEP 89

选择图7-271所示的曲线，按Ctrl+C和Ctrl+V组合键复制和粘贴曲线，在Looking Down中通过操作轴将曲线移动至图7-272所示位置。

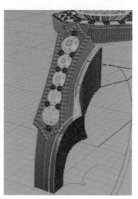

图 7-271   图 7-272

STEP 90

单击 ●曲面 "曲面"工具按钮，在弹出的"曲面"拓展工具面板中单击 🖼 "放样"工具按钮，根据指令栏的提示完成操作，如图7-273所示。

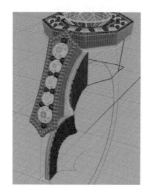

图 7-273

STEP 91

选择图7-274所示的物件，单击 🔵 "隐藏"工具按钮，完成操作，如图7-275所示。

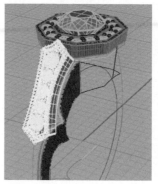

图 7-274   图 7-275

STEP 92

选择图7-276所示的曲线，按Ctrl+C和Ctrl+V组合键复制和粘贴曲线，在Through Finger视图中通过操作轴将曲线移动至图7-277所示位置。

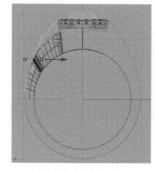
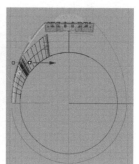

图 7-276   图 7-277

STEP 93

单击 🔲 "分割"工具按钮，在指令栏中选择"点"选项，根据指令栏的提示，将图7-277所示的曲线分割，完成操作，如图7-278所示。单击 🖾 "旋转"工具按钮，将图7-278所示的曲线旋转至图7-279所示位置。

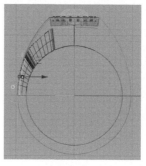
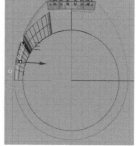

图 7-278   图 7-279

STEP 94

打开"格"面板中的"最近点"。单击 曲线 "曲线"工具按钮，在弹出的"曲线"拓展工具面板中单击 "圆弧"工具按钮，根据指令栏的提示，在Through Finger视图中以（0，0）点为圆心绘制图7-280所示的圆弧。

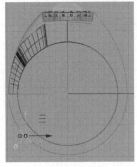

图 7-280

STEP 95

单击 曲线 "曲线"工具按钮，在弹出的"曲线"拓展工具面板中单击 "可调试混接曲线"工具按钮，根据指令栏的提示完成操作，如图7-281所示。单击 "组合"工具按钮，根据指令栏的提示，将图7-282所示的曲线组合。

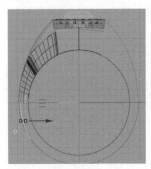
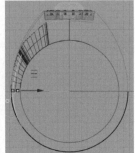

图 7-281　　　　　　　　　图 7-282

STEP 96

单击 实体 "实体"工具按钮，在弹出的"实体"拓展工具面板中单击 "直线挤出"工具按钮，根据指令栏的提示，将图7-276所示的曲线挤出，完成操作，如图7-283所示。

STEP 97

单击 显示 "显示"工具按钮，完成操作，如图7-284所示。

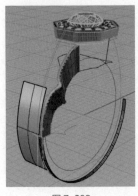
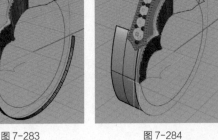

图 7-283　　　　　　　　　图 7-284

STEP 98

单击 曲面 "曲面"工具按钮，在弹出的"曲面"拓展工具面板中单击 "单轨扫掠"工具按钮，根据指令栏的提示完成操作，如图7-285所示。打开"格"面板中的"投影"，单击 "分割"工具按钮，在指令栏中选择"结构线"选项，根据指令栏的提示完成操作，如图7-286所示。删除多余的曲面。

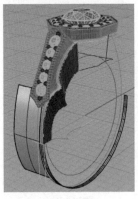
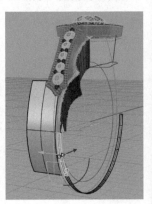

图 7-285　　　　　　　　　图 7-286

STEP 99

同理，完成图7-287所示曲面的分割，完成操作，如图7-288所示。

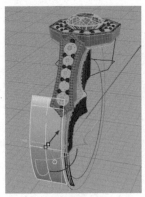
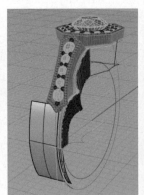

图 7-287　　　　　　　　　图 7-288

STEP 100

单击 曲面 "曲面"工具按钮，在弹出的"曲面"拓展工具面板中单击 "合并"工具按钮，在指令栏中选择"平滑"为"否"，根据指令栏的提示完成操作，如图7-289所示。

STEP 101

单击 实用 "实用"工具按钮，在弹出的"实用"拓展工具面板中单击 "分割边缘"工具按钮，根据指令栏的提示完成操作，如图7-290所示。

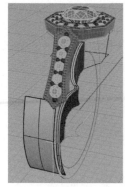
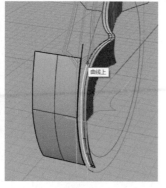

图 7-289   图 7-290

STEP 102

单击 曲面 "曲面"工具按钮，在弹出的"曲面"拓展工具面
板中单击 "混接曲面"工具按钮，根据指令栏的提示完成
操作，如图7-291所示。

STEP 103

单击 "镜像"工具按钮，在Side View视图中以Z轴为对称轴
镜像曲面，完成操作，如图7-292所示。

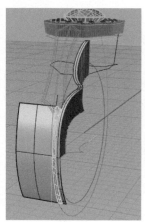
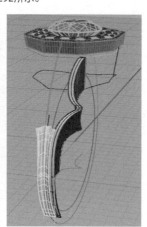

图 7-291   图 7-292

STEP 104

单击 曲线 "曲线"工具按钮，在弹+出的"曲线"拓展工具
面板中单击 "圆弧:起点方向"工具按钮，根据指令栏的提
示，在Side View视图中绘制图7-293所示的圆弧。单击 "镜
像"工具按钮，在Side View视图中以Z轴为对称轴镜像圆弧，
完成操作，如图7-294所示。

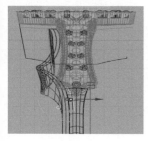
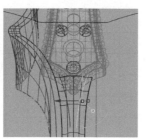

图 7-293   图 7-294

STEP 105

单击 曲线 "曲线"工具按钮，在弹出的"曲线"拓展工具面
板中单击 "快速混接曲线"工具按钮，根据指令栏的提示
完成操作，如图7-295所示。单击 "组合"工具按钮，将图
7-296所示的曲线组合。

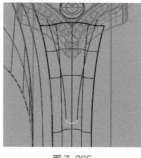
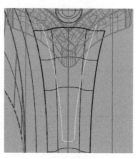

图 7-295   图 7-296

STEP 106

单击 实体 "实体"工具按
钮，在弹出的"实体"拓
展工具面板中单击 "直线
挤出"工具按钮，根据指令
栏的提示将图7-297所示的
曲线挤出，完成操作，如图
7-298所示。

图 7-297

STEP 107

将STEP 99中的曲面通过操作轴移动和缩放至图7-298所示位
置和大小。单击 "修剪"工具按钮，根据指令栏的提示完成
操作，如图7-299所示。

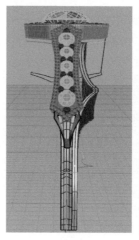
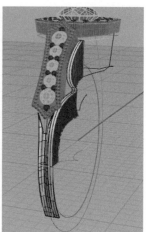

图 7-298   图 7-299

STEP 108

单击  "复制" 工具按钮，根据指令栏的提示，将图7-300所示的曲线复制至图7-301所示位置。

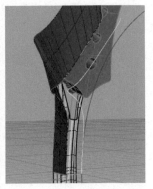

图 7-300　　　　　　图 7-301

STEP 109

打开 "格" 面板中的 "垂点" 和 "交点"，单击 ●曲线 "曲线" 工具按钮，在弹出的 "曲线" 拓展工具面板中单击 ∕ "单一直线" 工具按钮，在Perspective视图中绘制图7-302所示的单一直线。

STEP 110

单击 ∕ "单一直线" 工具按钮，在Perspective视图中按住Shift键绘制图7-303所示的单一直线。

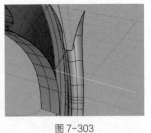

图 7-302　　　　　　图 7-303

STEP 111

单击 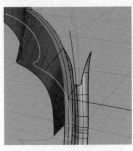 "分割" 工具按钮，在指令栏中选择 "点" 选项，根据指令栏的提示，将图7-304所示的曲线分割为图7-305所示的效果。

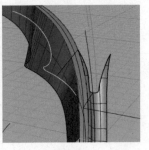

图 7-304　　　　　　图 7-305

STEP 112

单击 ●曲线 "曲线" 工具按钮，在弹出的 "曲线" 拓展工具面板中单击 ∼ "快速混接曲线" 工具按钮，根据指令栏的提示完成操作，如图7-306所示。单击 图 "组合" 工具按钮，将图7-307所示的曲线组合。

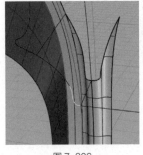

图 7-306　　　　　　图 7-307

STEP 113

单击 ●曲面 "曲面" 工具按钮，在弹出的 "曲面" 拓展工具面板中单击 图 "双轨扫掠" 工具按钮，根据指令栏的提示完成操作，如图7-308所示。

STEP 114

单击 图 "镜像" 工具按钮，根据指令栏的提示，在Side View视图以Z轴为对称轴镜像曲面，完成操作，如图7-309所示。

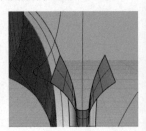

图 7-308　　　　　　图 7-309

STEP 115

单击 图 "分割" 工具按钮，在指令栏中选择 "点" 选项，根据指令栏的提示分割出图7-310所示的曲线。单击 图 "组合" 工具按钮，将图7-311所示的曲线组合。

图 7-310　　　　　　图 7-311

STEP 116

单击 ●曲线 "曲线"工具按钮，在弹出的"曲线"拓展工具面板中单击 ∧ "多重直线"工具按钮，根据指令栏的提示，在Perspective视图中绘制图7-312所示的直线。

图 7-312

STEP 117

单击 ■实体 "实体"工具按钮，在弹出的"实体"拓展工具面板中单击 ↓ "直线挤出"工具按钮，根据指令栏的提示将图7-313所示的曲线挤出，完成操作，如图7-314所示。

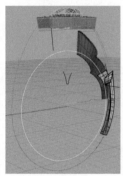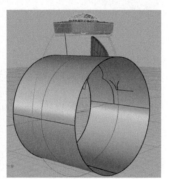

图 7-313　　　　　　图 7-314

STEP 118

单击 ■ "修剪"工具按钮，根据指令栏的提示，完成操作，如图7-315所示。

STEP 119

单击 ▮ "镜像"工具按钮，在Side View视图中将图7-315所示的曲面以Z轴为对称轴镜像，完成操作，如图7-316所示。

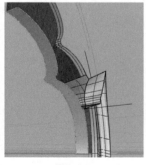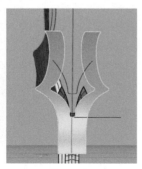

图 7-315　　　　　　图 7-316

STEP 120

单击 ▣ "复制"工具按钮，将图7-317所示的曲线复制至图7-318所示位置。

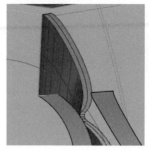

图 7-317　　　　　　图 7-318

STEP 121

单击 ▦ "分割"工具按钮，在指令栏中选择"点"选项，根据指令栏的提示将图7-319所示的曲线分割为图7-320所示曲线。

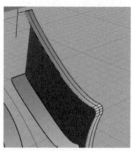

图 7-319　　　　　　图 7-320

STEP 122

单击 ✛ "移动"工具按钮，将图7-321所示的曲线移动至图7-322所示位置。

图 7-321　　　　　　图 7-322

STEP 123

单击 ●曲线 "曲线"工具按钮，在弹出的"曲线"拓展工具面板中单击 ◥ "快速混接曲线"工具按钮，根据指令栏的提示完成操作，如图7-323所示。单击 ▣ "组合"工具按钮，将图7-324所示的曲线组合。

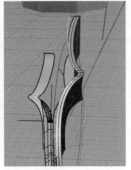

图 7-323　　　　　　　　　　图 7-324

STEP 124

单击 ⬤曲线 "曲线" 工具按钮, 在弹出的 "曲线" 拓展工具面板中单击 ／ "单一直线" 工具按钮, 根据指令栏的提示, 绘制图7-325所示的单一直线。

STEP 125

单击 ⬤曲面 "曲面" 工具按钮, 在弹出的 "曲面" 拓展工具面板中单击 ▣ "双轨扫掠" 工具按钮, 根据指令栏的提示完成操作, 如图7-326所示。

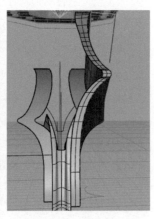

图 7-325　　　　　　　　　　图 7-326

STEP 126

单击 ▦ "镜像" 工具按钮, 在Side View视图中以 Z轴为对称轴将图7-326所示的曲面镜像, 完成操作, 如图7-327所示。

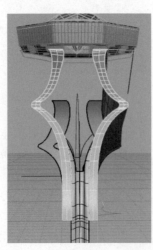

图 7-327

STEP 127

单击 ⬤曲线 "曲线" 工具按钮, 在弹出的 "曲线" 拓展工具面板中单击 ／ "单一直线" 工具按钮, 根据指令栏的提示, 绘制图7-328所示的单一直线。

STEP 128

单击 ⬤曲面 "曲面" 工具按钮, 在弹出的 "曲面" 拓展工具面板中单击 ▣ "双轨扫掠" 工具按钮, 根据指令栏的提示完成操作, 如图7-329所示。

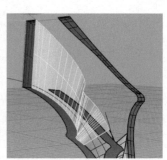

图 7-328　　　　　　　　　　图 7-329

STEP 129

单击 ⬤曲线 "曲线" 工具按钮, 在弹出的 "曲线" 拓展工具面板中单击 ▣ "建立UV曲线" 工具按钮, 根据指令栏的提示, 将图7-330所示的曲面建立UV曲线, 完成操作, 如图7-331所示。

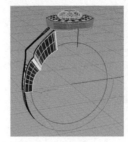
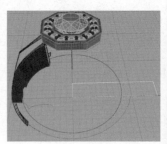

图 7-330　　　　　　　　　　图 7-331

STEP 130

打开 "格" 面板中的 "最近点" 和 "垂点"。单击 ／ "单一直线" 工具按钮, 根据指令栏的提示, 在Looking Down视图中完成操作, 如图7-332所示。

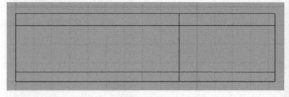

图 7-332

STEP 131

单击 ⬤曲线 "曲线" 工具按钮, 在弹出的 "曲线" 拓展工具面板中单击 ▨ "控制点曲线" 工具按钮, 根据指令栏的提示, 在Looking Down视图中完成操作, 如图7-333所示。

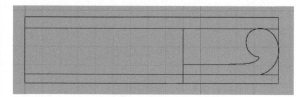

图 7-333

STEP 132

单击 🔲 "修剪"工具按钮，根据指令栏的提示完成操作，如图 7-334所示。单击 🔲 "组合"工具按钮，将图7-334所示的曲线组合。

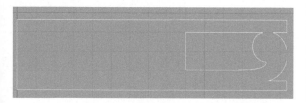

图 7-334

STEP 133

单击 ⬤曲线 " 曲线"工具按钮，在弹出的"曲线"拓展工具面板中单击 🖾 "对应UV曲线"工具按钮，根据指令栏的提示完成操作，如图 7-335所示。

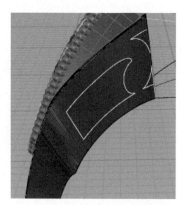

图 7-335

> **补充说明**
>
> 如果在对应UV曲线的过程中，曲线是反向的，可单击 实用 "实体"工具按钮，在弹出的"实体"拓展工具面板中单击 🞊 "分析"工具按钮，将曲面的UV对调。

STEP 134

单击 🔲 "修剪"工具按钮，根据指令栏的提示完成操作，如图 7-336所示。

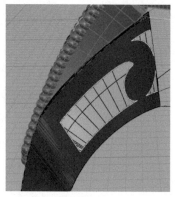

图 7-336

STEP 135

单击 ⬤曲线 " 曲线"工具按钮，在弹出的"曲线"拓展工具面板中单击 🖾 "建立UV曲线"工具按钮，根据指令栏的提示将图7-337所示的曲面建立UV曲线，完成操作，如图7-338所示。

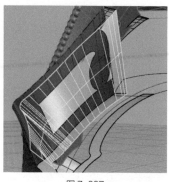

图 7-337

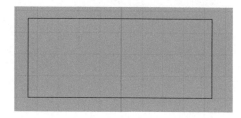

图 7-338

STEP 136

单击 ➕ "移动"工具按钮，在Looking Down视图中将图7-339所示的曲线移动至图7-340所示位置。按F10键打开曲线控制点，单击 🔲 "修剪"工具按钮，根据指令栏的提示，在Looking Down视图中完成操作，如图7-341所示。

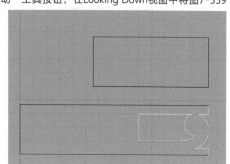

图 7-339

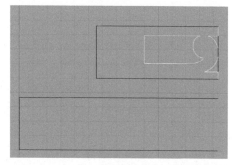

图 7-340

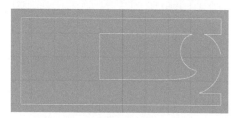

图 7-341

STEP 137

单击 ●曲线 "曲线"工具按钮,在弹出的"曲线"拓展工具面板中单击 "对应UV曲线"工具按钮,根据指令栏的提示完成操作,如图7-342所示。

STEP 138

单击 "修剪"工具按钮,根据指令栏的提示,在Perspective视图中完成操作,如图7-343所示。

 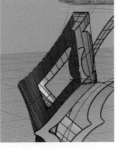

图 7-342   图 7-343

STEP 139

单击 ●曲面 "曲面"工具按钮,在弹出的"曲面"拓展工具面板中单击 "混接曲面"工具按钮,根据指令栏的提示完成操作,如图7-344所示。

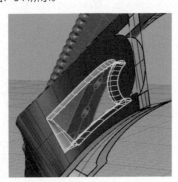

图 7-344

STEP 140

单击 "镜像工具"按钮,在Side View视图中将图7-345所示的曲面以Z轴为对称轴镜像,完成操作,如图7-346所示。

 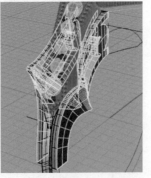

图 7-345   图 7-346

STEP 141

打开"格"面板中的"投影""交点"。

单击 ●曲线 "曲线"工具按钮,在弹出的"曲线"拓展工具面板中单击 "圆"工具按钮,根据指令栏的提示,在Through Finger视图中完成操作,如图7-347所示。

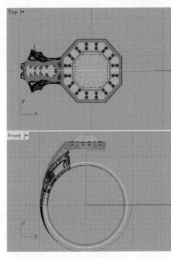

图 7-347

STEP 142

单击 ●变动 "变动"工具按钮,在弹出的"变动"拓展工具面板中单击 "投影至工作平面"工具按钮,根据指令栏的提示,将图7-348所示的曲线投影至工作平面,完成操作,如图7-349所示。

图 7-348   图 7-349

STEP 143

单击 ●曲线 "曲线"工具按钮,在弹出的"曲线"拓展工具面板中单击 "从两个视图投影曲线"工具按钮,根据指令栏的提示完成操作,如图7-350所示。

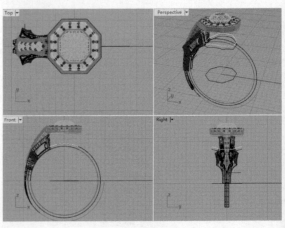

图 7-350

STEP 144

单击 曲线 "曲线" 工具按钮, 在弹出的 "曲线" 拓展工具面板中单击 "偏移曲线" 工具按钮, 在指令栏中选择 "距离" 选项并输入 "0.5", 根据指令栏的提示完成操作, 如图7-351所示。

STEP 145

单击 曲线 "曲线" 工具按钮, 在弹出的 "曲线" 拓展工具面板中单击 "从两个视图投影曲线" 工具按钮, 根据指令栏的提示依次完成操作, 如图7-352所示。

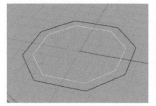

图 7-351

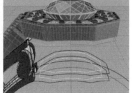

图 7-352

STEP 146

单击 实体 "实体" 工具按钮, 在弹出的 "实体" 拓展工具面板中单击 "直线挤出" 工具按钮, 根据指令栏的提示完成操作, 如图7-353所示。

STEP 147

单击 "修剪" 工具按钮, 根据指令栏的提示, 在Perspective视图中完成操作, 如图7-354所示。

图 7-353

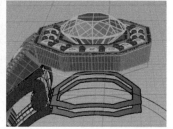

图 7-354

STEP 148

单击 曲面 "曲面" 工具按钮, 在弹出的 "曲面" 拓展工具面板中单击 "放样" 工具按钮, 根据指令栏的提示, 在Perspective视图中完成操作, 如图7-355所示。单击 "组合" 工具按钮, 将图7-356所示的曲面组合。

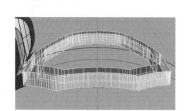

图 7-355

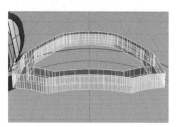

图 7-356

STEP 149

单击 曲面 "曲面" 工具按钮, 在弹出的 "曲面" 拓展工具面板中单击 "延伸曲面" 工具按钮, 根据指令栏的提示完成操作, 如图7-357所示。

STEP 150

单击 曲面 "曲面" 工具按钮, 在弹出的 "曲面" 拓展工具面板中单击 "放样" 工具按钮, 根据指令栏的提示, 在Perspective视图中完成操作, 单击 "组合" 工具按钮, 将依次放样的曲面组合, 如图7-358所示。

图 7-357

图 7-358

STEP 151

单击 曲面 "曲面" 工具按钮, 在弹出的 "曲面" 拓展工具面板中单击 "双轨扫掠" 工具按钮, 根据指令栏的提示, 在Perspective视图中完成操作, 如图7-359所示。单击 "组合" 工具按钮, 将STEP 150和STEP 151中的曲面组合, 完成操作, 如图7-360所示。

图 7-359

图 7-360

STEP 152

单击 曲面 "曲面" 工具按钮, 在弹出的 "曲面" 拓展工具面板中单击 "双轨扫掠" 工具按钮, 根据指令栏的提示, 在Perspective视图中完成操作, 如图7-361所示, 单击 "组合" 工具按钮, 将图7-362所示的曲面组合。

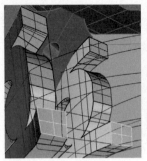

图 7-361　　　　　　　图 7-362

STEP 153

打开"User 02"图层，选择图7-363所示的曲线，按Ctrl+C和Ctrl+V组合键复制和粘贴曲线，并通过操作轴在Through Finger视图中移动曲线至图7-364所示位置。

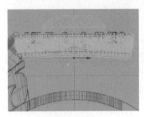

图 7-363　　　　　　　图 7-364

STEP 154

单击 曲面 "曲面"工具按钮，在弹出的"曲面"拓展工具面板中单击 "放样"工具按钮，根据指令栏的提示，在Perspective视图中完成操作，如图7-365所示。单击 "嵌面"工具按钮，根据指令栏的提示，在Perspective视图中完成操作，如图7-366所示。

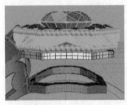

图 7-365　　　　　　　图 7-366

STEP 155

单击 "组合"工具按钮，将图7-367所示的曲面组合。

图 7-367

STEP 156

单击 实体 "实体"工具按钮，在弹出的"实体"拓展工具面板中单击 "直线挤出"工具按钮，根据指令栏的提示，在指令栏中选择"实体"为"是"，完成操作，如图7-368所示。

STEP 157

单击 实体 "实体"工具按钮，在弹出的"实体"拓展工具面板中单击 "差集"工具按钮，根据指令栏的提示，在Perspective视图中完成操作，如图7-369所示。

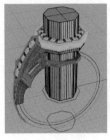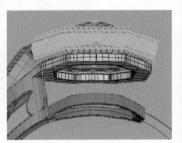

图 7-368　　　　　　　图 7-369

STEP 158

打开"User 01"图层，单击 曲线 "曲线"工具按钮，在弹出的"曲线"拓展工具面板中单击 "单一直线"工具按钮，根据指令栏的提示，在Looking Down视图中完成操作，并将绘制的单一直线放置于"Creation"图层中，如图7-370所示。

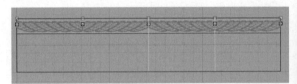

图 7-370

STEP 159

单击 变动 "变动"工具按钮，在弹出的"变动"拓展工具面板中单击 "沿着曲面流动"工具按钮，根据指令栏的提示，在Perspective视图中完成操作，如图7-371所示。

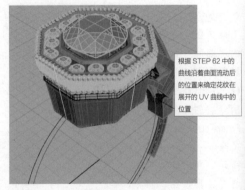

根据 STEP 62 中的曲线沿着曲面流动后的位置来确定花纹在展开的 UV 曲线中的位置

图 7-371

STEP 160

单击 ●曲线 "曲线"工具按钮，在弹出的"曲线"拓展工具面板中单击 ✓ "单一直线"工具按钮，根据指令栏的提示，在Looking Down视图中完成操作，如图7-372所示。单击 ◈变动 "变动"工具按钮，在弹出的"变动"拓展工具面板中单击 "沿着曲面流动"工具按钮，根据指令栏的提示，在Perspective视图中完成操作，如图7-373所示。

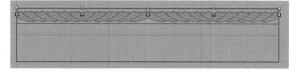

图 7-372

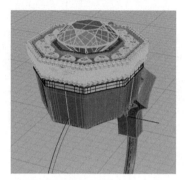

图 7-373

STEP 161

单击 ●曲线 "曲线"工具按钮，在弹出的"曲线"拓展工具面板中单击 ◎ "圆"工具按钮，根据指令栏的提示，在Looking Down视图中完成操作，如图7-374所示。单击 ◈生成器 "生成器"工具按钮，在弹出的"生成器"拓展工具面板中单击 ◎ "螺旋线生成器"工具按钮，在弹出的"螺旋线生成器"面板中调整相关参数，如图7-375所示。在Looking Down视图中完成操作，如图7-376所示。

图 7-374

图 7-375

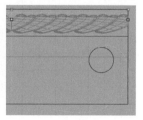

图 7-376

STEP 162

单击 ●曲线 "曲线"工具按钮，在弹出的"曲线"拓展工具面板中单击 "圆弧:起点方向"工具按钮，根据指令栏的提示，在Looking Down视图中完成操作，如图7-377所示。

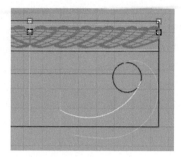

图 7-377

STEP 163

选择STEP 161、STEP 162中绘制的曲线，按F10键打开控制点，调整控制点。单击 "修剪"工具按钮，根据指令栏的提示，在Looking Down视图中完成操作，如图7-378所示。单击 ●曲线 "曲线"工具按钮，在弹出的"曲线"拓展工具面板中单击 "全部圆角"工具按钮，根据指令栏的提示完成操作，如图7-379所示。

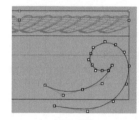

图 7-378   图 7-379

STEP 164

单击 "分割"工具按钮，在指令栏中选择"点"选项，完成操作，如图7-380所示。按F10键将图7-380所示曲线的控制点打开。单击 ●曲线 "曲线"工具按钮，在弹出的"曲线"拓展工具面板中单击 ✓ "单一直线"工具按钮，根据指令栏的提示，在Through Finger视图中完成操作，如图7-381所示。

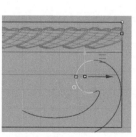

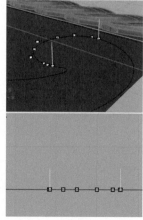

图 7-380   图 7-381

STEP 165

单击 ●曲线 "曲线"工具按钮，在弹出的"曲线"拓展工具面板中单击 ◡ "快速混接曲线"工具按钮，根据指令栏的提示，在Through Finger视图中完成操作，如图7-382所示。按F10键将图7-382所示曲线的控制点打开，在Through Finger视图中移动控制点，完成操作，如图7-383所示。单击 图 "组合"工具按钮，将图7-384所示的曲线组合。

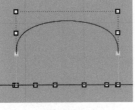

图 7-382

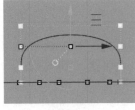

图 7-383

图 7-384

STEP 166

单击 ●曲面 "曲面"工具按钮，在弹出的"曲面"拓展工具面板中单击 ❀ "双轨扫掠"工具按钮，根据指令栏的提示，在Perspective视图中完成操作，如图7-385所示。

STEP 167

单击 ●实体 "实体"工具按钮，在弹出的"实体"拓展工具面板中单击 ⧫ "直线挤出"工具按钮，根据指令栏的提示，在Perspective视图中完成操作，如图7-386所示。

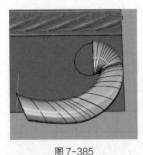

图 7-385

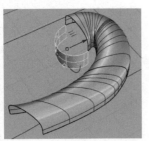

图 7-386

STEP 168

单击 ●曲面 "曲面"工具按钮，在弹出的"曲面"拓展工具面板中单击 ❀ "混接曲面"工具按钮，根据指令栏的提示，在Perspective视图中完成操作，如图7-387所示。单击 图 "组合"工具按钮，根据指令栏的提示，将图7-388所示的曲面组合。

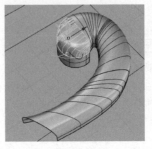

图 7-387

图 7-388

STEP 169

单击 ▥ "镜像"工具按钮，在Side View视图中将图7-388所示的曲面以X轴为对称轴镜像，完成操作，如图7-389所示。单击 图 "组合"工具按钮，将图7-356所示的曲面组合。

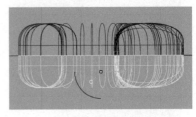

图 7-389

STEP 170

单击 ●变动 "变动"工具按钮，在弹出的"变动"拓展工具面板中单击 ◉ "三轴缩放"工具按钮，根据指令栏的提示，在Looking Down视图中完成操作，如图7-390所示。

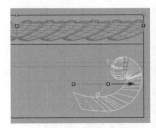

图 7-390

STEP 171

单击 ▥ "镜像"工具按钮，根据指令栏的提示，在Looking Down视图中完成镜像操作，如图7-391所示。通过操作轴移动和旋转图7-391所示的物件，在Looking Down视图中通过操作轴旋转和移动物件，完成操作，如图7-392所示。单击 ◉ "三轴缩放"工具按钮，根据指令栏的提示，在Looking Down视图中完成操作，如图7-393所示。

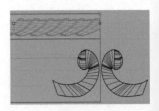

图 7-391

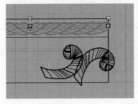

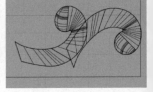

图 7-392

图 7-393

STEP 172

单击 ■变动 "变动"工具按钮，在弹出的"变动"拓展工具面板中单击 ◢ "沿着曲面流动"工具按钮，根据指令栏的提示，在Perspective视图中完成操作，如图7-394所示。

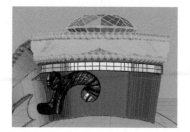

图 7-394

> **补充说明**
>
> 保持"记录历史建构"打开，可以在Looking Down视图中移动、旋转及缩放物件，可以在Perspective视图中实时更新调整后的位置和形状。

STEP 173

按Ctrl+C和Ctrl+V组合键复制和粘贴图7-395所示的物件，放置于"Metal 03"图层中，并关闭图层。单击 ●曲面 "曲面"工具按钮，在弹出的"曲面"拓展工具面板中单击 ▤ "矩形平面:角对角"工具按钮，根据指令栏的提示，在Side View视图中完成操作，并通过操作轴旋转和移动曲面，如图7-396所示。

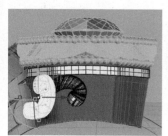
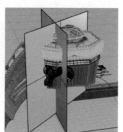

图 7-395　　　　　图 7-396

STEP 174

单击 ▨ "修剪"工具按钮，根据指令栏的提示，在Perspective视图中完成操作，如图7-397所示。关闭"User"图层，单击 ●曲面 "曲面"工具按钮，在弹出的"曲面"拓展工具面板中单击 ◢ "混接曲面"工具按钮，根据指令栏的提示，在Perspective视图中完成操作，如图7-398所示。单击 ▨ "组合"工具按钮，根据指令栏的提示，将图7-399所示的曲面组合。

图 7-397

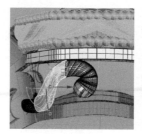
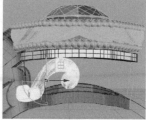

图 7-398　　　　　图 7-399

STEP 175

打开"Metal 03"图层，依次修剪图7-400所示的曲面，完成操作，如图7-401所示。

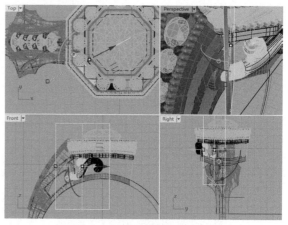

图 7-400

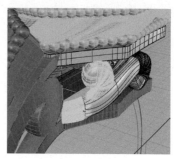

图 7-401

STEP 176

将图7-401所示的曲面放置于"Metal 03"图层中，通过操作轴移动、旋转和缩放图7-401所示的曲面，单击 ■实体 "实体"工具按钮，在弹出的"实体"拓展工具面板中单击 ▨ "加盖"工具按钮，根据指令栏的提示，在Perspective视图中完成操作，如图7-402所示。

图 7-402

STEP 177

单击 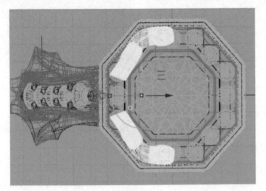 "镜像" 工具按钮，将图7-402所示的物件在Looking Down视图中以X轴为对称轴镜像，完成操作，如图7-403所示。

图 7-403

STEP 178

单击 "镜像" 工具按钮，将图7-404所示的物件在Through Finger视图中以Z轴为对称轴镜像，完成操作，如图7-405所示。

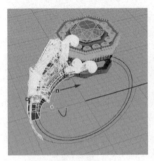　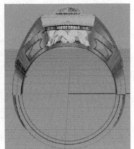

图 7-404　　　　　　图 7-405

STEP 179

单击 曲线 "曲线" 工具按钮，在弹出的 "曲线" 拓展工具面板中单击 "复制边缘" 工具按钮，根据指令栏的提示，在Perspective视图中完成操作，如图7-406所示。单击 "组合" 工具按钮，将曲线组合。

STEP 180

单击 曲面 "曲面" 工具按钮，在弹出的 "曲面" 拓展工具面板中 单击 "单轨扫掠" 工具按钮，根据指令栏的提示，在Perspective视图中完成操作，如图7-407所示。

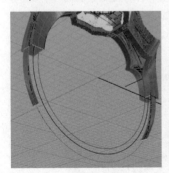　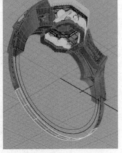

图 7-406　　　　　　图 7-407

STEP 181

同理，复制出图7-408所示的边缘曲线并组合曲线，单轨扫掠出图7-409所示的曲面。

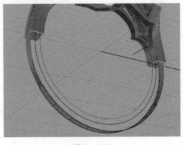　

图 7-408　　　　　　图 7-409

STEP 182

单击 "镜像" 工具按钮，根据指令栏的提示，将图7-409所示的曲面在Through Finger视图中以Z轴为对称轴镜像，完成操作，如图7-410所示。

STEP 183

单击 "组合" 工具按钮，将图7-411所示的曲面组合。

图 7-410　　　　　　图 7-411

STEP 184

选择主石，按F6键打开命令列表，单击 Head Builder "爪镶生成器" 工具按钮，在弹出的 "爪镶生成器" 面板中调整相关参数，完成操作，如图7-412所示。显示所有物件，完成最终操作。

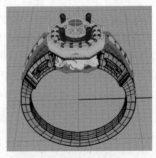

图 7-412

> **补充说明**
>
> 有时需要暂时隐藏一些物件，在操作过程中没有做明确说明，设计师可根据操作需求自行隐藏。

复古花纹耳饰

本例创建的耳饰如图7-413所示。

图7-413

STEP 01

选择菜单栏中的"视窗"命令，在下拉菜单中选择"背景图-放置背景图"命令，根据指令栏的提示，选择"浏览"选项，如图7-414所示。在弹出的"打开位图"对话框中选择图片，单击"打开"按钮，在Through Finger视图中选择区域，完成操作，如图7-415所示。再选择菜单栏中的"视窗"命令，在下拉菜单中选择"背景图-移动背景图"命令，根据指令栏的提示，选择移动起点和移动终点，完成操作，如图7-416所示。

要打开位图文件名称（ 浏览(B) ）：

图7-414

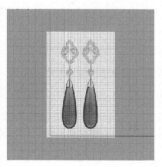 

图7-415 图7-416

STEP 02

单击 ●曲线 "曲线"工具按钮，在弹出的"曲线"拓展工具面板中单击 ⌡ "曲线"工具按钮，根据指令栏的提示，在Through Finger视图中绘制图7-417所示的曲线。单击 ⫴ "镜像"工具按钮，根据指令栏的提示，将图7-417所示的曲线在Through Finger视图中以Z轴为对称轴镜像，完成操作，如图7-418所示。单击 ▦ "组合"工具按钮，将图7-417、图7-418所示的曲线组合。

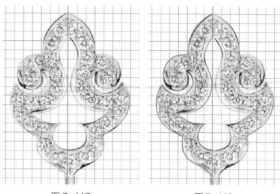

图7-417 图7-418

STEP 03

单击 实体 "实体"工具按钮，在弹出的"实体"拓展工具面板中单击 ⬚ "直线挤出"工具按钮，根据指令栏的提示，在Looking Down视图中完成操作，如图7-419所示。

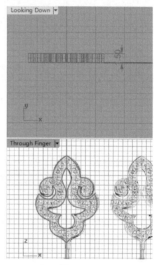

图7-419

STEP 04

选择图7-420所示的曲线，按F6键打开命令列表，单击 Gem on Curve "曲线上排石"工具按钮，在弹出的"曲线上排石"面板中调整相关参数，如图7-421所示。完成操作，如图7-422所示。

图7-420

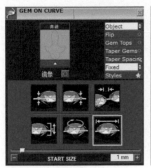

图 7-421

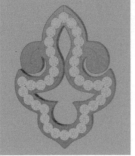

图 7-422

STEP 05

同理，完成图7-423所示的曲线排石，如图7-424所示。

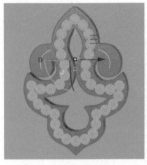

图 7-423

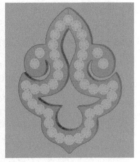

图 7-424

STEP 06

单击 曲线 "曲线"工具按
钮，在弹出的"曲线"拓
展工具面板中单击 "偏移
曲线"工具按钮，根据指
令栏的提示，在指令栏中
选择"距离"选项，输入
"0.3"，完成操作，如图
7-425所示。

图 7-425

STEP 07

单击 实体 "实体"工具按钮，在弹出的"实体"拓展工具面
板中单击 "挤出成锥状"工具按钮，根据指令栏的提示，
选择挤出对象，按Enter键，选择"Tapered"选项，选择"拔
模角度"选项并输入"15"，在指令栏中指定"挤出长度"
为"0.3"，按Enter键完成操作，如图7-426所示。

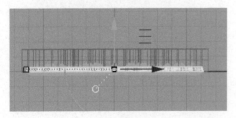

图 7-426

STEP 08

单击 实体 "实体"工具按钮，在弹出的"实体"拓展工具
面板中单击 "差集"工具按钮，根据指令栏的提示，在
Perspective视图中完成操作，如图7-427所示。

STEP 09

选择宝石，按F6键打开命令列表，单击 Gem Cutter "宝石石
孔"工具按钮，在弹出的"宝石石孔"面板中调整相关参
数，按Enter键完成操作，如图7-428所示。

图 7-427

图 7-428

STEP 10

单击 实体 "实体"工具按钮，在弹出的"实体"拓展工具
面板中单击 "差集"工具按钮，根据指令栏的提示，在
Perspective视图中完成操作，如图7-429所示。

STEP 11

选择宝石，按F6键打开命令列表，单击 Prongs "爪添加器"
工具按钮，在弹出的"爪添加器"面板中调整相关参数，按
Enter键完成操作，如图7-430所示。

图 7-429

图 7-430

STEP 12

单击 设置 "设置"工具按钮，在弹出的"设置"拓展工具面
板中单击 "曲面上排钉"工具按钮，在弹出的"曲面上排
钉"面板中调整相关参数，完成操作，如图7-431所示。

图7-431

STEP 13

选择图7-432所示的曲线，单击 实体 "实体"工具按钮，在弹出的"实体"拓展工具面板中单击 ▣ "直线挤出"工具按钮，根据指令栏的提示，在Looking Down视图中完成操作，如图7-433所示。

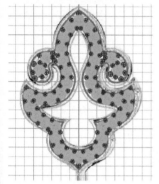

图7-432

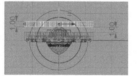

图7-433

STEP 14

选择图7-434所示的曲线，单击 ▣ "可见性"下三角按钮，在弹出的"可见性"拓展工具面板中单击 ▣ "隐藏未选择的物件"工具按钮，完成操作，如图7-435所示。

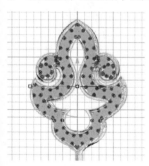

图7-434

图7-435

STEP 15

打开"格"面板中的"最近点""垂点"，单击 曲线 "曲线"工具按钮，在弹出的"曲线"拓展工具面板中单击 ▱ "单一直线"工具按钮，根据指令栏的提示，在Through Finger视图中完成操作，如图7-436所示。单击 ▣ "镜像"工

具按钮，根据指令栏的提示，在Through Finger视图中以Z轴为对称轴镜像，完成操作，如图7-437所示。

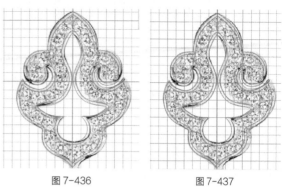

图7-436　　　　　图7-437

STEP 16

单击 ▣ "修剪"工具按钮，根据指令栏的提示，在Through Finger视图中完成操作，如图7-438所示。单击 ▣ "组合"工具按钮，将图7-438所示的曲线组合。

STEP 17

单击 实体 "实体"工具按钮，在弹出的"实体"拓展工具面板中单击 ▣ "直线挤出"工具按钮，根据指令栏的提示，在Looking Down视图中完成操作，如图7-439所示。

图7-438

图7-439

STEP 18

单击 宝石 "宝石"工具按钮，在弹出的"宝石"拓展工具面板中单击 ▣ "宝石资料库"工具按钮，在弹出的"宝石加载器"面板中选择"切割类型"，再选择宝石尺寸，按Enter键完成操作，如图7-440所示。

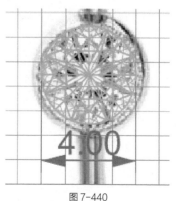

图7-440

STEP 19

选择图7-440所示的宝石，按F6键打开命令列表，选择 Bezel "包镶生成器" 工具按钮，在弹出的 "包镶生成器" 面板中调整相关参数，按Enter键完成操作，如图7-441所示。

STEP 20

单击 曲线 "曲线" 工具按钮，在弹出的 "曲线" 拓展工具面板中单击 "抽离结构线" 工具按钮，根据指令栏的提示，在Perspective视图中完成操作，如图7-442所示。

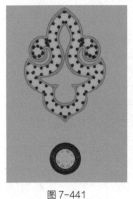 

图 7-441   图 7-442

STEP 21

选择图7-442所示的曲线，按F6键打开命令列表，单击 Gem on Curve "曲线上排石" 工具按钮，在指令栏中选择 "ObjectType" 选项，选择 "Sphere" 选项，在弹出的 "BEAD ON CURVE" 面板中调整相关参数，如图7-443所示。完成操作，如图7-444所示。

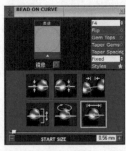 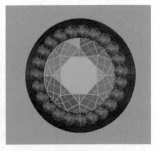

图 7-443   图 7-444

STEP 22

单击 实体 "实体" 工具按钮，在弹出的 "实体" 拓展工具面板中单击 "差集" 工具按钮，根据指令栏的提示，在Perspective视图中完成操作，如图7-445所示。

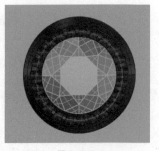

图 7-445

STEP 23

单击 曲线 "曲线" 工具按钮，在弹出的 "曲线" 拓展工具面板中单击 "曲线" 工具按钮，根据指令栏的提示，在Through Finger视图中绘制图7-446所示的曲线。

STEP 24

单击 曲面 "曲面" 工具按钮，在弹出的 "曲面" 拓展工具面板中单击 "旋转成形" 工具按钮，根据指令栏的提示，在Through Finger视图中完成操作，如图7-447所示。

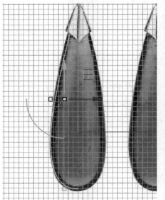 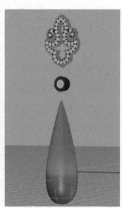

图 7-446   图 7-447

STEP 25

按Ctrl+C和Ctrl+V组合键复制和粘贴STEP 24中旋转成形的曲面，将其中一个放置于 "User 01" 图层中，并关闭该图层。单击 曲线 "曲线" 工具按钮，在弹出的 "曲线" 拓展工具面板中单击 "曲线" 工具按钮，根据指令栏的提示，在Through Finger视图中绘制图7-448所示的曲线。单击 "镜像" 工具按钮，根据指令栏的提示，在Through Finger视图中以Z轴为对称轴镜像曲线，完成操作，如图7-449所示。单击 "组合" 工具按钮，将图7-448、图7-449所示的曲线组合。

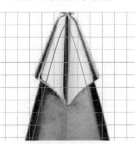 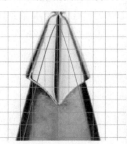

图 7-448   图 7-449

STEP 26

单击 实体 "实体" 工具按钮，在弹出的 "实体" 拓展工具面板中单击 "挤出" 工具按钮，根据指令栏的提示，在Looking Down视图中完成操作，如图7-450所示。

STEP 27

单击 "修剪" 工具按钮，根据指令栏的提示，在Perspective视图中完成操作，如图7-451所示。

图 7-450   图 7-451

STEP 28

单击 曲面 "曲面"工具按钮,在弹出的"曲面"拓展工具面板中单击 "偏移曲面"工具按钮,在指令栏中选择"距离"选项并输入"0.5",选择"实体"为"否",根据指令栏的提示,在Perspective视图中完成操作,如图7-452所示。

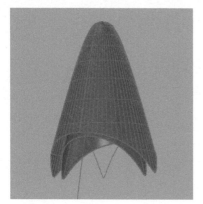

图 7-452

STEP 29

单击 曲面 "曲面"工具按钮,在弹出的"曲面"拓展工具面板中单击 "混接曲面"工具按钮,根据指令栏的提示,在Perspective视图中完成操作,如图7-453所示。单击 "组合"工具按钮,将图7-451、图7-452和图7-453所示的曲面组合。打开"User 01"图层,如图7-454所示。

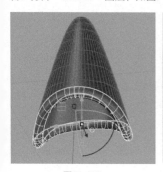

图 7-453   图 7-454

STEP 30

单击 实体 "实体"工具按钮,在弹出的"实体"拓展工具面板中单击 "圆柱体"工具按钮,根据指令栏的提示,在Looking Down和Through Finger视图中完成操作,如图7-455所示。单击 "管状体"工具按钮,根据指令栏的提示,在Looking Down和Through Finger视图中完成操作,如图7-456所示。单击 "圆角边缘"工具按钮,根据指令栏的提示,在Perspective视图中完成操作,如图7-457所示。

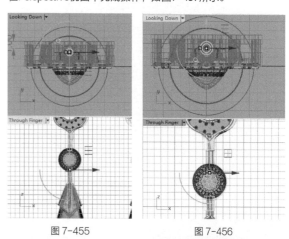

图 7-455   图 7-456

图 7-457

STEP 31

通过操作轴调整各个部分的位置,完成操作,如图7-458所示。

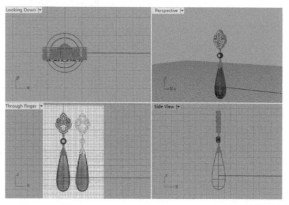

图 7-458

STEP 32

执行"文件"|"导入"菜单命令,在弹出的"导入"对话框中选择"耳迫"文件,单击"打开"按钮,通过操作轴移动耳迫,完成操作,如图7-459所示。

图 7-459

STEP 33

单击 "圆角边缘"工具按钮,根据指令栏的提示,选择图7-460所示的边缘,在Perspective视图中完成操作,如图7-461所示。

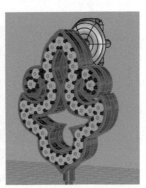

图 7-460　　　　　　图 7-461

STEP 34

单击 "镜像"工具按钮,根据指令栏的提示,将单只耳饰在Through Finger视图中以Z轴为对称轴镜像,完成操作,如图7-462所示。

STEP 35

选择菜单栏中的"视窗"命令,在下拉菜单中选择"背景图-移除背景图"命令,将背景图删除。

图 7-462

运用Clayoo插件绘制异形曲面戒指

本例创建的戒指如图7-463所示。

图 7-463

图 7-464

STEP 01

单击 "图章戒指"工具按钮,在弹出的"图章戒指"对话框中调整相关参数,如图7-464所示。完成操作,如图7-465所示。

图 7-465

STEP 02

单击 "点"工具按钮,再单击 "移动"工具按钮,在Perspective视图中移动点,完成操作,如图7-466所示。

STEP 03

单击 "面"工具按钮,再单击 "移动"工具按钮,在Perspective视图中移动面,完成操作,如图7-467所示。

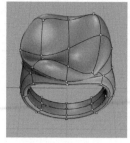
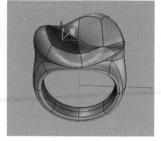

图 7-466   图 7-467

STEP 04

单击 ⊙ "转换为Nurbs曲面"工具按钮，单击 ▣ "体"工具按钮，根据指令栏的提示，选择Clayoo曲面以转换为NURBS曲面，按Enter键，弹出的"Clayoo"对话框显示"是否选择删除原始对象"，单击"否"按钮，完成操作，如图7-468所示。

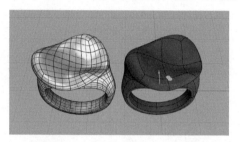

图 7-468

◇ 运用Clayoo插件绘制异形胸针

本例创建的胸针如图7-469所示。

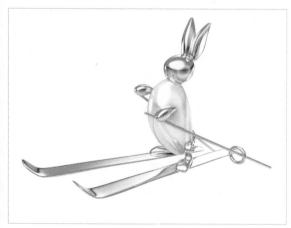

图 7-469

STEP 01

单击 02-几何工具 "几何工具"工具按钮，在弹出的"几何工具"拓展工具面板中单击 ◑ "球体"工具按钮，在弹出的"Clayoo球体"对话框中调整相关参数，如图7-470所示。单击"确定"按钮，完成操作，如图7-471所示。

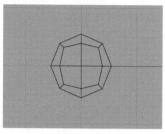

图 7-470   图 7-471

STEP 02

单击 ▣ "点"工具按钮，再单击 ▣ "移动"工具按钮，在四视图中移动点，完成操作，如图7-472所示。

STEP 03

单击 ▣ "点"工具按钮，再单击 ▣ "缩放"工具按钮，在Top视图中缩放点，完成操作，如图7-473所示。

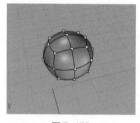
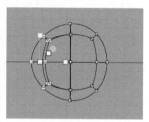

图 7-472   图 7-473

STEP 04

同理，绘制图7-474所示的物件。

STEP 05

勾选"物件锁点"中的"点"复选框，单击 ▣ "追加面"工具按钮，在Front视图中绘制图7-475所示的曲面。

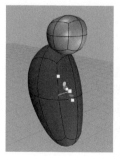
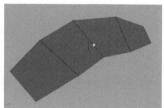

图 7-474   图 7-475

STEP 06

单击 ▣ "面" 工具按钮，选择图7-475所示的曲面，按住Alt键，在Top视图中拖曳挤出曲面，完成操作，如图7-476所示。

STEP 07

单击 ▣ "对称" 工具按钮，根据指令栏的提示，选择一个Clayoo对象，按Enter键后在指令栏 "对称性" 选项中选择 "边缘环" 选项，选择一个平面边缘环，按Enter键完成操作，如图7-477所示。

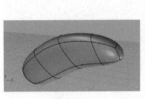
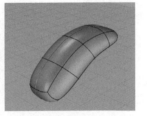

图 7-476   图 7-477

STEP 08

单击 ▣ "点" 工具按钮，再单击 ▣ "缩放" 工具按钮，在Top视图中缩放点，完成操作，如图7-478所示。

STEP 09

勾选 "物件锁点" 中的 "点" 复选框，单击 ▣ "追加面" 工具按钮，在Front视图中绘制图7-479所示的曲面。

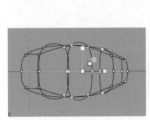

图 7-478   图 7-479

STEP 10

单击 ▣ "面" 工具按钮，选择图7-479所示的曲面，按住Alt键，在Top视图中拖曳挤出曲面，完成操作，如图7-480所示。

STEP 11

单击 ▣ "对称" 工具按钮，根据指令栏的提示，选择图7-480所示的Clayoo对象，按Enter键后在指令栏中选择 "对称性" 为 "平面"，在Top视图中选择直线的起点和终点，在指令栏中选择 "对称性" 为 "端点对称"，完成操作，如图7-481所示。

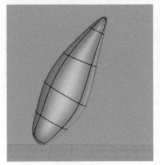
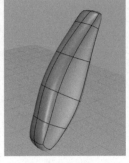

图 7-480   图 7-481

STEP 12

单击 ▣ "面" 工具按钮，选择图7-482所示的曲面。单击 04-编辑工具 "编辑工具" 工具按钮，在弹出的 "编辑工具" 拓展工具面板中单击 ▣ "嵌入" 工具按钮，根据指令栏的提示，选择 "镶饰" 选项中的 "距离" 选项，在指令栏中输入 "0.5"，按Enter键完成操作，如图7-483所示。

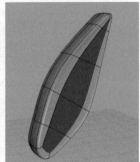

图 7-482   图 7-483

STEP 13

单击 ▣ "面" 工具按钮，选择图7-483所示的曲面。单击 ▣ "移动" 工具按钮，在Top视图中移动面，完成操作，如图7-484所示。

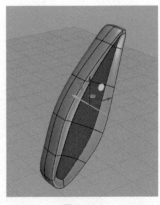

图 7-484

STEP 14

单击 🔘 "点"工具按钮，再单击 🔁 "移动"工具按钮，在四视图中移动点，完成操作，如图7-485所示。单击 🔘 "线"工具按钮，再单击 🔁 "移动"工具按钮，在四视图中移动点，完成操作，如图7-486所示。

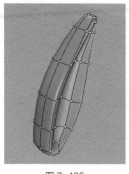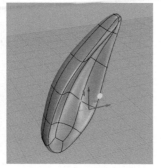

图 7-485　　　　　　　图 7-486

STEP 15

同理，绘制图7-487所示的物件。

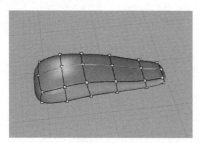

图 7-487

STEP 16

单击 🔘 "面"工具按钮，选择图7-488所示的曲面，按住Alt键，在Front视图中拖曳挤出曲面，完成操作，如图7-489所示。

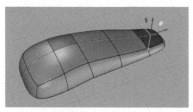

图 7-488

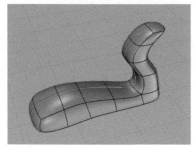

图 7-489

STEP 17

单击 🔘 "面"工具按钮，选择图7-490所示的曲面，单击 🔘 "旋转"工具按钮，在Front视图中旋转曲面，完成操作，如图7-491所示。

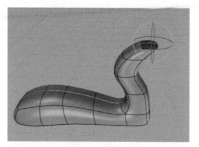

图 7-490

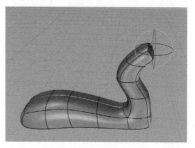

图 7-491

STEP 18

同理，继续挤出曲面，完成操作，如图7-492所示。

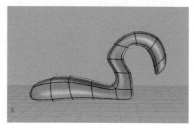

图 7-492

STEP 19

单击 🔘 "点"工具按钮，单击 🔁 "移动"工具按钮，在四视图中移动点，单击 🔘 "旋转"工具按钮，在四视图中旋转点，完成操作，如图7-493所示。

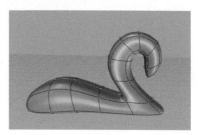

图 7-493

STEP 20

对前面创建的模型部件进行移动、旋转和镜像操作，完成操作，如图7-494所示。

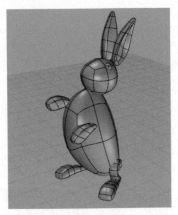

图 7-494

STEP 21

同理，绘制图7-495所示的物件。单击 "变动"下三角按钮，在弹出的 "变动"拓展工具面板中单击 "镜像"工具按钮，根据指令栏的提示，在Top视图中以X轴为对称轴镜像物件，完成操作，如图7-496所示。

图 7-495　　　　　　　图 7-496

STEP 22

单击 "多重直线"工具按钮，根据指令栏的提示，在Front视图中绘制图7-497所示的直线，再按F10键打开控制点，在Perspective视图中通过操作轴移动点，完成操作，如图7-498所示。

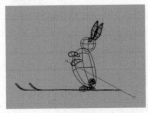

图 7-497　　　　　　　图 7-498

STEP 23

单击 "建立实体"下三角按钮，在弹出的 "建立实体"拓展工具面板中单击 "圆管(圆头盖)"工具按钮，根据指令栏的提示，选择路径，在指令栏的 "起点半径"处输入 "0.4"，按Enter键完成操作，如图7-499所示。

图 7-499

STEP 24

单击 "建立实体"下三角按钮，在弹出的 "建立实体"拓展工具面板中单击 "环状体"工具按钮，根据指令栏的提示，在Front视图中完成操作，如图7-500所示。在Perspective视图中通过操作轴移动和旋转环状体，完成操作，如图7-501所示。

图 7-500　　　　　　　图 7-501

STEP 25

单击 "变动"下三角按钮，在弹出的 "变动"拓展工具面板中单击 "镜像"工具按钮，根据指令栏的提示，在Top视图中以X轴为对称轴镜像环状体，并通过操作轴移动环状体，完成操作，如图7-502所示。

图 7-502

第8章

KeyShot渲染软件的基础操作

KeyShot软件是一个互动性光线追踪与全局光照渲染软件，不需要进行复杂的设定就能产生较为真实的3D渲染图像。在KeyShot中，设计师可利用科学、准确的材料和现实的照明环境快速设计首饰的最终成品效果。

KeyShot基于拖放操作可在几分钟内渲染图像。KeyShot的高级功能和实时反馈的简单界面，使设计师可以更好地看到设计的效果，并在专注于设计的同时节省时间。

在KeyShot中只需几步就可以为3D模型渲染图像：第一步为导入3D模型，第二步为将材质赋给3D模型，第三步为选择合适环境，第四步为调整相机，第五步为导出。

在本书中，KeyShot作为前面模型材质呈现的辅助工具，不对KeyShot做详细讲解，只对案例首饰常用的材质和环境及基础操作过程进行讲解。

在KeyShot中可以通过如下操作调整模型。

	移动模型	按住鼠标滚轮并移动鼠标
运用鼠标操作	放大模型	由上向下滚动滚轮
	缩小模型	由下向上滚动滚轮
	旋转模型	按住鼠标右键并移动鼠标

金属和宝石材质的应用

本例创建的首饰渲染图如图8-1所示。

图8-1

STEP 01

执行"文件"｜"导入"菜单命令，在弹出的"导入文件"对话框中，选择要渲染的文件，单击"打开"按钮，在弹出的"KeyShot导入"对话框中选择"位置"选项，在"向上"

下拉列表中选择"Z"选项，如图8-2所示。单击"导入"按钮完成操作，如图8-3所示。

图8-2

图8-3

STEP 02

单击 🖵 "库"按钮，在左边弹出的"资源库"面板中单击"材质"，选择"Metal"选项，如图8-4所示，拖曳"Silver Polished"材质球至模型上，如图8-5所示。

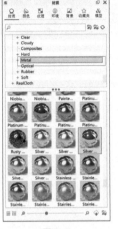

图 8-4   图 8-5

STEP 03

右击金属模型，在弹出的快捷菜单中选择"编辑材质"命令，在右侧弹出的"材质项目"面板中调整相关参数，完成操作，如图8-6所示。

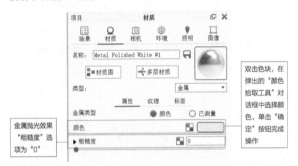

图 8-6

STEP 04

在"标准材质库"面板中选择"Gem Stones"选项，拖曳"Gem Stone Diamond"材质球至模型上，如图8-7所示。

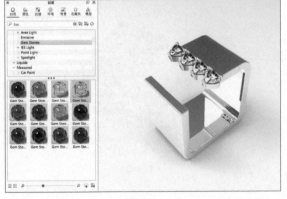

图 8-7

STEP 05

右击宝石模型，在弹出的快捷菜单中，选择"编辑材质"命令，在右侧弹出的"材质项目"面板中调整相关参数，完成操作，如图8-8所示。

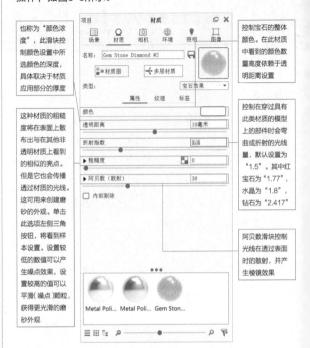

图 8-8

STEP 06

在"资源库"面板中单击"环境"，选择"Studio"选项，如图8-9所示。拖曳"3 Panels Tilted 4K"至环境中，完成操作，如图8-10所示。

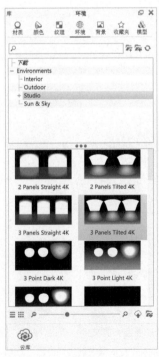

图 8-9

图 8-10

STEP 07

在右侧的"环境项目"面板中，选择"设置"选项，再单击"背景"左边的三角按钮，选择"颜色"单选项并选择颜色，如图8-11所示。完成操作，如图8-12所示。单击"地面"左边的三角按钮，取消勾选所有复选框，如图8-13所示。完成操作，如图8-14所示。

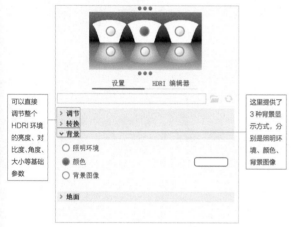

可以直接调节整个HDRI环境的亮度、对比度、角度、大小等基础参数

这里提供了3种背景显示方式，分别是照明环境、颜色、背景图像

图 8-11

图 8-12

图 8-13

图 8-14

STEP 08

在右侧的"材质项目"面板中，选择"HDRI编辑器"选项，选择灯光，选择"圆形"选项，调整半径，移动灯光，如图8-15所示。

图 8-15

STEP 09

选择"背景"选项，调整"色度"，如图8-16所示。完成操作，如图8-17所示。

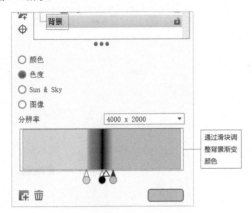

图 8-16

图 8-17

STEP 10

选择灯光，单击"调节"左边的三角按钮，调整"衰减"的值，如图8-18所示。完成操作，如图8-19所示。

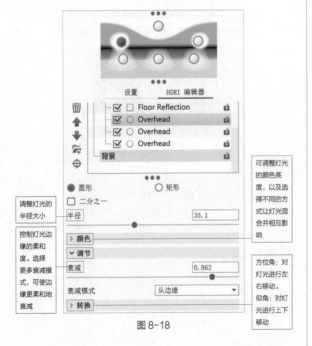

图 8-18

图 8-19

> **补充说明**
>
> 灯光环境是渲染的"灵魂"，所以一个产品渲染效果的好坏从灯光环境就能看出来。
>
> 本例的环境贴图主要由3盏灯构成。第一盏灯为主光源，在此选择靠近视角的一侧作为主光源照射的面（亮部），这盏灯的作用是将整个场景的大致氛围确定下来，它是3盏灯中最亮的。第二盏灯是辅助光源，用于衬托主光源，通过明暗对比、冷暖对比等达到突出产品的效果，所以辅助光源可以将色温调整到与主光源相对的色温，亮度也可以相对降低，这样产品模型的体量感就出来了。第三盏灯是第二盏灯的辅助光源，它的作用是照亮模型的边界形成对比效果，这里选择背光，因为这盏灯的光出现在产品背后，而且面积较大，所以灯光的颜色将会决定整个场景的色调和氛围。灯光布局好了之后微调一下灯光的强度和颜色，可以让整体效果更好。

💎 珐琅材质、透明材质及电镀金属色材质的应用

珐琅材质的应用

本例创建的首饰渲染图如图8-20所示。

图 8-20

STEP 01

执行"文件"|"导入"菜单命令，在弹出的"导入文件"对话框中，选择要渲染的文件，单击"打开"按钮，在弹出的"KeyShot导入"对话框中选择"位置"选项，在"向上"下拉列表中选择"Z"选项，单击"导入"按钮完成操作，如图8-21所示。

图 8-21

STEP 02

单击 ⊞ "库"按钮，在左边弹出的"资源库"面板中单击"材质"，选择"Gold"选项，如图8-22所示，拖曳"Gold 24k Polished"材质球至模型上，如图8-23所示。

图 8-22　　　　　　　图 8-23

STEP 03

右击金属模型，在弹出的快捷菜单中，选择"编辑材质"命令，在右侧弹出的"材质项目"面板中调整金属颜色，调整为18k黄金颜色，如图8-24所示。完成操作，如图8-25所示。

图 8-24　　　　　　　图 8-25

STEP 04

在"标准材质库"面板中，选择"Gem Stones"选项，拖曳"Gem Stone Emerald"材质球至模型上，如图8-26所示。

图 8-26

STEP 05

右击宝石模型，在弹出的快捷菜单中，选择"编辑材质"命令，在右侧弹出的"材质项目"面板中调整宝石的颜色、透明距离和折射指数，如图8-27所示。完成操作，如图8-28所示。

图 8-27

图 8-28

STEP 06

在"资源库"面板中单击"环境"，选择"Studio"选项，拖曳"2 Panels Tilted 4K"至环境中，完成操作，如图8-29所示。

图 8-29

STEP 07

在右侧的"环境项目"面板中,选择"设置"选项,再单击"背景"左边的三角按钮,选择"颜色"单选项并选择白色作为背景颜色,再单击"地面"左边的三角按钮,取消勾选所有复选框,如图8-30所示。完成操作,如图8-31所示。

图 8-30

图 8-31

STEP 08

在"标准材质库"面板中,选择"Paint"选项,拖曳"Paint Gloss Black"材质球至模型上,如图8-32所示。完成操作,如图8-33所示。

图 8-32

图 8-33

STEP 09

在右侧的"环境项目"面板中,选择"HDRI编辑器"选项,选择灯光,选择"圆形"选项,调整半径,移动灯光,如图8-34所示。完成操作,如图8-35所示。

图 8-34

图 8-35

STEP 10

选择"背景"选项,调整"色度",如图8-36所示。完成操作,如图8-37所示。

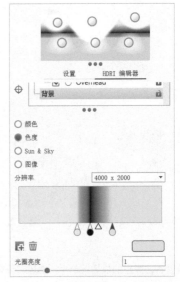

图 8-36

图 8-37

STEP 11

选择灯光，单击"调节"左边的三角按钮，调整"衰减"的值，如图8-38所示。完成操作，如图8-39所示。

图 8-38

图 8-39

STEP 12

右击耳堵部分的模型，在弹出的快捷菜单中，选择"解除材质链接"命令。在"标准材质库"面板中，选择"Rubber"选项，拖曳"Rubber"材质球至模型上，如图8-40所示。完成操作，如图8-41所示。

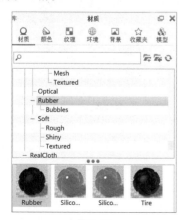

图 8-40

图 8-41

STEP 13

右击金属模型，在弹出的快捷菜单中，选择"编辑材质"命令，在右侧弹出的"材质项目"面板中调整塑料颜色为白色，如图8-42所示。完成操作，如图8-43所示。

图 8-42

图 8-43

透明材质的应用

本例创建的首饰渲染图如图8-44所示。

图 8-44

STEP 01

执行"文件"|"导入"菜单命令，在弹出的"导入文件"对话框中，选择要渲染的文件，单击"打开"按钮，在弹出的"KeyShot导入"对话框中选择"位置"选项，在"向上"下拉列表中选择"Z"选项，单击"导入"按钮完成操作，如图8-45所示。

图 8-45

STEP 02

单击 ⊞ "库"按钮，在左边弹出的"资源库"面板中单击"材质"，选择"Metal"选项，拖曳"Copper Polished"材质球至模型上，如图8-46所示。完成操作，如图8-47所示。

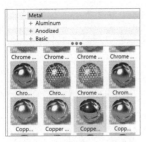

图 8-46

图 8-47

STEP 03

在"资源库"面板中单击"材质"，选择"Glass"选项，拖动"Glass（Solid Orange）"材质球至模型上，如图8-48所示。完成操作，如图8-49所示。

图 8-48

图 8-49

STEP 04

在"资源库"面板中单击"环境"，选择"Studio"选项，拖曳"2 Panels Tilted 4K"至环境中，完成操作，如图8-50所示。

图 8-50

STEP 05

在右侧的"环境项目"面板中，选择"HDRI编辑器"选项，选择灯光，选择"圆形"选项，调整半径，移动灯光，如图8-51所示。完成操作，如图8-52所示。

图 8-51

图 8-52

STEP 06

在右侧的"环境项目"面板中，选择"设置"选项，单击"背景"左边的三角按钮，选择"颜色"单选项并选择白色作为背景颜色，再单击"地面"左边的三角按钮，取消勾选所有复选框，如图8-53所示。完成操作，如图8-54所示。

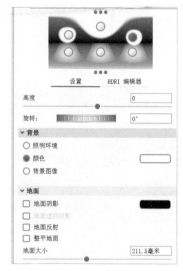

图 8-53

图 8-54

STEP 07

选择"背景"选项，调整"色度"，如图8-55所示。完成操作，如图8-56所示。

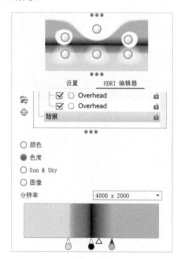

图 8-55

图 8-56

STEP 08

在右侧的"环境项目"面板中，选择"HDRI编辑器"选项，单击 ⊕ "添加倾斜光源"工具按钮，调整颜色及相关参数，移动光源，如图8-57所示。完成操作，如图8-58所示。

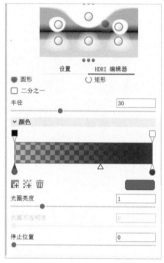

图 8-57

图 8-58

STEP 09

右击金属上字母部分的模型，在弹出的快捷菜单中，选择"解除材质链接"命令。右击金属上字母部分的模型。在弹出的快捷菜单中，选择"编辑材质"命令，在右侧弹出的"材质项目"面板中调整金属上字母颜色，如图8-59所示。完成操作，如图8-60所示。

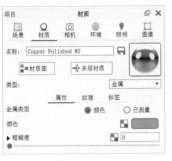

图 8-59　　　　　　　　　　　图 8-60

电镀金属色材质的应用

本例创建的首饰渲染图如图8-61所示。

图 8-61

STEP 01

执行"文件"｜"导入"菜单命令，在弹出的"导入文件"对话框中，选择要渲染的文件，单击"打开"按钮，在弹出的"KeyShot导入"对话框中选择"位置"选项，在"向上"下拉列表中选择"Z"选项，单击"导入"按钮完成操作，如图8-62所示。

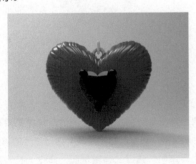

图 8-62

STEP 02

单击 "库"按钮，在左边弹出的"资源库"面板中单击"材质"，选择"Metal"选项，拖曳"Metal Polished Green"材质球至模型上，如图8-63所示。完成操作，如图8-64所示。

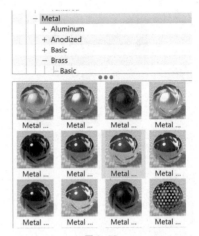

图 8-63

图 8-64

STEP 03

在"标准材质库"面板中，选择"Gem Stones"选项，拖曳"Gem Stone Diamond"材质球至模型上，如图8-65所示。

图 8-65

STEP 04

单击 ⬚ "库" 按钮，在左边弹出的 "资源库" 面板中单击 "材质"，选择 "Metal" 选项，拖曳 "Silver Polished" 材质球至模型上，如图8-66所示。完成操作，如图8-67所示。

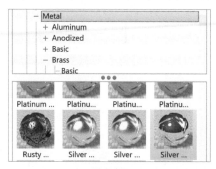

图 8-66

图 8-67

STEP 05

在 "资源库" 面板中单击 "环境"，选择 "Studio" 选项，拖曳 "2 Panels Tilted 4K" 至环境中，完成操作，如图8-68所示。

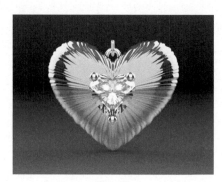

图 8-68

STEP 06

在右侧的 "环境项目" 面板中，选择 "HDRI编辑器" 选项，选择灯光，选择 "圆形" 选项，调整半径，移动灯光，如图8-69所示。完成操作，如图8-70所示。

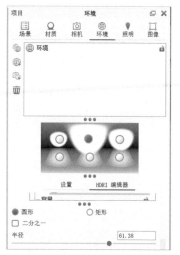

图 8-69

图 8-70

STEP 07

在右侧的 "环境项目" 面板中，选择 "设置" 选项，单击 "背景" 左边的三角按钮，选择 "颜色" 单选项并选择白色作为背景颜色，再单击 "地面" 左边的三角按钮，取消勾选所有复选框，如图8-71所示。完成操作，如图8-72所示。

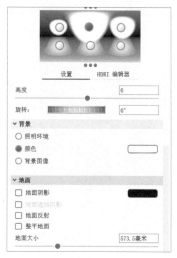

图 8-71

图 8-72

STEP 08

右击宝石模型，在弹出的快捷菜单中，选择"编辑材质"命
令，在右侧弹出的"材质项目"面板中调整相关参数，如图
8-73所示。完成操作，如图8-74所示。

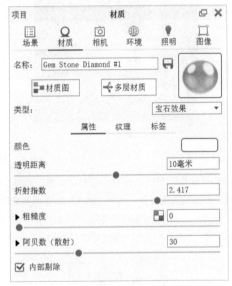

图 8-73

图 8-74

材质贴图的应用

本例创建的首饰渲染图如图8-75所示。

图 8-75

STEP 01

执行"文件"｜"导入"菜单命令，在弹出的"导入文件"
对话框中，选择要渲染的文件，单击"打开"按钮，在弹出
的"KeyShot导入"对话框中选择"位置"选项，在"向上"
下拉列表中选择"Z"选项，单击"导入"按钮完成操作，如
图8-76所示。

STEP 02

单击 "库"按钮，在左边弹出的"资源库"面板中单击
"材质"，选择"Metal"选项，拖曳"Gold 24k Polished"
材质球至模型上，完成操作，如图8-77所示。

图 8-76

图 8-77

STEP 03

右击金属模型，在弹出的快捷菜单中，选择"编辑材质"命
令，在右侧弹出的"材质项目"面板中调整金属颜色，调整
为18k白金颜色，完成操作，如图8-78所示。

STEP 04

在"标准材质库"面板中，选择"Gem Stones"选项，拖曳
"Gem Stone Diamond"材质球至模型上，如图8-79所示。

图 8-78 图 8-79

STEP 05

在"资源库"面板中单击"环境"，选择"Studio"选项，拖曳"2 Panels Tilted 4K"至环境中，完成操作，如图8-80所示。

STEP 06

在右侧的"环境项目"面板中，选择"设置"选项，单击"背景"左边的三角按钮，选择"颜色"单选项并选择白色作为背景颜色，再单击"地面"左边的三角按钮，取消勾选所有复选框，完成操作，如图8-81所示。

图 8-80 图 8-81

STEP 07

在"标准材质库"面板中，选择"Paint"选项，拖曳"Paint Gloss Blue"材质球至模型上，如图8-82所示。

图 8-82

STEP 08

右击STEP 06中的石头模型，在弹出的快捷菜单中，选择"编辑材质"命令，在右侧弹出的"材质项目"面板中选择"纹理"选项，勾选"颜色"复选框，如图8-83所示。在弹出的"打开纹理贴图"对话框中选择材质贴图，如图8-84所示。单击"打开"按钮完成操作，如图8-85所示。

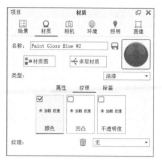

图 8-83

玳瑁纹理　　　孔雀石纹理　　　云纹石纹理

图 8-84

图 8-85

STEP 09

在右侧的"材质项目"面板中，调整贴图的大小、角度、亮度和对比度等参数，完成操作，如图8-86所示。

STEP 10

在右侧的"环境项目"面板中，选择"HDRI编辑器"选项，选择灯光，选择"圆形"选项，调整半径，移动灯光，完成操作，如图8-87所示。

图 8-86 图 8-87

渲染效果图的输出

单击  "渲染"按钮，弹出"渲染"对话框，如图8-88所示。在该对话框中设置渲染选项，包括文件位置、文件格式、分辨率大小、渲染层等，这里着重强调渲染层的作用，渲染层在后期处理图片的时候有着极其重要的作用。利用渲染层可以很准确地对图片上某一个部件或者区域进行单独调整，同时可以很有效地提高工作效率。

图 8-88

在渲染选项中，可以通过3种不同的计算方式来进行渲染。第一种为"自定义控制"方式，如图8-89所示，这种方式渲染可以最准确地控制渲染的各个参数值，但如果一个参数不恰当就会增加渲染时长。第二种为"最大时间"方式，如图8-90所示，这种方式比较直观，可以准确控制渲染时间，但是如果渲染时长不足就会产生很多噪点，影响图片质量。第三种为"最大采样"方式，如图8-91所示，这种方式以采样值来定义渲染参数，场景内每一个部件的采样值达到设置的数值时，将完成渲染。

设置好适合的渲染参数之后就可以单击"渲染"按钮输出图片了。

图 8-89

图 8-90

图 8-91